JN112070

Microsoft認定資格試験テキスト

AZ-104:Microsoft
Azure
Administrator

須谷聡史／星 秀和／森永和彦
上杉康雄／中川友輔／石川圭佑

本書に関するお問い合わせ

この度は小社書籍をご購入いただき誠にありがとうございます。小社では本書の内容に関するご質問を受け付けております。本書を読み進めていただきます中でご不明な箇所がございましたらお問い合わせください。なお、お問い合わせに関しましては下記のガイドラインを設けております。恐れ入りますが、ご質問の際は最初に下記ガイドラインをご確認ください。

ご質問の前に

小社Webサイトで「正誤表」をご確認ください。最新の正誤情報をサポートページに掲載しております。

▶ **本書サポートページ**

`URL` https://isbn2.sbcr.jp/21599/

上記ページの「正誤情報」のリンクをクリックしてください。なお、正誤情報がない場合、リンクをクリックすることはできません。

ご質問の際の注意点

- ご質問はメール、または郵便など、必ず文書にてお願いいたします。お電話では承っておりません。
- ご質問は本書の記述に関することのみとさせていただいております。従いまして、○○ページの○○行目というように記述箇所をはっきりお書き添えください。記述箇所が明記されていない場合、ご質問を承れないことがございます。
- 小社出版物の著作権は著者に帰属いたします。従いまして、ご質問に関する回答も基本的に著者に確認の上回答いたしております。これに伴い返信は数日ないしそれ以上かかる場合がございます。あらかじめご了承ください。

ご質問送付先

ご質問については下記のいずれかの方法をご利用ください。

> ▶ **Webページより**
>
> 上記のサポートページ内にある「この商品に関する問い合わせはこちら」をクリックすると、メールフォームが開きます。要綱に従って質問内容を記入の上、送信ボタンを押してください。
>
> ▶ **郵送**
>
> 郵送の場合は下記までお願いいたします。
>
> 〒105-0001
> 東京都港区虎ノ門2-2-1
> SBクリエイティブ　読者サポート係

はじめに

　AZ-900：Microsoft Azure Fundamentals資格試験対策本に続き、AZ-104：Microsoft Azure Administratorの資格試験対策本を執筆しました。本書で取り上げるAZ-104：Microsoft Azure Administratorは、Azure認定資格の中でも中級程度の技術レベルが問われる資格試験となります。Azure管理者として基本的な概念から構築・運用の方法が問われます。Azure Administratorの受験者として、多少でもAzureに触ったことがある方やオンプレミスの技術知識をもっていれば本書だけで、Azure Administratorの試験に合格できる内容となっています。

　Azure Administrator試験はその他の資格保有前提がなく誰でも受験ができる試験です。認定試験範囲としてAzureの概要と管理者の基本的な概念、AzureのIDとガバナンス、ストレージサービス、コンピューティングサービス、ネットワークサービス、Azureリソースの監視と管理に関する問題などが出題され広範な知識が求められます。

　本書では最短で合格するために、Azure Administratorとして必要となるAzureの構築方法・操作手順や試験で問われそうな重要ポイントの整理と実践問題を多く出題しました。各章末に確認問題と最終章に模擬試験を用意しましたのでぜひ資格取得に挑戦してみてください。

2024年4月
著者を代表して

須谷 聡史

目次

第6章　ネットワークサービス　　　　369

第 1 章
Azure 認定資格と対策

第1章では、Azure認定資格と対策について解説します。Azure認定資格の体系を理解し、AZ-104：Microsoft Azure Administrator試験の受験に必要となる専門知識の学習方法を習得します。

1-1

Azure認定資格とは

　マイクロソフト認定資格の中のカテゴリの1つとして**Azure認定資格**があります。Azure認定資格はロールベース別にそれぞれのキャリアパスを提示しています。役割やプロジェクトに基づいて、どの資格から始めて、どこを目指すべきかわかります。ITプロフェッショナル、開発者、データ&AI、データアナリストとしてデジタル変換に必要なスキルを取得することができます。

　Azure認定資格には、ロールベース認定資格とプロフェッショナル認定資格（Specialty）があります。**ロールベース認定資格**には、初級レベルのファンダメンタルズ（★）から中級レベルのアソシエイト（★★）、最高難度レベルのエキスパート（★★★）の3段階でレベルが分かれています。**プロフェッショナル認定資格**は、特定のサービスで必要となる専門知識を問われる試験です。

　マイクロソフトにはAzure以外にもMicrosoft 365など様々な資格がありますが、本書では、Azureに関連する認定資格だけを取り上げます。

ロールベース認定資格

　ロールベース認定資格は、ロールベース試験で得られるアソシエイトとエキスパートの認定資格です。これらの資格では、スキルを最新に保つために**有効期限は1年間**となっています。資格を更新するための費用は無料です。資格試験の有効期限が切れる前にオンラインから更新試験を受ける必要があります。資格更新試験に試験監督者はいません。試験に合格すると、有効期限を1年間延長できます。ファンダメンタルズ認定資格には、有効期限はありません。

ファンダメンタルズ認定資格

　ファンダメンタルズ認定資格は、クラウドの概念やAzureサービス、Azureの操作方法などの基本的な知識を証明することができる資格です。該当する分野の技術をこれから扱い始める人向けの認定資格です。ファンダメンタルズ、ロ

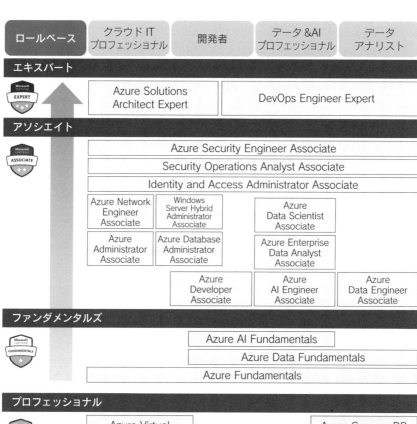

❏ ロールベース資格とプロフェッショナル資格

ールベースまたはプロフェッショナル認定資格の準備に使用できますが、それ
らの認定資格を取得するための前提条件ではありません。

　ファンダメンタルズ認定資格には以下のものがあります。

○ Azure Fundamentals

○ Azure Data Fundamentals

○ Azure AI Fundamentals

アソシエイト認定資格

アソシエイト認定資格は技術的ロール別認定で、必須の試験を1つ合格することで認定されます。技術的なロール別に幅広い技術スキルが求められます。アソシエイト認定には受験前提はありません。

アソシエイト認定資格には以下のものがあります。

- ◎ Azure Administrator Associate
- ◎ Azure Network Engineer Associate
- ◎ Azure Developer Associate
- ◎ Azure Database Administrator Associate
- ◎ Windows Server Hybrid Administrator Associate
- ◎ Azure AI Engineer Associate
- ◎ Azure Enterprise Data Analyst Associate
- ◎ Azure Data Scientist Associate
- ◎ Azure Data Engineer Associate
- ◎ Azure Security Engineer Associate
- ◎ Identity and Access Administrator Associate
- ◎ Security Operations Analyst Associate

エキスパート認定資格

エキスパート認定資格はロール別認定の中で最高難度の認定資格です。それぞれの認定には前提条件があり、Azure Solutions Architect Expertを取得するにはMicrosoft認定Azure Administrator Associateを取得する必要があります。DevOps Engineer ExpertについてもMicrosoft認定Azure Administrator AssociateまたはMicrosoft認定Azure Developer Associateを取得する必要があります。**本書で取り上げるMicrosoft認定Azure Administrator Associateはエキスパート認定を取得するために必要な認定**となります。

エキスパート認定資格には以下のものがあります。

- ○ Azure Solutions Architect Expert
- ○ DevOps Engineer Expert

プロフェッショナル認定資格

プロフェッショナル認定資格はAzureでの特別なテクノロジー、ソリューションのみに特化した専門スキルが求められる資格となります。求められるスキルレベルはアソシエイトと同等かそれ以上です。プロフェッショナル認定には受験前提はありません。

プロフェッショナル認定資格には以下のものがあります。

- Azure Virtual Desktop Specialty
- Azure Cosmos DB Developer Specialty
- Azure for SAP Workloads Specialty

1-2

Azure Administrator Associate 認定資格

　本書で取り扱うAzure Administrator Associateは、正式名称は「Microsoft認定：Azure Administrator Associate」です。難易度はアソシエイトに位置付けられ、中級程度の技術レベルです。Microsoft認定Azure Administrator AssociateはAzure管理者としての基本的な概念から、仮想ネットワーク、ストレージ、コンピューティング、ID認証、ガバナンス、監視管理などの構築・運用の方法までが問われます。

　受験者として望ましいのは、多少でもAzure構築・運用の経験がある方や、オペレーティングシステム、ネットワーク、サーバーなどのオンプレミスの技術知識があり、PowerShell、Azure CLI、Microsoft Entra ID（旧名称Azure Active Directory）の使用経験がある方です。

　Microsoft認定Azure Administrator Associateを取得するための最近の試験では、実機問題は出題されていませんが、実際の設定方法や動作に関する問題が出題されても解答できるように、実際に検証環境などで構築しておくことをお勧めします。

受験概要

資格取得の前提条件

　Microsoft認定Azure Administrator Associate資格はAZ-104：Microsoft Azure Administratorの試験に合格することで認定されます。AZ-104試験を受験するための前提条件はありません。

出題範囲

　AZ-104試験の出題範囲および配分は以下のとおりです。原稿執筆時点でAZ-104の英語版は2023年10月26日に試験内容が改定されました。

❏ 出題範囲と配分

	評価されるスキル	配分
1	Azure IDとガバナンスを管理する	20 〜 25%
2	ストレージを実装して管理する	15 〜 20%
3	Azureのコンピューティングリソースのデプロイと管理	20 〜 25%
4	仮想ネットワークの構成と管理	15 〜 20%
5	Azureリソースの監視と管理	10 〜 15%

出題形式

　試験には、複数の問題形式が採用されています。各問題に対して、選択肢の中から1つもしくは複数の解答を選択する形式が取られています。

試験時間と出題数

　AZ-104試験の制限時間は**1時間40分**です。出題数の明確な規定はありませんが、**50問程度**と想定されます。

合格ライン

　AZ-104試験の最低合格ラインは、1000点満点中の**700点**です。出題範囲ごとの合格ラインは設定されていません。試験全体でこの点数を取れば合格できます。

受験料

　AZ-104試験の受験料は**21,102円**（税別）です（2024年4月時点）。

受験方法

　AZ-104試験は、Microsoft Learn の認定資格のページのリンクから、試験運営会社であるPearson VUEに申し込むことで受験できます。受験方法には、テストセンターでの受験とオンラインでの受験の2種類があります。それぞれの受験方法に注意事項がありますので、試験申し込み時に確認してください。

1

Azure認定資格と対策

試験センターおよびオンライン試験の申し込み

AZ-104試験の申し込みは、下記のURLから行います。

📖 Microsoft Certified: Azure Administrator Associate

URL https://learn.microsoft.com/ja-jp/credentials/certifications/ azure-administrator/

❑ Microsoft Certified: Azure Administrator Associate

このWebページを下方にスクロールしていくと、「試験のスケジュール設定」という項目が表示されます。

❑ 試験のスケジュール設定

　ここで「試験のスケジュール設定 >」の部分をクリックすることで、申し込みの手続きが始まります。ただし、試験の申し込みにはMicrosoftアカウント（MCID）が必要となります。MCIDを持っていない場合は、アカウントの作成を行います。

❏ Microsoftアカウントの作成

　認定資格で必要なプロファイル情報を入力し、MCIDを取得します。

❏ 認定資格プロファイル

最後に受験場所を、「テストセンター」「自宅または職場のオンライン」のいずれかから選択します。

❑ 受験場所の選択

テストセンター受験申し込み

　テストセンターでの受験申し込みを選択した場合は、**予約時間の15分前に**はテストセンターに到着している必要があります。また、有効期限内の政府発行の本人確認書類（顔写真付き）が1点必要となります。本人確認書類の詳細については、Pearson VUE の Web ページ「本人確認書類について」で確認してください。

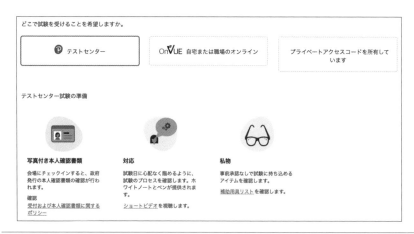

❑ テストセンター受験申し込み

📖 本人確認書類について

URL https://www.pearsonvue.co.jp/Test-takers/Tutorial/Identification-1.aspx

オンライン（自宅または職場のオンライン）受験申し込み

　Microsoft認定試験はオンラインで受験することができます。試験結果の公平性を保つため、試験官がWebカメラとマイクを通して受験者の試験を監視します。オンラインでの受験申し込みを選択した場合は、**予約時間の30分前から**システムにチェックインできます。オンラインでの受験の場合も本人確認書類（顔写真付き）が1点必要となります。また、オンライン試験をするためのPCと受験スペースが必要となります。注意事項について詳しくは、Pearson VUEのWebページ「Pearson VUEによるオンライン試験に関して」で確認してください。

❏ オンライン受験申し込み

📖 Pearson VUEによるオンライン試験に関して

`URL` https://learn.microsoft.com/ja-jp/certifications/online-exams

試験再受験ポリシー

　1回目で試験に合格できなかった場合は、24時間以上待ってから再受験が可能となります。2回目以降も不合格になった場合は14日間経ったのちに再受験が可能となります。また、1回目の受験日から1年以内に6回以上受験することはできません。

1-3

学習方法

　本書のみでAZ-104試験を合格できるように執筆していますが、マイクロソフトが提供しているEラーニングや無料のAzure環境を活用してより深い知識を習得して試験準備を行う方法もあります。

Microsoft Virtual Training Days

　Microsoft Virtual Training Daysは、マイクロソフトが提供している無料のオンライントレーニングです。マイクロソフトの様々な技術トピックを選んで学習でき、認定資格受験に向けての学習コンテンツとして利用することができます。

📖 Microsoft Virtual Training Days

`URL` https://www.microsoft.com/ja-jp/events/top/training-days

❏ Microsoft Virtual Training Days

Microsoft Learn

Microsoft Learn は、マイクロソフトが提供している認定資格やサービスに特化した受験トレーニングガイド、ハンズオントレーニング、ドキュメントを集約したサイトです。Virtual Training Days 同様、Microsoft Learn も無料で利用できます。

マイクロソフトの認定資格で必要となるスキルをセッションごとに学習することができます。また、Azure サービスを無料で検証できるサンドボックス機能も提供されています。

📖 AZ-104試験のラーニングパス[1]

`URL` https://learn.microsoft.com/ja-jp/credentials/certifications/
azure-administrator/

□ Microsoft Learn：AZ-104試験のラーニングパス

---

†1　このURLで表示されるページを下のほうにスクロールしてください。

Azure無料アカウント

Azure無料アカウントは、開始から30日間、200USDのクレジットを無料で利用できるアカウントです。無料アカウントでは、いくつものサービスが12か月間、無料で利用できます。なお、サービスの中には常に無料で使えるものもあります。

無料アカウントで利用できるクレジットが終了したら、継続するかキャンセルするかを選択します。継続する場合は、無料分を超えてサービスを使用した場合にのみ支払いをします。

Microsoft Learnだけでは物足りない、検証や学習をもっと深めたいという方にお勧めです。AZ-104試験ではシステム構築の問題は出題されない傾向にありますが、各種の設定内容を問われる問題はあるため、実際にAzureに触れて検証することは有意義です。

📖 Azure無料アカウント

URL https://azure.microsoft.com/ja-jp/free/

❏ Azure無料アカウント

第2章

Azureの概要と
管理者の基本的な概念

第2章では、Azure管理者として知っておくべきAzureの基本的な概念と、Azureリソースの管理方法や利用するツールについて説明します。

管理ツールを使用すると、ユーザーはAzureインフラストラクチャを効率的に管理および最適化でき、スムーズな運用、コスト効率、ベストプラクティスの遵守を確保できます。

本章では、Azureリソースをデプロイ、管理するAzure Resource Managerと、それを操作するためのツールとしてPowerShell、Azure CLI、ARMテンプレート、Bicep、Azure Cloud Shellを取り上げます。

2-1

Azureの概要

Microsoft Azure は、個人や企業がマイクロソフトの管理するデータセンターを通じてアプリケーションとサービスを構築、デプロイ、および管理できるようにするクラウドコンピューティングプラットフォームです。仮想マシン、ストレージ、データベース、ネットワークなど、すべてインターネット経由でアクセスできる様々なサービスを提供します。

Azureは、ユーザーが使用したリソースに対してのみ支払うことができるようにすることで、スケーラビリティ、柔軟性、および費用対効果を提供します。また、堅牢なセキュリティおよびコンプライアンス機能を提供し、データ保護とプライバシーを確保します。Azureを使用すると、初心者でもクラウドでのアプリケーションの開発とデプロイを簡単に開始できます。エンタープライズにおいても、マイクロソフトのインフラストラクチャとツールを活用してデジタルトランスフォーメーションを進めることができます。

Azureの地理的概念

Azure は現在140か国以上で利用可能であり、世界中の60を超えるデータセンター（DC）、リージョンのユーザーに選択肢を提供しています（拡大中）。これらのAzureリージョンは、データ所在地と待機時間の最適化の利点をユーザーに提供し、リージョン固有のコンプライアンスに対応することを可能にします。

Azureの地理的な概念を理解する上で以下の4つの要素が重要となります。

○ ジオ：Azureのサービスが使える地域の総称。
○ リージョン：データセンターが存在する地域のこと。
○ リージョンペア：同じジオ内に複数のリージョンが存在する場合はペアリージョンとして構成される。リージョン障害への対応に活用。

○ **可用性ゾーン**：リージョン内の物理的な場所のグループであり、それぞれ独立した電源、ネットワークを備えた1つまたは複数のデータセンターで構成される。

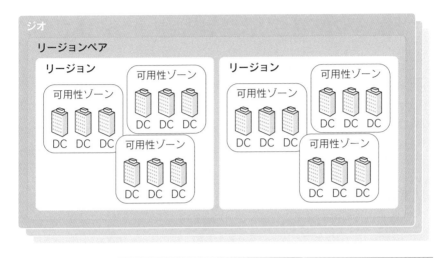

❑ Azureの地理的概念

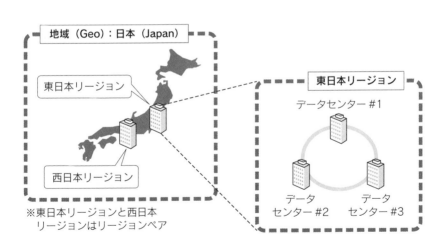

❑ 日本におけるAzureの地理的概念

Azureの提供するサービス

　Microsoft Azureは、マイクロソフトが提供する包括的なクラウドコンピューティングプラットフォームおよびサービスです。マイクロソフトのデータセンターのグローバルネットワークを通じて、組織がアプリケーションとサービスを構築、デプロイ、および管理するのに役立つ幅広いサービスを提供しています。Azureは、Webアプリケーションのホスト、エンタープライズワークロードの実行、データの格納などに広く使用されています。Azureの重要な側面を次に示します。

1. **コンピューティングサービス**：Azureには、WindowsまたはLinuxベースのアプリケーションを実行できる仮想マシン（VM）、WebアプリケーションをホストするためのApp Service、サーバーレスコンピューティング用のAzure Functions、コンテナーオーケストレーション用のKubernetes Serviceなど、様々なコンピューティングオプションが用意されています。

2. **ストレージサービス**：Azureでは、オブジェクトストレージ用のAzure Blob Storage、マネージドファイル共有用のAzure Files、永続ディスク用のAzure Disk Storageなど、様々なストレージサービスを提供しています。

3. **ネットワークサービス**：Azureには、リソースを分離して接続するための仮想ネットワーク（VNet）、受信トラフィックを分散するためのAzureロードバランサー、Webアプリケーションの負荷分散のためのアプリケーションゲートウェイ、セキュリティで保護された接続のためのAzure VPNゲートウェイなどのネットワーク機能が用意されています。

4. **データベース**：Azureは、リレーショナルデータベース用のAzure SQL Database、グローバルに分散されたNoSQLデータベース用のAzure Cosmos DB、MySQLおよびPostgreSQL用のAzure Databaseなどのフルマネージドデータベースサービスを提供します。

5. **IDおよびアクセス管理**：Microsoft Entra ID（旧名称Azure AD）は、マイクロソフトのクラウドベースのIDおよびアクセス管理サービスであり、ユーザーとアプリケーションに安全な認証と認可を提供します。Azureを管理する上でのID基盤として利用します。

6. **セキュリティとコンプライアンス**：Azureでは、脅威の検出とセキュリティ管理のためのMicrosoft Defender for Cloud、暗号化キーとシークレットを管理するためのAzure Key Vault、ガバナンスとコンプライアンスを適用するためのAzure Policyなど、いくつかのセキュリティサービスを提供しています。

7. **AIと機械学習**：Azureには、Azure Machine Learning、Azure Cognitive Services（自然言語処理機能：NLP、音声認識、画像認識など）、Azure AI Bot Services、大規模言語モデルと生成型AIを提供するAzure OpenAIなどの人工知能と機械学習のサービスが含まれています。

8. **モノのインターネット（IoT）**：Azure IoT Suiteは、デバイス接続用のAzure IoT Hub、コーディングなしでIoTアプリケーションを構築するためのAzure IoT Central、エッジコンピューティング機能用のAzure IoT Edgeなどのサービスを使用してIoTソリューションを実現します。

9. **Analyticsとビッグデータ**：Azureは、データウェアハウス用のAzure Synapse Analytics、ビッグデータ処理用のAzure HDInsight、スケーラブルなビッグデータストレージ用のAzure Data Lake Storageなど、様々な分析サービスを提供しています。

10. **開発者/運用者ツール**：Azureは、継続的インテグレーションと継続的デプロイ（CI/CD）のためのAzure DevOps、アプリケーションとインフラストラクチャの監視のためのAzure Monitorなど、開発者や運用者が利用するためのツールとサービスを提供します。

2

Azureの概要と管理者の基本的な概念

2-2

Azure Resource Manager

Azure Resource Manager（ARM）は、Azureリソースのデプロイおよび管理フレームワークです。これにより、Azureでリソースをデプロイ、整理、管理するための一貫性のある統一された方法が提供されます。ARMでは、リソースグループと呼ばれるグループとしてリソースを定義および管理し、まとめて管理できます。

ARMでは、リソースの望ましい状態を定義するJSONテンプレートを使用して、宣言によってリソースをデプロイできます。このアプローチにより、一貫性のある反復可能なデプロイが可能になり、コードとしてのインフラストラクチャ（IaC）プラクティスがサポートされます。

ARMには、きめ細かなアクセス管理のためのロールベースのアクセス制御（RBAC）、リソースの編成と分類のためのタグ付け、コンプライアンスとガバナンスを適用するためのリソースレベルのポリシーなど、いくつかの利点があります。また、依存関係の追跡も可能になり、リソースが正しい順序でデプロイされ、まとまりのある単位としてまとめて管理できるようになります。

さらに、ARMには、偶発的な変更を防ぐためのリソースロック、デプロイ履歴と追跡、複数のAzureリージョンまたはサブスクリプションにまたがるリソースのデプロイと管理機能などの強力な機能が用意されています。

全体として、Azure Resource Managerは、リソース管理を簡素化し、デプロイの一貫性を強化し、ガバナンスを向上させ、大規模なAzureリソースの効率的な管理を可能にします。

Azure Resource Managerの役割

Azure Resource ManagerはAzure PowerShell、Azure CLI、Azure Portal、REST APIなどのあらゆるクライアントからのタスクを実行する一貫性のある管理レイヤーを提供します。バイパスすることはできず、RBACやAzure PolicyはAzure Resource Managerを通して検証されます。

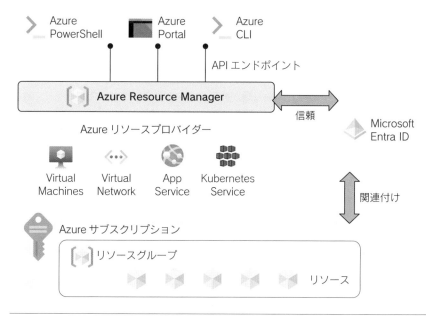

❏ Azure Resource Managerの位置付け

Azure Resource Managerの利点

Azure Resource Manager の利用には以下のような利点があります。

○ Azure Resource Manager は、Azure リソースを管理するための統一された合理化されたアプローチを提供します。これにより、リソースをリソースグループと呼ばれる論理グループに整理できるため、リソースの一括管理、監視、および管理が容易になります。Azure Resource Manager を使用すると、リソースを１つのユニットとしてデプロイ、更新、および削除できるため、管理タスクが簡素化され、構成ミスのリスクが軽減されます。

○ Azure Resource Manager では、宣言型テンプレートを使用して Azure インフラストラクチャを定義およびデプロイできるようにすることで、コードとしてのインフラストラクチャ（IaC）プラクティスを実現できます。JSON または YAML 形式で記述されたこれらのテンプレートは、インフラストラクチャの望ましい状態をキャプチャします。テンプレートを使用すると、インフラストラクチャのバージョン管理、再現性の向上、リソースのデプロイの自動化を行うことができます。これにより、一貫性が促進され、手作業が減り、チーム間のコラボレーションが容易になります。

◎ Azure Resource Managerでは、リソースグループをきめ細かく制御できるため、リソースグループレベルでガバナンスポリシー、アクセス制御、リソースのタグ付けを適用できます。この一元化されたガバナンスアプローチにより、リソースグループ全体に一貫したポリシー、セキュリティ対策、コンプライアンス要件を適用できます。また、アクセス許可の管理が簡素化され、特定のリソースグループに対してアクションを実行できるユーザーを簡単に制御できます。

Azureリソースに関する用語について

Azure Resource Managerを知る上でいくつかの用語を理解する必要があります。

◎ **リソース**と**リソースグループ**：リソースはAzureによって管理されるエンティティです。仮想マシン、仮想ネットワーク、ストレージアカウントはすべてAzureリソースの例です。

❏ リソースとリソースグループの関係

　Azure内の各リソースは必ずリソースグループに属している必要があります。リソースグループは、ライフサイクルとセキュリティに基づいて1つのエンティティとして管理できるように、複数のリソースを関連付ける論理コンテナーです。

　1つのリソースが属することのできるリソースグループは1つです。またリソースグループの下にリソースグループを入れることはできません。

◎ **リソースプロバイダー**：Azureリソースを提供するサービスです。例えば、一般的なリソースプロバイダーの例として、仮想マシンリソースを提供するMicrosoft.Computeが挙げられます。

❏ リソースプロバイダー

○ **宣言型構文**：宣言型構文とは、目的の結果または状態が定義され、その結果を達成するための段階的な指示または手順を指定しません。宣言型構文では、タスクを実行する方法や特定の状態に到達する方法を明示的に定義するのではなく、目的の最終結果を記述することに重点を置きます。

`JSON` 宣言型構文のスクリプト例

```json
{
  "type": "Microsoft.Compute/virtualMachines",
  "apiVersion": "2022-11-01",
  "name": "string",
  "location": "string",
  "tags": {
    "tagName1": "tagValue1",
    "tagName2": "tagValue2"
  },
  "extendedLocation": {
    "name": "string",
    "type": "EdgeZone"
  },
  "identity":{
    "type": "string",
    "userAssignedIdentities": {}
  },
  "plan": {
    "name": "string",
    "product": "string",
    "promotionCode": "string",
    "publisher": "string"
  },
```

▶▶▶ **重要ポイント**

● Azureには、リソースを管理するための統一された機構としてAzure Resource Managerがある。これにより、リソースをリソースグループと呼ばれる論理グループに整理できるため、リソースの一括管理、監視、および管理が容易になる。

2

Azureの概要と管理者の基本的な概念

Azure Resource Managerを使った リソース制御の流れ

　クライアントが特定のリソースの管理を要求すると、Azure Resource Managerはそのリソースの種類のリソースプロバイダーに接続して要求を完了します。例えば、クライアントが仮想マシンリソースの管理を要求した場合、Azure Resource Manager は Microsoft.Compute リソースプロバイダーに接続します。

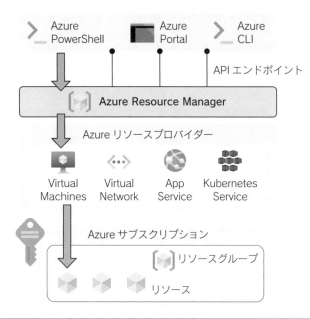

❑ Azure Resource Manager を使ったリソース制御の流れ

Azure Resource Managerを使ったリソースの管理

リソースグループを作成する

　以下にリソースグループの作成手順を示します。

1. Azure Portal にログインします。

2. 「リソースグループ」より、「作成」を選択します。

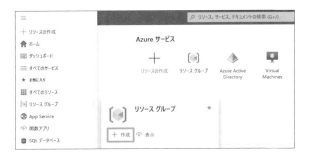

3. 「サブスクリプション」を選択します。
4. 「リソースグループ」に新規の名前を記入します。
5. 「リージョン」にリソースグループの情報を格納する場所を選択します。

6. 「確認および作成」を選択して検証を行います。成功するのを確認し、「作成」を選択します。
7. 右上部の「通知」（ベルアイコン）により正常に作成できたことを確認します。「リソースグループに移動」を選択し、新規に作成されたリソースグループを確認します。

リソースをロックする

Azure Resource Managerのロックを利用すると、Azure内のリソースを誤って削除・変更することを防げます。リソースロックは以下の3つのスコープに適用可能です。

◯ サブスクリプション
◯ リソースグループ
◯ リソース

上位のスコープでロックを適用すると、そのスコープ内のすべてのリソースは**同じロックを継承します**。追加したリソースもロックを継承します。継承されるロックの中で最も制限の厳しいロックが優先されます。リソースグループに対して「読み取り専用」ロックを適用した場合、ユーザーは新しいリソースをそのリソースグループに移動できなくなります。

以下にロックの作成手順を示します。

1. ロックするリソースグループを選択します。
2. 左側のウィンドウより、「ロック」を選択します。新規のロックを作成するために「追加」を選択します。
3. 「ロック名」に新規ロックの名前を記入します。
4. 「ロックの種類」を選択します。

   ● 削除または変更を防ぐ：「読み取り専用」
   ● 削除を防ぐ：「削除」

リソースグループを削除する

　リソースグループを削除すると、その中に含まれるリソースがすべて削除されます。リソースグループがロックされている場合、削除は失敗します。また、他のリソースグループ内のリソースに接続している場合、削除が失敗することがあります（仮想マシンが存在する状態で、仮想ネットワークを削除する場合など）。以下にリソースグループ削除の手順を示します。

1. Azure Portalにログインします。
2. 削除するリソースグループを選択します。
3. 「リソースグループの削除」を選択します。

4. 削除するリソースグループ名を記入し、削除します。

リソースにタグをつける

タグはリソースに適用できるメタデータラベルです。タグは、柔軟でカスタマイズ可能な方法でAzureリソースを整理および分類するのに役立つ、名前と値のペアです。タグは以下の3つのスコープに適用可能です。

○ サブスクリプション
○ リソースグループ
○ リソース

タグは上位のスコープに定義されたものを**継承しません**(サブスクリプションにつけられたタグはリソースグループ、リソースに継承されない)。継承が必要な場合はAzure Policyを利用します。

以下にタグを設定する手順を示します。

1. Azure Portalにログインします。
2. タグを適用するリソースグループを選択します。
3. 「タグを追加するにはここをクリック」を選択します。

4. 「名前」と「値」を記入します。必要に応じて複数のタグを設定します。

28

5. 設定が完了したら、「保存」を選択します。

6. 設定したタグは「概要」から確認することができます。

▶▶ **重要ポイント**

- リソースグループを使うことでリソースを体系的に管理することができる。
- リソースの予期せぬ削除、変更を防ぐためリソースロックがある。
- リソースの整理に有効なメタデータはタグを使って付与することができる。

2

Azure の概要と管理者の基本的な概念

2-3

Azure PowerShell

Azure PowerShellは、Azureと対話するために使用されるコマンドライ
ンインターフェイスツールです。これによりユーザーには、Azureリソース
を効率的に自動化および管理できるスクリプト環境が提供されます。Azure
PowerShellを使用すると、ユーザーは仮想マシンの作成と管理、アプリケーシ
ョンのデプロイ、ネットワークの構成、Azureサービスへのアクセスなど、様々
なタスクを実行できます。

Azure PowerShellは、PowerShellスクリプト言語を利用し、コマンドレット
（PowerShell環境で使用されるコマンドのこと）とAPIへのアクセスを提供し
ます。また、事前に構築されたコマンドとテンプレートを提供することで複雑
なタスクを簡素化し、ユーザーがワークフローを合理化し、コマンドラインか
らAzureリソースを効果的に管理できるようにします。

Azure PowerShellの利点

Azure PowerShellには以下のような利点があります。

1. **自動化**：Azure PowerShellを使用すると、Azure環境内の様々なタスクとワーク
   フローを自動化できます。ユーザーは、リソースをデプロイおよび管理するため
   のスクリプトを記述して、手作業を減らし、効率を高めることができます。
2. **スクリプト環境**：Azure PowerShellは、PowerShellの機能を活用する強力なス
   クリプト環境を提供します。ユーザーは、複雑な操作の実行、反復的なタスクの自
   動化、Azureデプロイのカスタマイズを行うスクリプトを作成できます。
3. **リソース管理**：Azure PowerShellを使用すると、ユーザーはAzureリソースを効
   果的に管理できます。リソースの作成、構成、削除、アクセス制御の設定、リソー
   ス使用状況の監視をすべてコマンドラインから行うことができます。
4. **統合**：Azure PowerShellは、他のAzureツールやサービスとうまく統合されます。
   ユーザーは、Azure PowerShellスクリプトを他のAzureツール（Azure CLIや

Azure DevOpsなど）と組み合わせて、包括的な自動化およびデプロイパイプラインを作成できます。

5. **拡張性**：Azure PowerShell は、モジュールとコマンドレットを通じて拡張性を提供します。ユーザーは、カスタムコマンドレットを作成するか、Azure PowerShell ギャラリーで利用可能な既存のモジュールを利用することで、Azure PowerShell の機能を拡張できます。

6. **クロスプラットフォームサポート**：Azure PowerShell は Windows、macOS、Linuxで利用でき、ユーザーは様々なオペレーティングシステムからAzureリソースを管理できます。

Azure PowerShellの利用方法

Azure PowerShell を利用する方法として以下の2つがあります。

○ Azure Portal の Cloud Shell から実行
○ ローカルコンピューターにインストールして実行

Azure Portal に実装されている Cloud Shell を利用することで、簡単にAzure PowerShell を試すことができます。ローカル環境で利用する場合は、基本の PowerShell製品と Az PowerShellモジュールを導入します。これらはWindows、Linux、macOS それぞれの手順に従って導入できます。

Azure PowerShellを使ったAzureリソースのデプロイ

ここでは、ローカルインストールされたAzure PowerShell を使い、リソースの作成、削除を行います。仮想マシンを例にPowerShell の対話モードを使って作業を行います。

サブスクリプションへの接続

PowerShell を立ち上げ、Azure コマンドを実行するためには認証を行う必要があります。

1. コマンドレットを使い対話型で認証を行います。

```
PowerShell
```

```
Connect-AzAccount
```

2. 上記コマンドレットを実行するとAzureへの
   認証を求められるので、任意のアカウントで
   ログインします。

3. 意図したサブスクリプションであることを確認します。

```
PowerShell
```

```
Get-AzContext
```

4. 特定のサブスクリプションに対してコマンドレットを実行したい場合は、サブス
   クリプションを指定することができます。

```
PowerShell
```

```
Set-AzContext-Subscription '00000000-0000-0000-0000-000000000000'
```
サブスクリプションIDを指定

リソースグループの作成

仮想マシンを配置するリソースグループを作成します。

1. 作成の前にサブスクリプション上のすべてのリソースグループをリストします。

```
PowerShell
```

```
Get-AzResourceGroup
```

2. New-AzResourceGroupコマンドレットを使用して新しいリソースグループを
作成します。

```
New-AzResourceGroup-NameRG-new-Location "Japan East"
```

多くのコマンドレットには複数のパラメーターがあります。今回のリソースグル
ープ作成には最低限の「名前」と「ロケーション」を指定しましたが、その他にタ
グも指定することができます。詳細についてはマニュアルを参照し、実行に必要
なパラメーターをコマンドレットごとに適切に指定してください。

3. リソースグループが作成されたことを確認します。

```
Get-AzResourceGroup

ResourceGroupName : RG-new
Location          : japaneast
ProvisioningState : Succeeded
Tags              :
ResourceId        : /subscriptions/xxxx-xxxx-xxx/resourceGroups/RG-new
```

仮想マシンの作成

　New-AzVMコマンドレットを使い仮想マシンを作成します。ここでは、仮想
マシン作成に必要な最低限のパラメーターのみを指定してコマンドレットを実
行します。

1. 仮想マシンを作成します。

```
New-AzVm `
  -ResourceGroupName 'RG-new' `
  -Name 'newVM' `
  -Location 'northeurope' `
  -ImageUbuntuLTS
```

2. 仮想マシン作成時に、管理者アカウント用のユーザー名とパスワードが必要となるため、以下のダイアログで指定します。

3. 仮想マシンが作成され、実行状態であることを確認します。

以上でAzure PowerShellを使ったAzureリソースのデプロイは終了です。コマンドレットを通して仮想マシンを作成する手順を経験していただきました。対話モードは1回限りの作業に有効となります。繰り返し作業や複数リソースのデプロイを行うときは、次に説明するPowerShellスクリプトを利用するのが効果的です。

▶▶▶ **重要ポイント**

- Azure PowerShellのコマンドレットを利用することで、サブスクリプションに接続することができ、AzureリソースをコマンドからデプロイできるＣ
- リソースをデプロイする前に、New-AzResourceGroupコマンドレットを使ってリソースグループを作成する。

PowerShellスクリプトを使って
Azureリソースのデプロイを自動化する

Azure PowerShellのコマンドレットを使ってPowerShellスクリプトを作成することにより、反復作業を自動化することができます。

PowerShellスクリプトとは

PowerShellスクリプトは、ファイル拡張子が「.ps1」のプレーンテキストファイルで記述されます。これらのスクリプトには、PowerShellスクリプト言語で記述された一連のコマンド、関数、および制御構造（ループ処理など）を含めることができます。様々な操作を実行できる豊富なコマンドレットのセットが用意されており、これらのコマンドレットを組み合わせてスクリプトで実行し、複雑なタスクの自動化、管理タスクの実行、またはシステム構成の実行を行うことができます。

ここでは仮想マシンを複数作成するPowerShellスクリプトを例に自動化の作業を行います。

1. 任意のフォルダーにvm-deploy.ps1ファイルを作成し、以下の内容を記述します。

vm-deploy.ps1

```
param([string]$resourceGroup)

$Credential = Get-Credential

For ($i = 1; $i -le 3; $i++)
{
  $vmName = "newVM" + $i
  Write-Host "Creating VM .....: " $vmName
  New-AzVm -ResourceGroupName $resourceGroup `
    -Location "northeurope" `
    -Name $vmName `
    -Credential $Credential `
    -Image UbuntuLTS
}
```

上記コードの処理内容は以下のとおりです。

35

- 「param([string]$resourceGroup)」により、リソースグループ名をパラメーターとしてスクリプトに渡します。
- 「$Credential = Get-Credential」により、管理者アカウントのユーザー名、パスワードを求めます。
- For文の中で各VMの名前を生成し、VMを作成します。

2. PowerShell上でスクリプトを実行します（パラメーターとしてリソースグループ名を指定）。

```PowerShell
./vm-deploy.ps1 RG-new
```

3. エラーが出ないことを確認します。
4. 仮想マシンが3つ作成されていることを確認します。

```PowerShell
Get-AzVM

ResourceGroupName  Name    Location     VmSize          OsType  NIC     ProvisioningState Zone
----------------   ----    --------     ------          ------  ---     ----------------- ----
RG-NEW             newVM1  northeurope  Standard_D2s_v3 Linux   newVM1  Succeeded
RG-NEW             newVM2  northeurope  Standard_D2s_v3 Linux   newVM2  Succeeded
RG-NEW             newVM3  northeurope  Standard_D2s_v3 Linux   newVM3  Succeeded
```

newVM1、newVM2、newVM3が作成されていることが確認できます。

　複数のリソースを作成する場合、Azure Portal上での操作や、Azure Power Shellの対話モードでは煩雑な作業となるため、このようにPowerShellスクリプトを利用することでプロセスを自動化できます。

2-4
Azure CLI

Azure CLI（コマンドラインインターフェイス）は、Azureのリソースとサービスを管理するためにマイクロソフトが提供するクロスプラットフォームのコマンドラインツールです。これにより、ユーザーはコマンドラインインターフェイスを介してAzureサービスと対話ができるため、自動化、スクリプト作成、および他のツールやプロセスとの統合が可能になります。

Azure CLIを使用すると、Azureリソースの作成と管理、アプリケーションのデプロイ、ネットワークの構成、アクセス制御の管理、リソースの監視など、様々なタスクを実行できます。Azure CLIは、Windows、macOS、Linuxなど、様々なオペレーティングシステム間でAzureリソースを管理するための一貫性のある強力なインターフェイスを提供します。

Azure CLIの利点

Azure CLIには以下のような利点があります。

1. **コマンド構造**：Azure CLIは単純なコマンド構造に従い、各コマンドは特定の操作またはタスクに対応します。コマンドはモジュールに編成され、サブコマンドは追加の機能とオプションを提供します。

2. **スクリプトと自動化**：Azure CLIは、自動化とスクリプト作成のタスクに適しています。リソースのプロビジョニング、デプロイ、管理を自動化するスクリプトを記述して、Azureリソースを大規模に管理できます。

3. **DevOpsとの統合**：Azure CLIは、DevOpsパイプラインとワークフローに簡単に統合できます。様々なスクリプト言語をサポートしており、Azure DevOps、Jenkins、Ansibleなど、一般的な自動化および構成管理ツールで使用できます。

4. **Azure Resource Manager（ARM）のサポート**：Azure CLIは、Azureのデプロイおよび管理サービスであるAzure Resource Manager（ARM）を使用してAzureリソースを操作します。これにより、一貫性のある標準化された方法でリソースを管理できます。

5. **クロスプラットフォームサポート**：Azure CLIは、複数のオペレーティングシステムで動作するように設計されているため、幅広いユーザーがアクセスできます。

6. **Azure Cloud Shell**：Azure CLIは、Azureでホストされているブラウザーベースのシェル環境であるAzure Cloud Shellと統合されています。Cloud Shellは、Azure Portalから直接Azure CLIコマンドを実行するための、対話型の認証済みおよび事前構成済みの環境を提供します。

Azure CLIの利用方法

Azure CLIを利用する方法として以下の2つがあります。

◎ Azure PortalのCloud Shellから実行
◎ ローカルコンピューターにインストールして実行

Azure Portalに実装されているCloud Shellを利用することで、簡単にAzure CLIを試すことができます。ローカル環境で利用する場合は、Windows、Linux、macOSそれぞれの手順に従いAzure CLIをインストールすることで利用できます。

Azure PowerShellとAzure CLIの違い

Azure PowerShellとAzure CLIは、Azureクラウド環境でリソースを管理および自動化するためにマイクロソフトが提供する2つの異なるコマンドラインインターフェイス（CLI）です。どちらのツールも同様の目的を果たしますが、構文、スクリプト機能、および対象ユーザーの点でいくつかの違いがあります。

❏ Azure PowerShellとAzure CLIの違い

	Azure PowerShell	Azure CLI
実行環境	・Windows PowerShell または PowerShell ・Azure Cloud Shell	・Windows PowerShell、Cmd、BashなどのUnixシェル ・Azure Cloud Shell

	Azure PowerShell	Azure CLI
構文	Azure PowerShellはWindows Power Shellフレームワークに基づいており、PowerShellスクリプト言語を使用します。基本的には、Azure管理用に特別に設計されたPowerShell関数であるコマンドレットを利用します。これらのコマンドレットは、「動詞－名詞」の形式（例：Get-AzVM、New-AzResourceGroup）に従います。	Azure CLIは、POSIX標準に基づくコマンドライン構文を使用するクロスプラットフォームCLIツールです。「名詞－動詞」の形式に従います（例：az vm create、az group create）。コマンドは、PowerShellコマンドレットと比較して短く簡潔です。
スクリプト	PowerShellは、自動化とオーケストレーションのための柔軟性と高度な機能を提供する本格的なスクリプト言語です。ループ、条件、変数、.NET Framework全体へのアクセスなどの機能をサポートしています。これにより、Azureリソースを管理するための複雑なスクリプトを作成して実行できます。	Azure CLIではスクリプトと自動化が可能ですが、PowerShellと比較してより合理化された簡潔なアプローチが提供されます。これは、複雑なスクリプト作成シナリオではなく、単純なスクリプトタスクとコマンドチェーン用に設計されています。
対象ユーザー	主にWindowsユーザー、システム管理者、PowerShellスクリプトに精通している開発者を対象としています。既存のPowerShellワークフローおよび自動化プロセスとうまく統合されます。	使用しているオペレーティングシステムに関係なく、よりシンプルで直感的なコマンドラインエクスペリエンスを好むユーザーを対象としています。これは、LinuxおよびmacOSユーザーだけでなく、POSIXのようなCLI環境に慣れている開発者やDevOpsエンジニアも含まれます。

次の表は、Azure PowerShellとAzure CLIの構文を比較したものです。

❑ 構文の比較

	Azure PowerShell	Azure CLI
Azureへのサインイン	Connect-AzAccount	az login
リソースグループの作成	New-AzResourceGroup 　-Name 　　[ResourceGroupName] 　-Location japaneast	az group create 　--name 　　[ResourceGroupName] 　--location japaneast
仮想マシンの作成	New-AzVm 　-ResourceGroupName 　　[ResourceGroupName] 　-Name [VMName] 　-Location japaneast 　-Image UbuntuLTS	az vm create 　--resource-group 　　[ResourceGroupName] 　--name [VMName] 　--location japaneast 　--image UbuntuLTS
仮想マシンの一覧表示	Get-AzVM	az vm list

最終的に、Azure PowerShellとAzure CLIのどちらを選択するかは、それぞれのスクリプト言語に関するユーザーの知識と、タスクの特定の要件によって異なります。どちらのツールも同様の機能を提供し、Azureリソースを効果的に管理できるため、多くの場合、個人のスキルや作業している環境に依存します。

Azure CLIを使ったAzureリソースのデプロイ

ここでは、ローカルインストールされたAzure CLIを使い、Azure App Serviceのデプロイを行います。App Service Planの作成、Webアプリケーションのデプロイ、Webページの参照までを行います。Azure CLIの対話モードを使って作業を行います。

サブスクリプションへの接続

Azure CLI上でAzureコマンドを実行するためには認証を行う必要があります。

1. コマンドを使い対話型で認証を行います。以下のコマンドを実行するとAzureへの認証を求められるので、任意のアカウントでログインします。

Azure CLI

```
az login
```

2. 意図したサブスクリプションであることを確認します。

`Azure CLI`

```
az account show
{
  "environmentName": "AzureCloud",
  "homeTenantId": "xxxxx-xxxx-xxxx-xxxx-xxxxxxxx",
  "id": "xxxx-xxxx-xxx-xxxx-xxxx",
  "isDefault": true,
  "managedByTenants": [
    {
      "tenantId": "xxxx-xxxx-xxx-xxxx-xxxx"
    }
  ],
  "name": "[サブスクリプション名]",
  "state": "Enabled",
  "tenantId": "xxxx-xxxx-xxx-xxxx-xxxx",
  "user": {
    "name": "xxxx@xxxx.com",
    "type": "user"
  }
}
```

Azure CLIの既定では、JSON形式で結果が出力されます。「--output（--out、-o）」パラメーターを使用することで出力形式を変更できます。

❏ --outputパラメーターと出力形式

--output	出力
yaml	yaml形式
table	列見出しとしてキーが使用されているASCIIテーブル
tsv	タブ区切りの値

3. 特定のサブスクリプションに対してコマンドを実行したい場合は、サブスクリプションを指定することができます。

`Azure CLI`

```
az account set --subscription '00000000-0000-0000-0000-000000000000'
```

サブスクリプションIDを指定

2 Azureの概要と管理者の基本的な概念

リソースグループの作成

Azure App Service を配置するリソースグループを作成します。

1. 作成の前にサブスクリプション上のすべてのリソースグループをリストします。

Azure CLI
```
az group list --output table
```

2. az group create コマンドを使用して新しいリソースグループを作成します。

Azure CLI
```
az group create --name RG-AppService --location japaneast
```

3. リソースグループが作成されたことを確認します。

Azure CLI
```
az group list --output table

Name          Location   Status
------------- ---------- ---------
RG-AppService japaneast  Succeeded
```

App Service Planの作成

az appservice plan create コマンドを使って App Service Plan を作成します。ここでは、作成に必要な最低限のパラメーターのみを指定してコマンドを実行します。

1. App Service Plan を作成します。

Azure CLI
```
az appservice plan create --name newAPPplan \
  --resource-group RG-AppService --location japaneast --sku free
```

2. App Service Plan が正常に作成されたことを確認します。

Azure CLI

```
az appservice plan list
[
  {
    "elasticScaleEnabled": false,
    "extendedLocation": null,
    "freeOfferExpirationTime": null,
    "hostingEnvironmentProfile": null,
    "hyperV": false,
    "id": "/subscriptions/xx/xx/RG-AppService/xx/Microsoft.Web/xx/
↪newAPPplan",
    "isSpot": false,
    "isXenon": false,
    "kind": "app",
    "kubeEnvironmentProfile": null,
    "location": "Japan East",
    "maximumElasticWorkerCount": 1,
    "maximumNumberOfWorkers": 1,
    "name": "newAPPplan",
    "numberOfSites": 0,
    "numberOfWorkers": 0,
    "perSiteScaling": false,
    "provisioningState": null,
    "reserved": false,
    "resourceGroup": "RG-AppService",
    "sku": {
      "capabilities": null,
      "capacity": 0,
      "family": "F",
      "locations": null,
      "name": "F1",
      "size": "F1",
      "skuCapacity": null,
      "tier": "Free"
    },
    "spotExpirationTime": null,
    "status": "Ready",
    "tags": null,
    "targetWorkerCount": 0,
    "targetWorkerSizeId": 0,
```

2

Azureの概要と管理者の基本的な概念

```
    "type": "Microsoft.Web/serverfarms",
    "workerTierName": null,
    "zoneRedundant": false
  }
]
```

Webアプリケーションの作成

az webapp create コマンドを使い Web アプリケーションを作成します。

1. Web アプリケーションを作成します。

Azure CLI

```
az webapp create \
  --name new-webapp111 \
  --resource-group RG-AppService \
  --plan newAPPplan
```

2. Web アプリケーションが正常に作成されたことを確認します。

Azure CLI

```
az webapp list --output table

Name           Location    State    ResourceGroup   DefaultHostName                   AppServicePlan
-------------  ----------  -------  --------------  --------------------------------  --------------
new-webapp111  Japan East  Running  RG-AppService   new-webapp111.azurewebsites.net   newAPPplan
```

3. Webブラウザーでデフォルトページを参照し、Azure App Serviceが正常に稼働していることを確認します。WebサイトのURL「http://new-webapp111.azurewebsites.net」を指定します。

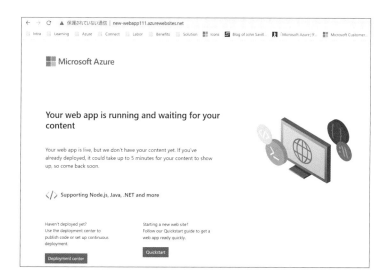

　以上でAzure CLIを使ったAzureリソースのデプロイは終了です。コマンドを通してApp Service Planの作成、Webアプリケーションのデプロイ、Webページの参照までを経験していただきました。作業自動化のためにAzure CLIコマンドをスクリプト化したい場合は、Linuxシェル（Bashなど）を利用してスクリプトを作成することができます。

▶▶▶ **重要ポイント**

- Azure PowerShellのコマンドレットを利用することで、サブスクリプションに接続することができ、Azureリソースをコマンドからデプロイできる。

2-5

ARMテンプレート

Azure Resource Managerのテンプレート（ARMテンプレート）は、宣言型の方法でAzureリソースを定義およびデプロイするために使用されるJSONファイルです。仮想マシン、ストレージアカウント、ネットワークなど、インフラストラクチャの望ましい状態を指定します。ARMテンプレートは、パラメーター、変数、リソース、出力などのセクションで構成されます。

ARMテンプレートを使用すると、コードとしてのインフラストラクチャ（IaC）が実現され、バージョン管理、自動化、および一貫したデプロイが可能になります。これにより、Azureリソースの再現性、スケーラビリティ、および簡単な管理が提供されます。ARMテンプレートを使用すると、開発者と運用チームは、複雑なAzureインフラストラクチャを効率的に定義してデプロイできます。

ARMテンプレートを使う理由

ARMテンプレートには以下のような利便性があります。

1. **オーケストレーション**：Azure Resource Managerは、相互に依存するリソースのデプロイの順序付けと調整を処理し、正しい順序で作成されるようにします。また、可能な限りリソースを並列にデプロイすることでデプロイ速度を最適化し、シリアルデプロイと比較してデプロイを高速化します。ARMテンプレートを使用すると、1つのコマンドを使用してすべてのリソースを一度にデプロイできるため、複数の命令型コマンドが不要になり、デプロイプロセスが簡素化されます。

2. **べき等性**：ARMテンプレートはべき等性を持っています。「べき等性」とは、同じテンプレートを複数回実行しても、同じ結果が得られる性質を指します。リソースが重複して作成されることなく、必要なリソースだけが作成・更新されます。べき等性を持つテンプレートは、再実行や変更によるリソースの状態管理を簡素化し、意図しない状態を回避するのに役立ちます。

3. **Azureネイティブ**：ARMテンプレートを使用すると、新しく導入されたAzureサービスと機能をデプロイにすぐに組み込むことができます。サードパーティ製のツールやモジュールであれば更新されるのを待つ必要がありますが、マイクロソフトが新しいリソース（サービス）を導入するとすぐに、テンプレートを使用してそれらをデプロイできます。これにより、遅延やツールの更新に依存することなく、最新のAzureオファリングを活用できます。

4. **デプロイメントの追跡**：Azure Portalでは、デプロイ履歴を確認し、テンプレートのデプロイに関する情報にアクセスできます。デプロイされたテンプレート、パラメーター値、出力値などの詳細を表示できます。

❏ デプロイメントの概要

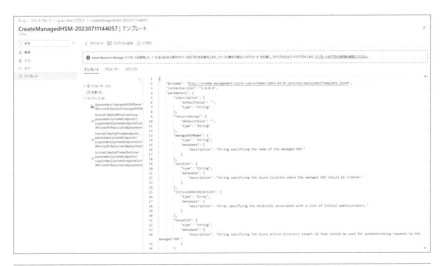

❏ 実行されたARMテンプレート

ARMテンプレートの構成要素

ARMテンプレートはJSON（JavaScriptオブジェクト表記）で記述されており、リソースとその構成を定義するための構造化された読み取り可能な形式を提供します。ここでは、次に示すような基本的なARMテンプレートの構成要素を説明します。

`JSON`

```
{
  "$schema": "https://schema.management.azure.com/schemas/2019-04-01/
→deploymentTemplate.json#", ·········································· ①
  "contentVersion": "", ············································· ②
  "parameters": {   }, ·············································· ③
  "variables": {   }, ··············································· ④
  "resources": [   ], ··············································· ⑤
  "outputs": {   } ·················································· ⑥
}
```

上記コード中の①～⑥の各要素について、順に見ていきましょう。

①「$schema」（必須）

テンプレートが準拠するARMテンプレートスキーマファイルの場所を定義します。デプロイされるAzure環境とリソースの機能と要件に一致する適切なスキーマバージョンを指定することが重要です。ARMテンプレートではデプロイスコープを4つのレベルで定義することができます。

1. **リソースグループ**

   https://schema.management.azure.com/schemas/2019-04-01/
   deploymentTemplate.json#"

2. **サブスクリプション**

   https://schema.management.azure.com/schemas/2018-05-01/
   subscriptionDeploymentTemplate.json#

3. **管理グループ**

   https://schema.management.azure.com/schemas/2019-08-01/
   managementGroupDeploymentTemplate.json#

4. **テナント**

https://schema.management.azure.com/schemas/2019-08-01/
tenantDeploymentTemplate.json#

　最新の機能と機能強化を利用するために、利用可能な最新のスキーマバージョンを使用することが推奨されます。

②「contentVersion」（必須）

　テンプレートのバージョン管理とコンテンツに対する変更の追跡に使用されます。この要素には任意の値を指定できます（1.0.0.1、2023-01-01 など）。

③「parameters」（任意）

　デプロイ中の入力パラメーターを定義できます。パラメーターは、文字列、整数、ブール値、オブジェクトなど、様々な種類の値を受け入れることができます。パラメーターの値を変更することにより、異なる環境でテンプレートを再利用することが可能になります。パラメーターでは使用できる値の定義や、既定値の定義などを追加することができます。

　以下に、parameters の基本的な構造を示します。

`JSON`

```
"parameters": {
  "[パラメーター名]" : {
    "type" : "[パラメータータイプ]",
    "defaultValue": "[パラメーターの既定値]",
    "allowedValues": [ "[選択できる値]" ],
    "minValue": [最小値],
    "maxValue": [最大値],
    "minLength": [長さの最小値],
    "maxLength": [長さの最大値],
    "metadata": {
      "description": "[説明]"
    }
  }
}
```

2

Azureの概要と管理者の基本的な概念

49

④「variables」(任意)

テンプレート内で再利用可能な式または値を定義できます。変数を使用して、複雑な構成を簡略化したり、中間結果を格納したり、計算プロパティを作成したりできます。

⑤「resources」(必須)

デプロイするAzureリソースを定義します。各リソースは、「型」「名前」「場所」「apiVersion」「プロパティ」などのプロパティを持つオブジェクトとして定義されます。「type」プロパティはリソースプロバイダー(Microsoft.Storage/storageAccountsなど)を指定し、「name」プロパティはリソースの一意の名前を指定します。

❏ リソースプロバイダーの例

リソースプロバイダー	Azure サービス	
Microsoft.Compute	Virtual Machines	Virtual Machine Scale Sets
Microsoft.Storage	Storage	
Microsoft.Network	Application Gateway Azure Bastion Azure DDoS Protection Azure DNS Azure ExpressRoute Azure Firewall Azure Front Door Service Azure Private Link	Azure Route Server Load Balancer Network Watcher Traffic Manager Virtual Network Virtual Network NAT Virtual WAN VPN Gateway

📖 Azureサービスのリソースプロバイダーとは何か

URL https://learn.microsoft.com/ja-jp/azure/azure-resource-manager/
management/azure-services-resource-providers

⑥「outputs」（任意）

デプロイの完了後に返される値を指定します。出力には、接続文字列、IPア
ドレス、またはさらに使用するために公開するその他のプロパティなどの情報
を含めることができます。通常は、デプロイされたリソースの値を返します。

ARMテンプレートの例

以下に、ストレージアカウントを作成するテンプレートを示します。

`JSON`

```
{
  "$schema":
  ➥"https://schema.management.azure.com/schemas/2019-04-01/
  ➥deploymentTemplate.json#",
  "contentVersion": "1.0.0.0",                              ← contentVersion句
  "parameters": {                                           ← parameters句
    "storageAccountType": {
      "type": "string",
      "defaultValue": "Standard_LRS",
      "allowedValues": [                   ← 選択できるストレージ
                                              アカウントの種類を指定
        "Standard_LRS",
        "Standard_GRS",
        "Standard_ZRS",
        "Premium_LRS"
      ],
      "metadata": {
        "description": "Storage Account type"
      }
    },
    "location": {
      "type": "string",
      "defaultValue": "northeurope",                        ← 値の既定値を指定
      "metadata": {
        "description": "Location for all resources."
```

Azureの概要と管理者の基本的な概念

2

```
      }
    }
  },
  "variables": {                                                    ──── variables句
    "storageName": "[concat(toLower(parameters('storageNamePrefix')),
➥uniqueString(resourceGroup().id))]"
  },

  "resources": [                                                    ──── resources句
    {
      "type": "Microsoft.Storage/storageAccounts",
      "apiVersion": "2019-06-01",
      "name": "[variables('storageName')]",
      "location": "[resourceGroup().location]",
      "sku": {
        "name": "[parameters('storageAccountType')]"
      },
      "kind": "StorageV2",
      "properties": {}
    }
  ],
  "outputs": {                                                      ──── outputs句
    "storageAccountName": {
      "type": "string",
      "value": "[variables('storageName')]"
    }
  }
}
```

ARM テンプレートは、関数、条件、ループ、式などの高度な機能もサポートしており、より動的で柔軟なテンプレート定義が可能です。

ARM テンプレートの構造と構文は厳密であり、JSON形式と特定の要素の順序と書式設定に従う必要があります。マイクロソフトでは、ARM テンプレートを効果的に理解して構築するのに役立つ広範なドキュメントと例を提供しています。

📖 ARMテンプレートのドキュメント

URL https://learn.microsoft.com/ja-jp/azure/azure-resource-manager/
templates/

さらに、ARMテンプレートの開発と検証を支援する様々なツールと拡張機能を使用できます。その1つであるVisual Studio Codeを使うと、ARMテンプレート開発を容易に行うことができます。ARMテンプレートの検証や入力候補の提示、パラメーターファイルのサポートなど様々な拡張機能を利用できます。

📖 クイックスタート：Visual Studio Codeを使用してARMテンプレートを作成する

URL https://learn.microsoft.com/ja-jp/azure/azure-resource-manager/
templates/quickstart-create-templates-use-visual-studio-code?tabs=CLI

▶▶▶ **重要ポイント**

- parameters句とvariables句で変数を定義し、ARMテンプレートの柔軟性、再利用性、および保守性を確保できる。
- resources句で、作成したいリソースを定義する。

ARMテンプレートを作成する

ARMテンプレートを作成するには、デプロイするリソースの定義、それらの構成の指定、および必要なパラメーターと変数の設定を行います。

ここでは、スクラッチから作成するパターンと、Azure Portalからエクスポートして作成するパターンの2つを紹介します。Azure Portalからエクスポートする場合は既に存在するリソースからARMテンプレートを出力するため、一から作成することなく、出力されたテンプレートをカスタマイズするだけですぐに使うことができます。以下では、仮想マシンのデプロイを例に手順を示します。

スクラッチで作成する

✳ ステップ1：テンプレート構造を定義

JSONを使用してテンプレート構造を定義します。ARMテンプレートは、parameters、variables、resources、outputsなどのセクションで構成されます。正確性を確保するために、特定のJSONスキーマに従います。コードエディターまたは任意のJSON互換IDEを使用してテンプレートを作成できます。ここではVisual Studio Codeを使用します。

次のJSONコードをコピーして、ファイルに貼り付けます。

JSON

```json
{
  "$schema": "https://schema.management.azure.com/schemas/2019-04-01/
  deploymentTemplate.json#",
  "contentVersion": "1.0.0.0",
  "parameters": {},
  "variables": {},
  "resources": [],
  "outputs": {}
}
```

```
1   {
2     "$schema": "https://schema.management.azure.com/schemas/2019-04-01/deploymentTemplate.json#",
3     "contentVersion": "1.0.0.0",
      Select or create a parameter file...
4     "parameters": {},
5     "variables": {},
6     "resources": [],
7     "outputs": {}
8   }
```

✳ ステップ2：パラメーターと変数を定義

パラメーターを使用すると、デプロイ時にテンプレートに値を渡すことができます。変数は、再利用可能な値を格納するために使用されます。この例では、仮想マシン名、管理者ユーザー名、管理者パスワード、および場所のparametersを作成します。また、VMファミリーのvariablesを作成します。

JSON

```json
"parameters": {
  "vmName": {
    "type": "string",
    "metadata": {
      "description": "Name of the virtual machine."
    }
  },
  "adminUsername": {
    "type": "string",
    "metadata": {
      "description": "Admin username for the virtual machine."
    }
```

54

```
  },
  "adminPassword": {
    "type": "securestring",
    "metadata": {
      "description": "Admin password for the virtual machine."
    }
  },
  "location": {
    "type": "string",
    "metadata": {
      "description": "Azure region where the resources should be created."
    }
  }
},
"variables": {
  "apiVersion": "2020-06-01",
  "virtualMachineSize": "Standard_DS1_v2"
},
```

✳ ステップ3：リソースを定義

　デプロイするAzureリソースを定義します。この例では、仮想ネットワーク、パブリックIPアドレス、ネットワークインターフェイス、仮想マシンを作成します。

`JSON`

```
"resources": [
  {
    "type": "Microsoft.Network/publicIPAddresses",
       ⋮
    "type": "Microsoft.Network/virtualNetworks",
       ⋮
    "type": "Microsoft.Network/networkInterfaces",
       ⋮
    "type": "Microsoft.Compute/virtualMachines",
],
```

✳ ステップ4：出力を定義

　デプロイ後に特定の値を取得する場合は、出力を定義できます。この例では、仮想マシンの管理者ユーザー名を取得します。

```json
"outputs": {
  "adminUsername": {
    "type": "string",
    "value": "[parameters('adminUsername')]"
  }
}
```

✳ ステップ5：ARMテンプレートを保存

これまでのステップで作成したすべてのコードを結合して、このJSONコードを拡張子が「.json」のファイルとして保存します。その後、このテンプレートを使用して、リソースをAzureサブスクリプションにデプロイできます。ここでは、「TestAzureDeploy.json」という名前を付けます。

Azure Portalからテンプレートをエクスポートする

❋ ステップ1：リソースを選択

Azure Portalにログインし、エクスポートを行うリソースグループを選択します。

❋ ステップ2：テンプレートのエクスポート

「テンプレートのエクスポート」を選択し、出力されたテンプレートを確認します。「ダウンロード」をクリックし、出力されたファイルをもとにカスタマイズを行い使用します。

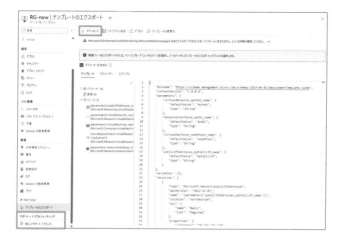

エクスポートされたテンプレートは、必要なJSONコードのほとんどを提供しますが、特定のテンプレートに基づいてカスタマイズする必要があります。パラメーターと変数を慎重に確認し、既存のテンプレートに合わせて変更することが重要です。エクスポートプロセスでは、元のテンプレートで定義されていたパラメーターと変数が認識されません。

ARMテンプレートを使ったリソースのデプロイ

ARMテンプレートをデプロイするには、要件と設定に応じていくつかのオプションを使用できます。ARMテンプレートをデプロイするための一般的な方法は以下のとおりです。

- ○ Azure Portal
- ○ Azure PowerShell
- ○ Azure CLI
- ○ REST API
- ○ Azure Cloud Shell
- ○ パイプライン（Azure DevOps、GitHub）

ここではAzure Portal、Azure PowerShell、Azure CLIでのデプロイについて説明します。

Azure Portalでのデプロイ

✳ ステップ1：カスタムデプロイメニューの選択
Azure Portalにログインし、「カスタムテンプレートのデプロイ」を選択します。

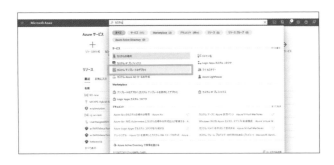

カスタムデプロイメニューより、「エディターで独自のテンプレートを作成する」を選択します。

✳ ステップ2：テンプレートのアップロード

「ファイルの読み込み」よりテンプレートをアップロードし、「保存」を選択します。ここでは、「ARMテンプレートを作成する」の項で作成したTestAzureDeploy.jsonテンプレート（P.56を参照）をアップロードします。

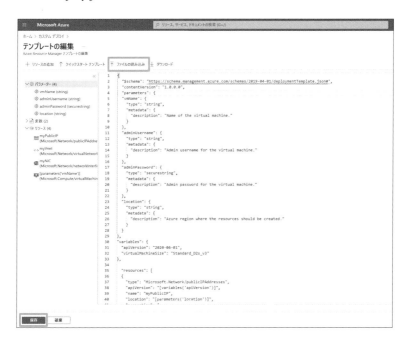

2

Azureの概要と管理者の基本的な概念

✳ ステップ3：テンプレートのデプロイ

テンプレートで指定したparametersの値を入力し、「確認と作成」を選択します。

「作成」を選択すると、デプロイが開始します。

次の画面は、デプロイ進行中の様子です。

デプロイ完了を確認し、リソースグループに移動します。

テンプレートで定義したリソースがデプロイされていることを確認します。

✳ ステップ4：デプロイ結果の確認

デプロイメントの結果を表示します。

デプロイメント名を選択すると結果が表示されます。

デプロイメントのサマリーはもちろんのこと、左のメニューよりテンプレートへの入力値や、出力値、デプロイに使われたテンプレートを確認することができます。

Azure PowerShellでのデプロイ

Azure PowerShellでのデプロイを行うには以下の前提条件があります。

◎ Azure PowerShellモジュールがローカルコンピューターにインストールされていること。

◎ Connect-AzAccount を使用して Azure に接続していること。

○ デプロイを行うリソースグループが作成されていること（ここではRG-newを使用）。

　この条件が確認できたら、**New-AzResourceGroupDeployment**コマンドレットを使ってARMテンプレートのデプロイを行います。ここでは最も簡易的な実行方法を提示します。

`PowerShell`

```
New-AzResourceGroupDeployment `
 -Name 〈デプロイメント名〉 `
 -ResourceGroupName 〈リソースグループ名〉 `
 -TemplateFile 〈ARMテンプレートのファイルパス〉
```

　コマンドレットについて見ていきましょう。

○ **New-AzResourceGroupDeployment**：デプロイを行うスコープに応じてコマンドレットは変わります。ここではリソースグループへのデプロイを行うため、New-AzResourceGroupDeploymentを使用します。デプロイするスコープに応じて以下のようなコマンドレットを使用します。

　❏ デプロイのためのコマンドレット

スコープ	コマンドレット
サブスクリプション	New-AzSubscriptionDeployment
管理グループ	New-AzManagementGroupDeployment
テナント	New-AzTenantDeployment

○ **Name**：デプロイメント名を定義します。ARMテンプレートをデプロイするときに、履歴から簡単に取得できるようにデプロイメントに名前を割り当てることができます。名前を指定しない場合は、テンプレートファイルの名前が使用されます。同じ名前のデプロイメントは以前のエントリを上書きするため、一意の名前を使用すると、デプロイ履歴に個別のレコードが確保されます。

○ **ResourceGroupName**：デプロイを行うリソースグループ名を指定します。

○ **TemplateFile**：ARMテンプレートのファイルパスを指定します。絶対パスまたは相対パスでファイルを指定します。

ローカルテンプレートを使ったデプロイの実行は次のように行います。

PowerShell

```
New-AzResourceGroupDeployment `
  -Name TestAzureDeploy-1 `
  -ResourceGroupNameRG-new `
  -TemplateFileTestAzureDeploy.json

vmName: VMtest
adminUsername: admintest
adminPassword: ********
location: northeurope
```

コマンドレットを実行すると、テンプレートの中で定義したparametersの値を応答形式で入力することになります。

　Azure Portalよりリソースグループに移動し、成功したデプロイを確認します。

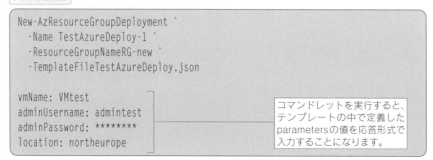

　コマンドレットで指定したデプロイメント名のデプロイが成功していることを確認します。

　最後にARMテンプレートで定義したリソースが作成されていることを確認します。

名前 ↑	種類 ↑↓	場所 ↑↓
myNIC	ネットワーク インターフェイス	North Europe
myOsDisk	ディスク	North Europe
myPublicIP	パブリック IP アドレス	North Europe
myVnet	仮想ネットワーク	North Europe
VMtest	仮想マシン	North Europe

Azure CLIでのデプロイ

Azure CLIでのデプロイを行うには以下の前提条件があります。

○ Azure CLIがローカルコンピューターにインストールされていること。

○ az loginを使用してAzureに接続していること。

○ デプロイを行うリソースグループが作成されていること（ここではRG-newを使用）。

この条件が確認できたら、az deployment group create を使ってARMテンプレートのデプロイを行います。ここでは最も簡易的な実行方法を提示します。

Azure CLI

```
az deployment group create `
  --name〈デプロイメント名〉`
  --resource-group〈リソースグループ名〉`
  --template-file〈ARMテンプレートのファイルパス〉
```

コマンドについて見ていきましょう。

○ **az deployment group create**：デプロイを行うスコープに応じてコマンドは変わります。ここではリソースグループへのデプロイを行うため、az deployment group createを使用します。デプロイするスコープに応じて以下のようなコマンドを使用します。

❑ デプロイのためのコマンド

スコープ	コマンド
サブスクリプション	az deployment sub create
管理グループ	az deployment mg create
テナント	az deployment tenant create

○ **-n (--name)**：デプロイメント名を定義します。ARMテンプレートをデプロイするときに、履歴から簡単に取得できるようにデプロイメントに名前を割り当てることができます。名前を指定しない場合は、テンプレートファイルの名前が使用されます。同じ名前のデプロイメントは以前のエントリを上書きするため、一意の名前を使用すると、デプロイ履歴に個別のレコードが確保されます。

○ **-g (--resource-group)**：デプロイを行うリソースグループ名を指定します。

○ **-f (--template-file)**：ARMテンプレートのファイルパスを指定します。絶対パスまたは相対パスでファイルを指定します。

ローカルテンプレートを使ったデプロイの実行は次のように行います。

Azure CLI

```
az deployment group create `
  --name TestAzureDeploy-1 `
  --resource-group RG-new `
  --template-file TestAzureDeploy.json

Please provide string value for 'vmName' (? for help): VMtest
Please provide string value for 'adminUsername' (? for help): admintest
Please provide securestring value for 'adminPassword' (? for help):
Please provide string value for 'location' (? for help): northeurope
```

コマンドを実行すると、テンプレートの中で定義したparametersの値を応答形式で入力することになります。

Azure Portalよりリソースグループに移動し、成功したデプロイを確認します。

　コマンドで指定したデプロイメント名のデプロイが成功していることを確認します。

　最後にARMテンプレートで定義したリソースが作成されていることを確認します。

▶▶▶　**重要ポイント**

- GUIを使ってARMテンプレートをデプロイする場合は、Azure Portalを利用する。
- CLIを使ってARMテンプレートをデプロイする場合は、Azure PowerShell、Azure CLIを利用する。
- Azure PowerShellでは、デプロイを行うスコープに応じてコマンドレットが変わる。
- リソースグループへのデプロイにはNew-AzResourceGroupDeploymentコマンドレットを利用する。
- Azure Portalを使ってリソースをデプロイした場合、「リソースグループ」メニューより結果を確認することができる。

2-6

Bicep

Bicep（「バイセップ」と読みます）は、Azure リソースのデプロイに使用される新しい高レベルの宣言型構文です。Bicep は、Azure のコードとしてのインフラストラクチャ（IaC）の作成エクスペリエンスを簡素化および改善するように設計されています。Bicep を使用すると、JSON構文を使用する従来のARMテンプレートと比較して、より簡潔で読みやすい方法でAzure リソースの望ましい状態を定義できます。

Bicep コードはデプロイ前にARM テンプレートにトランスパイル（変換）され、Azure Resource Manager との完全な互換性が確保されます。モジュール性、厳密な型指定、ネイティブの Azure CLI、Azure PowerShell 統合が提供され、Azure リソースプロビジョニングのための強力なツールになります。

❏ Bicepデプロイの仕組み

Bicepの利点

Bicepには以下のような利点があります。

1. **簡潔で読みやすい構文**：Bicepでは、より人間にわかりやすい構文が使用されているため、ARMテンプレートの冗長性と複雑さが軽減されます。これにより、Bicepコードの読み取り、書き込み、保守が容易になります。
2. **Azureネイティブ**：リソースプロバイダーが新しいリソースの種類とAPIバージョンをリリースしたその日からBicepでそれらのリソースをデプロイすることができます。これにより、遅延やツールの更新に依存することなく、最新のAzureオファリングを活用できます。

3. **生産性の向上**：サポートされているエディターのIntelliSenseやオートコンプリートなどの機能により、Bicepはより生産的な作成エクスペリエンスを開発者に提供します。これにより開発サイクルが短縮されます。

4. **実行環境の統合**：Azure CLIとAzure PowerShellではBicepがネイティブにサポートされているため、az deploymentコマンドやNew-AzResourceGroup Deploymentコマンドレットを使用してBicepファイルを直接デプロイできます。この統合により、デプロイプロセスが簡略化されます。

5. **ARMテンプレートとの互換性**：Bicepコードは、デプロイ前に標準のARMテンプレートにトランスパイル（変換）されます。その結果、結果として得られるARMテンプレートはAzure Resource Managerと完全に互換性があり、必要に応じてBicepから従来のARMテンプレートにシームレスに移行できます。

6. **保守容易性**：Bicepのモジュール性と厳密な型指定は、より保守しやすいコードベースを作成するのに役立ち、時間の経過に伴うインフラストラクチャ構成の理解と更新を容易にします。

テンプレートとしてのJSONとBicepの比較

　Bicepテンプレートは、通常、同等のARMテンプレートと比較してはるかに短く簡潔です。これは、Bicepでは、ARMテンプレートに見られる定型コードを減らす、簡略化された構文を使用しているためです。

　以下にStorage Accountを作成するテンプレートの例を提示します。左がARMテンプレートで右がBicepテンプレートです。Bicepファイルのほうがコードが短く簡潔で、読みやすいことがわかります。

❏ ARMテンプレート（左）とBicepテンプレート（右）の比較

Bicepの利用方法

　ここでは、Bicepテンプレートを利用するためのツールを2つ紹介します。それぞれ、Bicepを利用するためにBicep CLIをインストールする必要があります。

- **Azure PowerShell**：Azure PowerShellではBicep CLIは自動でインストールされないため、手動でインストールする必要があります。OSの種類に従ってインストールを実施してください。
- **Azure CLI**：Azure CLIでは、Bicep CLIが必要な操作を行うと自動でインストールされます。az bicep install を使って事前にインストールすることも可能です。

Bicepテンプレートの構成要素

　Bicepは宣言型言語であり、要素は任意の順序で表示できます。命令型言語とは異なり、要素の順序は配置の処理方法に影響しません。構成要素はARMテンプレートとよく似ています。以下に基本的な構成例を示します。

`Bicep`

```
metadata 〈メタデータ名〉= 〈任意〉················································· ①

targetScope = '〈デプロイスコープ〉'············································ ②

@〈decorator〉(〈値〉)····························································· ③
param 〈パラメーター名〉〈パラメーターデータ型〉= 〈既定値〉

var 〈変数名〉= 〈変数値〉····················································· ④

resource 〈リソースシンボル名〉'〈リソースタイプ〉@〈APIバージョン〉' = {
  〈リソースプロパティ〉························································ ⑤
}

output 〈アウトプット名〉〈アウトプットデータ型〉= 〈アウトプット値〉··········· ⑥
```

①「metadata」(任意)

metadataセクションは省略可能で、タイトル、説明、バージョンなどの追加情報をテンプレートに追加できます。通常、文書化の目的で使用されます。

```
metadata description = 'This template deploys a virtual network.'
metadata version = '1.0'
```

❏ metadataの使用例

②「targetScope」(任意)

targetScopeは、Bicepテンプレートのスコープを定義します。「管理グループ」「サブスクリプション」「リソースグループ」または「テナント」のいずれかに設定できます。この属性を使用すると、テンプレートをデプロイする場所を指定できます。指定できる値は以下となります。

○ **resourceGroup**：リソースグループのデプロイに使用されます(**既定値のためリソースグループへのデプロイを行う場合はtargetScopeを指定する必要はありません**)。
○ **subscription**：サブスクリプションのデプロイに使用されます。
○ **managementGroup**：管理グループのデプロイに使用されます。
○ **tenant**：テナントのデプロイに使用されます。

```
targetScope = 'subscription'
```

❏ targetScopeの使用例

③「param」と「decorator」(任意)

paramブロックは、テンプレートの入力パラメーターを定義するために使用されます。デプロイ時に値を受け取り、テンプレートの柔軟性と再利用性を高めるために使用されます。

decoratorは、paramの値の制約を定義するために利用されます(既定値、許可される値など)。

次の記述は、Storage AccountのSKUのparamを定義し、既定値と許可されるSKUを定義しています。

```
@allowed([
  'Standard_LRS'
  'Standard_GRS'
  'Standard_ZRS'
  'Premium_LRS'
])
param storSKU string = 'Standard_GRS'
```

❑ paramの使用例

④「var」(任意)

　varブロックを使用すると、値または式を格納するためにテンプレート内で使用できる変数を定義できます。

```
param vmPrefix string

var subnetPrefix = '10.0.0.0/24'
var vmname = '${vmPrefix}${uniqueString(resourceGroup().id)}'
```

❑ varの使用例

⑤「resource」(必須)

　resourceブロックは、作成または管理するAzureリソースを定義するために使用されます。リソースの種類、APIバージョン、名前、場所、プロパティ、およびその他の必須属性を指定します。

　右の記述はWindows仮想マシンを作成するためのresource定義です。

```
resource windowsVM 'Microsoft.Compute/virtualMachines@2020-12-01' = {
  name: 'testVM'
  location: resourceGroup().location
  properties: {
    hardwareProfile: {
      vmSize: 'Standard_A2_v2'
    }
    osProfile: {
      computerName: 'testVM'
      adminUsername: 'adminUsername'
      adminPassword: 'adminPassword'
    }
    storageProfile: {
      imageReference: {
        publisher: 'MicrosoftWindowsServer'
        offer: 'WindowsServer'
        sku: '2012-R2-Datacenter'
        version: 'latest'
      }
      osDisk: {
        name: 'name'
        caching: 'ReadWrite'
        createOption: 'FromImage'
      }
    }
    networkProfile: {
      networkInterfaces: [
        {
          id: 'id'
        }
      ]
    }
  }
}
```

❑ resourceの使用例

⑥「output」(任意)

outputブロックは、デプロイ後に特定の情報をキャプチャして表示するのに
役立つ出力値を定義します。

次の記述は仮想マシンの名前を出力するための定義です。

```
output vmname string = windowsVM.name
```

❑ outputの使用例

Bicepはこれらの他に、関数、条件、ループなどの高度な機能や、別のBicepフ
ァイルからコードを再利用するモジュール機能などをサポートしており、より
動的で柔軟なテンプレート定義が可能です。

Bicepテンプレートを作成する

ここではBicepテンプレート作成する方法として、Visual Studio Codeを使う
方法と、ARMテンプレートからBicepテンプレートに逆コンパイルして作成す
る方法の2つを紹介します。

Visual Studio Codeで作成

ここでは、Visual Studio Codeを使用してBicepテンプレートを作成する手順
について説明します。例として、ストレージアカウントリソースを作成します。
また、Visual Studio CodeのBicep拡張機能によって提供されるタイプセーフ、
構文の検証、オートコンプリートについても説明します。これらによって開発
が簡略化されることが理解できるでしょう。

Visual Studio Codeを使用してBicepテンプレートを作成するには以下の前
提条件があります。

○ Visual Studio Codeがインストールされていること。
○ Visual Studio Code用のBicep拡張機能がインストールされていること。

2

Azureの概要と管理者の基本的な概念

73

✳ ステップ1：Bicepファイルの作成

Visual Studio Code を開き、「StorageAccountDeploy.bicep」ファイルを作成します。**.bicep**拡張子をつけることでBicepの拡張機能（オートコンプリートなど）を使うことができます。

✳ ステップ2：リソーススニペットの追加

Visual Studio Code には事前に定義されたリソーススニペットが準備されているため、コーディングを簡単に行うことができます。ここではストレージアカウントを作成するため、ファイル上で「sto」と入力し「res-storage」を選択します。

選択すると、ストレージアカウントの定義に必要なコードが出力されます。必要に応じてこのコードを変更して利用します。例えば「name: 'name'」はストレージアカウントの名前として適切ではないので、「straccount111」のような値に変更します。

✳ ステップ3：パラメーターの追加

param ブロックでパラメーターを定義します。ここではリソースのリージョンをリソースグループのリージョンに設定するlocationパラメーターを定義します。パラメーターによって定義できるデータ型の候補がIntelliSenseによって

提案されます（ここでは string を指定）。

```
StorageAccountDeploy.bicep > ⊘ location
1    param location
2              📇 array
3    resource storag 📇 bool                                       = {
4      name: 'name' 📇 int
5      location: loc 📇 object
6      kind: 'Storag ☐ secureObject
7      sku: {        ☐ securestring
8        name: 'Prem 📇 string                              string
9      }
```

```
StorageAccountDeploy.bicep > ...
1    param location string = resourceGroup().location
```

ここまでのステップが完了すると以下のような Bicep ファイルが完成します。

```
StorageAccountDeploy.bicep > ...
1    param location string = resourceGroup().location
2
3    resource storageaccount 'Microsoft.Storage/storageAccounts@2021-02-01' = {
4      name: 'straccount111'
5      location: location
6      kind: 'StorageV2'
7      sku: {
8        name: 'Premium_LRS'
9      }
10   }
```

ARMテンプレート（JSON）をBicepに逆コンパイル

JSONテンプレートをBicepに変換することで、既存の資産を利用してBicepテンプレートに移行することができます。ここでは、JSONテンプレートの逆コンパイルを利用してBicepテンプレートを作成します。

JSONテンプレートをBicepテンプレートに逆コンパイルするには以下のコマンドを実行します（Azure CLIを利用）。

Azure CLI

```
az bicep decompile --file StorageDeploy.json
```

```json
StorageDeploy.json
{
    "$schema": "https://schema.management.azure.com/schemas/2019-04-01/deploymentTemplate.json#",
    "contentVersion": "1.0.0.0",
    Select or create a parameter file...
    "parameters": {
        "storageAccountType": {
            "type": "string",
            "defaultValue": "Standard_LRS",
            "allowedValues": [
                "Standard_LRS",
                "Standard_GRS",
                "Standard_ZRS",
                "Premium_LRS"
            ],
            "metadata": {
                "description": "Storage Account type"
            }
        },
        "location": {
            "type": "string",
            "defaultValue": "[resourceGroup().location]",
            "metadata": {
                "description": "Location for all resources."
            }
        }
    },
    "resources": [
        {
            "type": "Microsoft.Storage/storageAccounts",
            "apiVersion": "2019-06-01",
            "name": "straccount111",
            "location": "[parameters('location')]",
            "sku": {
                "name": "[parameters('storageAccountType')]"
            },
            "kind": "StorageV2",
            "properties": {}
        }
    ],
    "outputs": {
        "storageAccountName": {
            "type": "string",
            "value": "straccount111"
        }
    }
}
```

❏ 元のJSONテンプレート

```
StorageDeploy.bicep > ...
1   @description('Storage Account type')
2   @allowed([
3     'Standard_LRS'
4     'Standard_GRS'
5     'Standard_ZRS'
6     'Premium_LRS'
7   ])
8   param storageAccountType string = 'Standard_LRS'
9
10  @description('Location for all resources.')
11  param location string = resourceGroup().location
12
13  resource straccount111 'Microsoft.Storage/storageAccounts@2019-06-01' = {
14    name: 'straccount111'
15    location: location
16    sku: {
17      name: storageAccountType
18    }
19    kind: 'StorageV2'
20    properties: {}
21  }
22
23  output storageAccountName string = 'straccount111'
```

❏ 逆コンパイル後のBicepテンプレート

逆コンパイルによってファイルの変換は行われますが、**必ずしもマッピングが正しく行われるとは限りません**。出力されたBicepファイルの警告やエラーを修正して利用する必要があります。

Bicepテンプレートを使ったリソースのデプロイ

Azure PowerShellとAzure CLIの最新バージョンでは、Bicep CLIを導入することでネイティブにBicepをサポートします。つまりJSONテンプレートと同様のコマンドでデプロイを行うことができます。コマンドが発行されるとJSONに変換された後、デプロイが実行されます。

PowerShell Azure PowerShellを使ったデプロイ

```
New-AzResourceGroupDeployment `
  -Name StorageDeploy-1 `
  -ResourceGroupName RG-new `
  -TemplateFile StorageAccountDeploy.bicep
```

Azure CLIを使ったデプロイ

```
az deployment group create `
  --name StorageDeploy-1 `
  --resource-group RG-new `
  --template-file StorageAccountDeploy.bicep
```

既存のBicepテンプレートに変更を追加してデプロイする

　既存のBicepテンプレートに更新を加えてデプロイする場合、デプロイモードを意識する必要があります。以下の2つのモードがあります（ARMテンプレートにおいても同様です）。

○ **完全モード**：リソースグループに存在するがテンプレートに指定されていないリソースを削除します。

○ **増分モード**（既定値）：リソースグループに存在するが、テンプレートに指定されていないリソースを変更せずそのまま残します。テンプレート内のリソースは、リソースグループに追加されます。

　べき等性の考え方、つまりテンプレートと環境の一致を目指す場合は完全モードを利用します。ここでは、前述で行ったストレージアカウントのデプロイ後に仮想ネットワークのデプロイを完全モードで行います。

　1. StorageAccountDeploy.bicepデプロイ後のRG-newリソースグループ上にストレージアカウントがデプロイされています。

2. VnetDeploy.bicepテンプレートを作成します。

```
VnetDeploy.bicep > [∅] subnetPrefix
1   param location string = resourceGroup().location
2   var networkSecurityGroupName = 'nsg-default'
3   var virtualNetworkName = 'MyVNET'
4   var addressPrefix = '11.0.0.0/8'
5   var subnetPrefix = '11.1.0.0/16'
6   var subnetName = 'mySubnet'
7
8   resource networkSecurityGroup 'Microsoft.Network/networkSecurityGroups@2023-04-01' = {
9     name: networkSecurityGroupName
10    location: location
11    properties: {
12      securityRules: [
13        {
14          name: 'default-allow-3389'
15          properties: {
16            priority: 1000
17            access: 'Allow'
18            direction: 'Inbound'
19            destinationPortRange: '3389'
20            protocol: 'Tcp'
21            sourcePortRange: '*'
22            sourceAddressPrefix: '*'
23            destinationAddressPrefix: '*'
24          }
25        }
26      ]
27    }
28  }
29
30  resource virtualNetwork 'Microsoft.Network/virtualNetworks@2023-04-01' = {
31    name: virtualNetworkName
32    location: location
33    properties: {
34      addressSpace: {
35        addressPrefixes: [
36          addressPrefix
37        ]
38      }
39      subnets: [
40        {
41          name: subnetName
42          properties: {
43            addressPrefix: subnetPrefix
44            networkSecurityGroup: {
45              id: networkSecurityGroup.id
46            }
47          }
48        }
49      ]
50    }
51  }
52
```

3. Azure CLIでRG-newリソースグループに対して完全モードでデプロイを行います。

```
az deployment group create `
  --mode Complete `
  --name VnetDeploy-1 `
  --resource-group RG-new `
  --template-file ./VnetDeploy.bicep
```

4. デプロイ後、RG-newリソースグループ上のストレージアカウントが消え、仮想ネットワークリソースがデプロイされていることがわかります。

5. StorageDeploy-1デプロイメントの後にVnetDeploy-1デプロイメントが実行されたことがわかります。

6. 詳細なログを確認すると、ストレージアカウントが削除されたことがわかります。

　以上で完全モードでのデプロイは完了となります。完全モードのデプロイは削除を伴うので、実行する際は細心の注意を払ってください。リソースの種類に応じて削除の動作が異なるため、what-if オプションを使って、実際のデプロイの前にどのような操作が行われるかを検証した後に実行するようにしてください。

▶▶▶ 重要ポイント

- Bicep は ARM テンプレートよりも可読性や保守性が高い宣言型構文である。
- Bicep を利用するためには Bicep CLI をインストールする。
- Azure PowerShell、Azure CLI のどちらもネイティブに Bicep をサポートしている。
- リソースをデプロイする際は、デプロイモード（完全モード、増分モード）を意識する必要がある。

2-7

Azure Cloud Shell

　これまで紹介してきた管理ツールと同様に、Azureを管理していく上で利用可能なツールを最後に1つ紹介します。

　Azure Cloud Shellは、Azureによって提供されるWebベースの対話型コマンドラインインターフェイス（CLI）です。これにより、Azureリソースを管理し、様々なタスクをWebブラウザーから直接実行できます。Azure Cloud Shellは、ローカルコンピューターにソフトウェアをインストールしなくても、Azureリソースを操作するための便利な環境を提供します。Azure Portalからアクセスでき、Azure PowerShellツールとAzure CLIツールの両方がプリインストールされ、構成されています。

　Azure Cloud Shellの利用方法を以下に示します。

1. Azure Portal上部のコマンドマークよりAzure Cloud Shellを起動します。シェル環境として、BashまたはPowerShellを選択します。

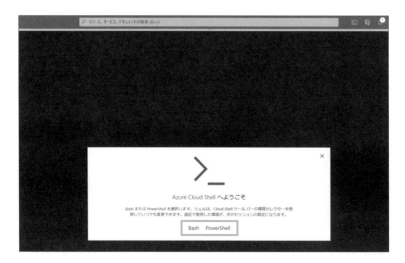

2. Azure Cloud Shellを利用するためには、初回にストレージアカウントを作成する必要があります。

Azure Cloud Shellの特徴

Azure Cloud Shell の特徴を以下にまとめます。

○ BashまたはPowerShellを利用可能
○ リソースグループ、ストレージアカウント (Azure File共有) が必要
○ 複数のアクセスポイントを提供
- portal.azure.com
- shell.azure.com
- Azure CLI documentation
- Azure PowerShell documentation
- Azure mobile app
- Visual Studio Code Azure Account extension
○ コンピュートコストはかからず、Azure Files共有マウント(ストレージアカウント)上のデータ量に応じて課金が発生
○ 複数のAzureコマンドラインツールがプリインストール
- Azure CLI
- Azure PowerShell
- AzCopy
- Azure Functions CLI
- Service Fabric CLI
- Batch Shipyard
- blobxfer
○ 無操作状態で20分経過するとタイムアウト

Azure Cloud Shellを使った ARMテンプレートのデプロイ

　ここでは、Azure Cloud Shell の PowerShell を使ってローカルテンプレートをデプロイする手順を示します。

1. Azure Cloud Shell にサインインします。
2. 「PowerShell」を選択します。

3. 「ファイルのアップロード/ダウンロード」より「アップロード」選択します。

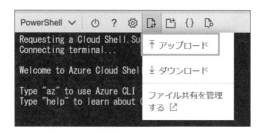

4. アップロードするテンプレートを選択し、「開く」を選択します。アップロードファイルはAzure Files に格納され、自身のhome ディレクトリに配置されます。
5. 配置後はAzure CLI またはAzure PowerShellのコマンドを使ってデプロイを行います。

▶ ▶ ▶ **重要ポイント**

- Azure Cloud Shellは、Azureによって提供されるWebベースの対話型コマンドラインインターフェイス（CLI）である。
- Azure Cloud Shellを利用するためには、事前にリソースグループとストレージアカウントを準備する必要がある。

本章のまとめ

▶▶ Azure Resource Manager

- Azure Resource Manager（ARM）は、Azureリソースのデプロイおよび管理フレームワークである。
- ARMでは、リソースグループと呼ばれるグループとしてリソースを定義および管理できる。
- Azure Resource Managerは、あらゆるクライアントからのタスクを実行する一貫性のある管理レイヤーを提供する。
- Azure Resource Managerのロックを利用すると、Azure内のリソースを誤って削除することを防ぐことができる。
- タグはリソースに適用できるメタデータラベルで、Azureリソースを整理および分類するのに役立つ。

▶▶ Azure PowerShell

- Azure PowerShellは、Azureと対話するために使用されるコマンドラインインターフェイスツールである。
- Azure PowerShellはWindows、macOS、Linuxで利用でき、ユーザーは様々なオペレーティングシステムからAzureリソースを管理できる。
- Azure PowerShellはAzure PortalのCloud Shell、またはローカルコンピューターにインストールして実行する。
- PowerShell製品とAz PowerShellモジュールを導入することで、Azure PowerShellを利用することができる。
- Azure PowerShellのコマンドレットを使ってPowerShellスクリプトを作成することにより、反復作業を自動化できる。

▶▶ Azure CLI

- Azure CLIは、Azureのリソースとサービスを管理するためにマイクロソフトが提供するクロスプラットフォームのコマンドラインツールである。
- Azure CLIはAzure PortalのCloud Shell、またはローカルコンピューターにインストールして実行できる。
- Azure PowerShellとAzure CLIのどちらを選択するかは、それぞれのスクリプト言語に関するユーザーの知識と、タスクの特定の要件によって決まる。

- Azure CLI コマンドをスクリプト化したい場合は、Linux シェル（Bash など）を利用してスクリプトを作成できる。

▶▶▶ ARM テンプレート

- Azure Resource Manager（ARM）テンプレートは、宣言型の方法でAzureリソースを定義およびデプロイするために使用される JSON ファイルである。
- ARMテンプレートを使用すると、コードとしてのインフラストラクチャ（IaC）が可能になる。
- ARMテンプレートはべき等性（複数回実行しても、同じ結果が得られる性質）を持っている。
- ARMテンプレートはAzure Portalからエクスポートして作成できる。
- ARMテンプレートはAzure Portalからだけでなく、Azure PowerShellやAzure CLIなどのツールからもデプロイできる。

▶▶▶ Bicep

- Bicepは、Azureリソースのデプロイに使用される新しい高レベルの宣言型構文である。
- Bicepコードはデプロイ前にARMテンプレートにトランスパイル（変換）され、Azure Resource Managerとの完全な互換性が確保される。
- Bicepは、JSON構文を使用する従来のARMテンプレートと比較して、より簡潔で読みやすい方法でAzureリソースの望ましい状態を定義できる。
- Bicep CLIをインストールすることでBicepを利用できる。
- Bicepは宣言型言語であり、要素は任意の順序で表示できる。命令型言語とは異なり、要素の順序は配置の処理方法に影響しない。
- Visual Studio CodeのBicep拡張機能によってタイプセーフ、構文の検証、オートコンプリートが提供され、開発が効率化される。
- Azure PowerShell と Azure CLIの最新バージョンでは、JSONテンプレートと同様のコマンドでBicepデプロイを行うことができる。

▶▶ **Azure Cloud Shell**

- Azure Cloud Shellは、Azureによって提供されるWebベースの対話型コマンドラインインターフェイス（CLI）である。
- Azure Cloud Shellは、ローカルコンピューターにソフトウェアをインストールしなくても、Azure Portalからアクセスして使うことができる。
- シェル環境として、BashまたはPowerShellを利用できる。
- 複数のAzureコマンドラインツールがプリインストールされている（Azure CLI、Azure PowerShell、AzCopyなど）。

章末問題

 ## 問題1

Azureの仮想マシンサービスを提供するリソースプロバイダーを選択してください。

A. Microsoft.Storage

B. Microsoft.Compute

C. Microsoft.Network

 ## 問題2

Azure Resource Managerのロックはどのスコープに適用可能でしょうか？

A. 管理グループ、サブスクリプション

B. リソースグループのみ

C. サブスクリプション、リソースグループ、リソース

D. リソースのみ

問題3

Azure PowerShellをローカルで利用するためには、ローカル環境に何がインストールされている必要がありますか?

A. 基本のPowerShell製品とAz PowerShellモジュール

B. 基本のPowerShell製品

C. Azure CLI

 問題4

リソースグループを作成するAzure PowerShellコマンドレットを選択してください。

A. New-AzResourceGroupDeployment

B. Get-AzResource

C. Export-AzResourceGroup

D. New-AzResourceGroup

 問題5

Azure CLIをWindows、macOS、Linuxにインストールすれば、どのプラットフォームでも利用できるコマンド、構文は同じである。この説明は正しいですか?

A. はい

B. いいえ

 問題6

サブスクリプション上のすべてのリソースグループをリストするため、以下のAzure CLIコマンドを実行しました。

```
az group list
```

大量のJSON形式の出力を簡潔に表示すためにはどのオプションを使うのが良いでしょうか?

A. --query "[?location=='westus']"

B. --output table

C. --tag

 問題7

ARMテンプレートの中で再利用可能な式または値を定義したい場合は、どの構成要素を使いますか？

A. variables

B. parameters

C. resource

D. $schema

 問題8

リソースグループスコープにARMテンプレートをデプロイする場合、Azure CLIではどのコマンド使いますか？

A. az deployment sub create

B. az deployment tenant create

C. az deployment mg create

D. az deployment group create

 問題9

Bicepテンプレートで指定されている内容とリソースグループ上のデプロイを一致させるためには、Azure CLIのコマンドでどのオプションを使いますか？（指定されていないリソースは削除される）

A. az deployment group create --mode Incremental…

B. az deployment group create --match…

C. az deployment group create --mode Complete…

D. az deployment group create --mode Perfect…

2

Azureの概要と管理者の基本的な概念

問題10

Azure Cloud Shellで選択可能なシェル環境はどれですか？

- A. kshまたはBash
- B. BashまたはPowerShell
- C. shまたはPowerShell
- D. PowerShellのみ

章末問題の解説

✓ **解説1**

解答：B. Microsoft.Compute

リソースプロバイダーとはAzureリソースを提供するサービスです。例えば、一般的なリソースプロバイダーの例として、仮想マシンリソースを提供するMicrosoft.Computeが挙げられます。

✓ **解説2**

解答：C. サブスクリプション、リソースグループ、リソース

Azure Resource Managerのロックを利用するとAzure内のリソースを誤って削除することを防ぐことができます。リソースロックはサブスクリプション、リソースグループ、リソースの3つのスコープに適用可能です。

✓ **解説3**

解答：A. 基本のPowerShell製品とAz PowerShellモジュール

ローカル環境で利用する場合は、基本のPowerShell製品とAz PowerShellモジュールを導入します。Windows、Linux、macOSそれぞれの手順に従って導入を行えます。

✓ **解説4**

解答：D. New-AzResourceGroup

New-AzResourceGroupコマンドレットを使用して新しいリソースグループを作成します。

✓ **解説5**

解答：A. はい

Azure CLIは、Windows、macOS、Linuxなど、様々なオペレーティングシステム間でAzureリソースを管理するための一貫性のある強力なインターフェイスを提供します。

✓ 解説6

解答：**B.** --output table

Azure CLIは既定では、JSON形式で結果が出力されます。--output（--out、-o）パラメーターを使用することで出力形式を変更することができます。以下の表に例を示します。

❏ --outputパラメーターと出力形式

--output	出力
yaml	yaml形式
table	列見出しとしてキーが使用されているASCIIテーブル
tsv	タブ区切りの値

✓ 解説7

解答：**A.** variables

テンプレート内で再利用可能な式または値を定義できます。変数を使用して、複雑な構成を簡略化したり、中間結果を格納したり、計算プロパティを作成したりできます。

✓ 解説8

解答：**D.** az deployment group create

デプロイを行うスコープに応じてAzure CLIのコマンドは変わります。リソースグループへのデプロイを行うには、az deployment group createを使用します。デプロイするスコープに応じて以下のようなコマンドを使用します。

❏ デプロイのためのコマンド

スコープ	コマンド
サブスクリプション	az deployment sub create
管理グループ	az deployment mg create
テナント	az deployment tenant create

✓ 解説9

解答：**C.** az deployment group create --mode Complete…

既存のBicepテンプレートに更新を加えてデプロイする場合、デプロイモードを意識する必要があります。以下の2つのモードがあります（ARMテンプレートにおいても同様です）。

● **完全モード**：リソースグループに存在するがテンプレートに指定されていないリソースを削除します。
● **増分モード**（既定値）：リソースグループに存在するが、テンプレートに指定されていないリソースを変更せずそのまま残します。テンプレート内のリソースは、リソースグループに追加されます。

べき等性の考え方、つまりテンプレートと環境の一致を目指す場合は完全モードを利用します。

解答：B. Bash または PowerShell
　Azure Cloud Shell では Bash または PowerShell が利用可能です。

第3章

Microsoft Entra ID と ガバナンス

　第3章では、AzureのIDとガバナンス機能群について説明します。「何も信頼しない」という前提に立ったゼロトラストの考え方、マイクロソフトが提供するクラウドベースのID管理サービスである Microsoft Entra ID、リソース管理および課金の単位となるサブスクリプション、リソース操作を柔軟に制御するためのロールベースのアクセス制御（RBAC）、セキュリティポリシーや運用ルールを一括管理するためのAzure Policyなどを取り上げます。

3-1

ゼロトラスト

ゼロトラストが提唱された背景

　従来、組織における基本的なセキュリティ対策としては、通信ネットワークを組織内とインターネットで分離し、外部の脅威から組織ネットワークを保護する**境界によって保護するアプローチ**が主流でした。ファイアウォールなどで制御されたセキュリティ境界の後ろに安全なネットワークを配置し、そこにリソースを配置することで安全を確保する考え方に基づいています。

　しかし昨今、Microsoft 365などSaaS（Software as a Service、サービスとしてのソフトウェア）の利用やリモートワークの普及により、組織の機密情報がSaaSなどの組織ネットワーク外にも存在するようになってきました。また、攻撃手法の変化により境界保護のアプローチだけでは必要な保護を行うことが難しいケースが増えてきました。そのため、セキュリティ境界のアプローチに依存しないセキュリティの考え方の1つとしてゼロトラストの考え方が提唱されました。これは、「何も信頼しない」という前提に立った考え方です。

　AzureおよびMicrosoft Entra IDのセキュリティ機能の多くも、ゼロトラストの考え方に基づいて実装されています。

ゼロトラストの考え方を構成する主な要素

　ゼロトラストの考え方を構成する主な要素は以下の3点です。

- **明示的に確認する**：アクセス元のIDや端末を**無条件に信頼せず**、利用可能な情報をもとに検証を行います。
- **必要最小限のアクセス権を利用する**：データやアプリケーションのリソースを利用するための**必要最小限の権限を必要な時間（Just in time）のみ付与**します。

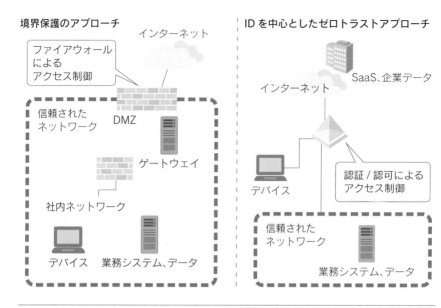

境界保護のアプローチ　　インターネット

ファイアウォール
による
アクセス制御

信頼された
ネットワーク

DMZ

ゲートウェイ

社内ネットワーク

デバイス　　業務システム、データ

ID を中心としたゼロトラストアプローチ

SaaS、企業データ

インターネット

デバイス

認証 / 認可による
アクセス制御

信頼された
ネットワーク

業務システム、データ

❏ 境界保護のアプローチとゼロトラストアプローチの例

○ **侵害を想定する**：攻撃者に侵入されることを想定し、データの暗号化およびアクセ
スできる範囲を細分化（セグメント化）します。また、分析を利用し、脅威の検出と
防御の改善を行います。

マイクロソフトのアプローチ

　マイクロソフトのリファレンスアーキテクチャでは、Microsoft Entra ID の
ID を中心としたゼロトラストクライアントアクセスモデルを定義しています。
Microsoft Entra ID に紐づいたアクセス元のユーザーアカウントやデバイスの
状態、アクセスに関連するリスクを評価し、アクセス先のアプリやデータリソ
ースの機密度などに応じてアクセス可否を動的に制御することが可能です。

　マイクロソフトのアプローチの詳細については、次の Web サイトを参照して
ください。

📖 Embrace proactive security with Zero Trust
（ゼロトラストによるプロアクティブなセキュリティの採用）

URL https://www.microsoft.com/en-us/security/business/zero-trust

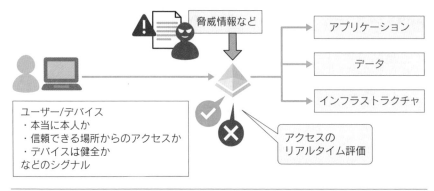

ユーザー/デバイス
・本当に本人か
・信頼できる場所からのアクセスか
・デバイスは健全か
などのシグナル

脅威情報など

アプリケーション

データ

インフラストラクチャ

アクセスの
リアルタイム評価

❑ ゼロトラストに基づくクライアントアクセスアプローチの例

その他のゼロトラストアプローチ

　マイクロセグメンテーションを構成し、ユーザーまたはグループの権限に基づいてネットワークセグメント単位でアクセス制御するソリューションもネットワークベンダーなどから提供されています。どのソリューションにも特徴があり、それぞれの環境に適したソリューションを組み合わせて組織全体で網羅的にセキュリティを向上することが重要です。

▶▶▶ **重要ポイント**

- ゼロトラストは特定の製品やソリューションではなく、セキュリティを向上させるための考え方である。
- ゼロトラストアプローチでは、リソースを無条件に信頼しないことと、侵害されることを想定した上で脅威の検出やリソースの保護を行うことが重要である。

3-2

Microsoft Entra ID

Microsoft Entra ID（旧名称Azure Active Directory：Azure AD）は、マイクロソフトが提供するクラウドベースのID管理サービス（IDaaS：Identity as a Service）です。AzureのアカウントはMicrosoft Entra IDによって管理されます。

2023年7月にAzure ADの名称が「Microsoft Entra ID」へ変更されました。AZ-104試験内でAzure Active Directory、またはAzure ADの名称が使われた場合は、Microsoft Entra ID と置き換えて考えてください。

Microsoft Entra IDの特徴

Microsoft Entra ID は、パブリックに公開されたインターネットで利用されることを前提にしており、強力なセキュリティ機能とセルフサービスがサポートされています。Microsoft Entra ID が提供する主な機能を紹介します。

○ **ユーザーの管理**：IDとしてのユーザーアカウントを作成、更新、無効化、削除できます。Microsoft Entra IDのユーザー IDを、アカウントとも呼びます。

○ **IDの認証とシングルサインオン**：ユーザーアカウントの認証を行います。また、一度の認証で複数のアプリケーションに対応するシングルサインオン（SSO）を提供します。

○ **グループの管理**：アクセス権を効率的に管理するためのセキュリティグループの作成とグループメンバーシップの管理機能を提供します。Microsoft Entra ID P1およびP2エディションでは、設定したルールに応じて自動的にメンバーシップの変更が行われる動的グループ機能も提供されています。

○ **Azureリソースに対する管理アクセス制御**：ロールベースのアクセス制御（RBAC）を利用することで、Azure リソースに対して柔軟なアクセス制御を提供します。

○ **デバイスの登録**：Microsoft Entra IDにデバイスを登録もしくは参加させ、組織の管理下に置くことができます。

- **脅威に対するIDの保護**：IDに対する侵害リスクを検出し、IDを保護します。また、セキュリティを強化するための多要素認証（MFA）を提供します。
- **Microsoft Entraアクティビティログの取得と監査**：Microsoft Entra IDへのサインインおよび各種アクティビティのログが保存され、参照できます。ログは30日間参照可能です。
- **クラウドアプリケーションの管理**：組織のアプリケーションやSaaSアプリケーションをMicrosoft Entra IDと認証連携し、管理できます。エンタープライズアプリケーションのギャラリーを使用することで、認証やユーザー IDのプロビジョニング（追加、更新、削除）を簡単に構成できます。
- **セルフサービス**：ユーザーが自分自身でパスワードのリセットおよびグループの管理を行う機能が提供されています。これらを活用することにより、IT管理者の作業を削減できます。

Microsoft Entra IDのテナント

　Microsoft Entra IDはSaaSであるため、共通のサービス基盤を複数の組織で共有利用します。ただし、各組織（インスタンス）間では、互いのリソースへアクセスできないようMicrosoft Entra IDの環境が論理的に分離されています。このインスタンスの単位をMicrosoft Entraテナント、もしくはテナントと呼びます。

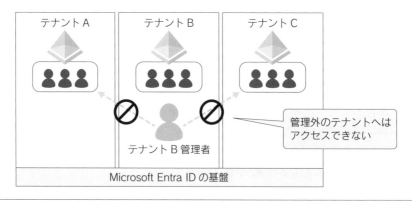

❏ Microsoft Entra IDにおけるテナントの分離

Microsoft Entra IDと
オンプレミスActive Directoryとの違い

　従来から現在に至るまで、企業の社内ID基盤としてオンプレミスのActive Directoryが広く使われています。

　Microsoft Entra IDとActive DirectoryはいずれもID管理のソリューションですが、それぞれの利用シナリオに応じた異なる機能が提供されています。Active Directoryは企業内ネットワークで利用されることを想定しているのに対し、Microsoft Entra IDはインターネット環境で利用されることを想定し、より強固な認証プロトコルやセキュリティ機能を備えています。

❑ Microsoft Entra IDとActive Directoryの主な違い

	Microsoft Entra ID	Active Directory
ディレクトリサービス（ユーザーやグループの管理）の提供	提供される	提供される
認証および認可のプロトコル	SAML 2.0、OpenID Connect	Kerberos、NTLM
ディレクトリ情報アクセスのためのプロトコル	HTTPS（Graph API）など	LDAPなど
デバイスの登録	Microsoft Entra参加、Microsoft Entra登録など	Active Directoryドメイン参加
デバイス構成の管理	Microsoft Intuneを利用	グループポリシー

▶▶　**重要ポイント**

● Microsoft Entra IDはオンプレミスActive Directoryのクラウド版ではなく、異なる機能が提供されるサービスである。

Microsoft Entra IDのエディション

　Microsoft Entra IDにはいくつかのエディションが存在します。Freeエディションにはサービスレベルアグリーメント（SLA）が提供されません。P1およびP2には99.9%の稼働率保証が提供されます。

○ Microsoft Entra ID Freeエディション：無料で提供されるエディションです。必要最小限のID管理機能、認証機能およびセキュリティ機能が提供されます。

◎ Microsoft Entra ID P1（Plan 1）：作業効率化と柔軟なアクセス制御機能が提供
されます。グループベースのアプリケーション割り当て、セルフグループ管理、条
件付きアクセスポリシーなどを利用することができます。
◎ Microsoft Entra ID P2（Plan 2）：P1に加え、より強力なID保護、ガバナンス強
化のための追加機能が提供されます。リスクベースのアクセス制御、特権保護、ア
クセスレビューおよびエンタイトルメント管理などを利用することができます。

❑ Microsoft Entra IDエディションと機能の比較

機能	Free	P1	P2
IDの管理と認証	✓	✓	✓
企業間コラボレーション	✓	✓	✓
セルフサービスパスワードリセット		✓	✓
高度なグループの管理（動的グループ）		✓	✓
多要素認証	✓	✓	✓
条件付きアクセス		✓	✓
検出されたIDリスクの自動修復（Identity Protection）			✓
特権保護（Privileged Identity Management）			✓
IDガバナンス機能（アクセスレビュー、エンタイトルメント管理）			✓

Microsoft Entra Connect

Microsoft Entra Connectは、オンプレミスのActive Directoryから
Microsoft Entra IDへアカウントを同期し、一元管理するための機能です。
Microsoft Entra Connectを利用することにより、オンプレミスActive Directory
とMicrosoft Entra IDの両方に対して、単一のユーザーアカウントを利用する
ことができます。この構成をハイブリッドIDと呼びます。

Microsoft Entra Connectツールの他に、軽量版のMicrosoft Entraクラウ
ド同期（Cloud Sync）ツールを利用したオンプレミスActive Directoryから
Microsoft Entra IDのID同期も利用できます。Microsoft Entraクラウド同期は
Microsoft Entra Connectより動作が軽量ですが、利用できる機能が限られてい
ます。

　また、Microsoft Entra Connect と Microsoft Entra クラウド同期を1つの Microsoft Entra テナント内で併用することもサポートされています。例えば、 Microsoft Entra Connect ツールとネットワーク接続できない Active Directory ドメインを Microsoft Entra ID へユーザー同期したい場合には、Microsoft Entra Connect を利用することができません。代わりに、その Active Directory ドメインのみ Microsoft Entra クラウド同期経由で ID を同期するといった構成をとることができます。

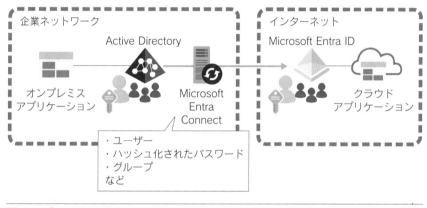

❑ ハイブリッドID構成の例

ユーザーアカウントの種類

　Microsoft Entra ID のユーザーアカウントには以下の3種類が存在します。

❑ Microsoft Entra ID ユーザーアカウントの種類

種類	IDのソース	主な作成方法
クラウドID	Microsoft Entra ID	Azure PortalやPowerShell コマンドなどによるユーザー作成
同期ID	オンプレミス Active Directory	Microsoft Entra Connectもしくは Microsoft Entra クラウド同期
外部ユーザー	外部のIDソース	Azure PortalやMicrosoft Teamsなどから、組織のユーザーが外部ユーザーを招待する

3

Microsoft Entra IDとガバナンス

クラウドID

クラウドIDは、Microsoft Entra ID上で作成されたユーザーアカウントを指します。通常のユーザーアカウントの他に、特定のMicrosoft Entra管理者ロールを付与された管理者アカウントが存在します。ユーザーアカウントはAzure Portal上で個別に作成することができる他、CSVファイルのアップロードやスクリプトによる一括作成も可能です。

同期ID

同期IDは、Microsoft Entra ConnectによってオンプレミスのActive DirectoryからMicrosoft Entra IDに同期されたユーザーアカウントを指します。アカウントソースがオンプレミスActive Directoryになるため、一部の属性を除いてMicrosoft Entra ID上でアカウント情報の変更を行うことができず、オンプレミスActive Directoryで変更を行う必要があります。同期IDにもMicrosoft Entra管理者ロールを付与することが可能です。

同期IDにはオンプレミスActive Directoryへの依存関係が存在します。オンプレミスActive DirectoryもしくはMicrosoft Entra Connectツールに問題が発生している場合に、ハイブリッドIDの構成によっては、アカウントを利用できない場合があることに注意する必要があります。

外部ユーザー（ゲストユーザー）

外部ユーザー（ゲストユーザー）は、Microsoft Entraテナントに招待された外部組織のユーザーです。外部のベンダーへAzureリソースの管理を委託する場合などに、外部のユーザーを自組織のMicrosoft Entraテナントに招待することができます。外部のMicrosoft Entra IDに招待されたユーザーは、招待を承諾することにより、そのテナントへアクセスできるようになります。招待した外部IDに対して管理ロールを付与することや、アプリケーションのアクセス権を付与することができます。他のテナントのユーザーを招待する機能をMicrosoft Entra External ID（外部ID）もしくはMicrosoft Entra B2Bコラボレーションと呼びます。

招待されたユーザーがMicrosoft Entra IDのユーザーアカウントもしくはMicrosoftアカウント（user@outlook.comなど）の場合は、各ユーザーが所属するテナント（ホームテナント）もしくはMicrosoftアカウント用のサインインペー

ジでユーザー認証を行います。それ以外の組織から招待されたアカウントでは、電子メールのワンタイムパスコード（OTP）による認証を構成できます。

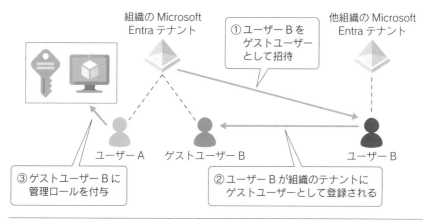

❏ 外部ユーザー（ゲストユーザー）

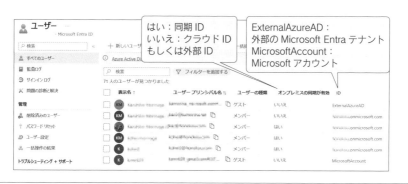

❏ Azure Portal上でのユーザーアカウントの種類

▶▶▶ **重要ポイント**

- Microsoft Entra IDのユーザーアカウントには、クラウドID、同期ID、外部ユーザー（ゲストユーザー）の3つがある。
- クラウドIDは、Microsoft Entra ID上で作成されたユーザーアカウントである。
- 同期IDは、オンプレミスのActive DirectoryからMicrosoft Entra IDに同期されたユーザーアカウントである。
- 外部ユーザー（ゲストユーザー）は、Microsoft Entraテナントに招待された外部組織のユーザーアカウントである。

ユーザーアカウントの作成と管理

クラウドIDを作成する方法は何種類かあります。個別に作成する方法の他に、一括で多数のユーザーを作成する方法もあります。

Azure Portalでのユーザー作成

Azure Portalから新しいユーザーを作成する手順は以下のとおりです。

1. 「Microsoft Entra ID」-「ユーザー」-「＋新しいユーザー」-「新しいユーザーの作成」を選択します。

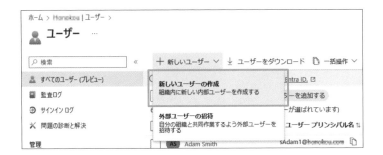

2. 「新しいユーザーの作成」画面でユーザープリンシパル名（UPN）、表示名、初期パスワードを入力します。初期パスワードは自動生成もしくは任意で設定可能です。必要に応じて、「プロパティ」設定から各属性情報の登録を行います。

3. 必要に応じて、「割り当て」設定からグループや管理者ロールの割り当てを行います。

4. ユーザーアカウントが作成されたのち、IDと初期パスワードを利用者に伝えます。

ユーザーの一括作成

複数のユーザーを作成する必要がある場合は、Azure Portalからユーザーを一括作成できます。次の手順で行います。

1. 「Microsoft Entra ID」-「ユーザー」より、「一括操作」-「一括作成」を選択します。

2. ID一括登録用のcsvテンプレートをダウンロードします。

3. 追加したいユーザーの情報をcsvファイルに追加した後、Azure Portalへアップロードします。

	A	B	C	D	E	F	G
1	version:v1.0						
2	名前 [displayName] 必須	ユーザー名 [userPrincipalName] 必須	初期パスワード [passwordProfile] 必須	サインインのブロック (はい/いいえ) [accountEnabled] 必須	名 [givenName]	姓 [surname]	役職 [JobTitle]
3	Example: Chris Green	chris@contoso.com	myPassword1234	No			

❏ ユーザー一括作成用CSVファイルの例

その他のユーザー作成方法

ユーザーを作成・更新・削除するためのMicrosoft Graph APIやPowerShellコマンドレットが用意されており、ユーザーの作成、更新、削除を自動化することができます。

以下はMicrosoft Graph PowerShellのNew-MgUserコマンドを利用したユーザー作成の例です。このコマンドでは、パスワード情報を文字列ではなく特定のオブジェクトとして渡す必要があることから、そのための事前処理を含んでいます。なお、PowerShellコマンドで外部ユーザーを招待する場合は、New-MgUserではなく、New-MgInvitationを利用します。

❏ PowerShellでのユーザー作成例

ライセンスの管理

ライセンスとは

Microsoft Entra ID P1、P2およびMicrosoft 365（Microsoft Office、Exchange OnlineやMicrosoft Teamsなど）の機能を利用するためには、ユーザー単位でライセンスを割り当てる必要があります。ライセンスはマイクロソフトもしくはCSP（クラウドソリューションプロバイダー）を経由して購入・入手できます。Microsoft Entra ID P1はMicrosoft 365 E3ライセンス、Microsoft Entra ID P2はMicrosoft 365 E5ライセンスにも含まれています。

ユーザーへのライセンスの割り当て

Azure Portalを利用してユーザーへライセンスを割り当てることができます。Azure Portalからユーザー単位でライセンスを割り当てる場合は次の手順で行います。

1. 「Microsoft Entra ID」-「ユーザー」-「すべてのユーザー」からライセンスを割り当てるユーザーを検索します。

2. ライセンスを割り当てるためには、利用場所（usageLocation）属性に適切な値が設定されている必要があります。ユーザーの「プロパティ」タブから「設定」-「利用場所」が設定済みであることを確認します。未設定であれば利用場所を更新します。

3. 左ペインの「管理」-「ライセンス」を選択し、「＋割り当て」をクリックします。

4. 「ライセンス割り当ての更新」画面で、追加するライセンスを選択し「保存」をクリックします。処理が正常に行われたことを確認します。

その他のライセンス割り当て方法

上記の方法以外にも、グループに対してライセンスを割り当て、グループのメンバーに自動的にライセンスを付与する**グループベースのライセンス管理**も利用可能です。ただし、グループベースのライセンス管理には、**Microsoft Entra ID P1 ライセンスが必要**です。

多要素認証

Microsoft Entra IDでは、Microsoft Entra多要素認証という多要素認証（MFA）を利用した強力なユーザー認証方法がサポートされています。通常のID＋パスワードの認証に加えてMicrosoft Entra多要素認証で本人確認を強化することにより、IDとパスワードが漏えいした場合でも不正アクセスのリスクを大きく軽減することができます。機密度の高いリソースへアクセスする場合や、Azureの管理者ロールを使用する場合には、可能な限り多要素認証を要求

Column

試用版ライセンスの取得

　Microsoft Entra ID P2ライセンスには30日間利用可能な試用版が用意されており、Azure Portalの以下の場所からアクティブ化できます。

「Microsoft Entra ID」-「ライセンス」-「すべての製品」-「＋試用/購入」

　試用版を利用して、リスク検出や特権保護機能の評価や、P1、P2機能の学習などを行うことができます。

❏ Microsoft Entra ID P2試用版の取得

することを強く推奨します。

　Microsoft Entra多要素認証はユーザー単位で有効化できる他、後述する条件付きアクセスポリシーと組み合わせることで、柔軟な構成が可能です。例えば、特権を持つユーザーがAzure Portalにアクセスする場合のみ、MFAを利用したサインインを強制するなど、ユーザーの種類やアクセス先のリソースの条件の組み合わせでMFAを要求するか否かを制御できます。多要素認証は、外部ID（ゲストユーザー）に対しても構成できます。

Microsoft Entra多要素認証で利用可能な本人確認方法

Microsoft Entra多要素認証（MFA）では以下の確認方法を利用することができます。後述するセルフサービスパスワードリセット（SSPR）で利用できる確認方法もあわせて記載します。

❑ Microsoft Entra多要素認証およびSSPRで利用可能な主な本人確認方法

確認方法	説明	Microsoft Entra多要素認証	SSPR
モバイルアプリケーション（Microsoft Authenticator）の通知	プッシュ通知がスマートフォンへ送信されます。ユーザーは、認証画面に表示された数字をモバイルアプリケーションに入力し、認証の承認を行います。	✓	✓
モバイルアプリケーション（Microsoft Authenticator）の確認コード	モバイルアプリケーションに表示されたワンタイムパスワードをサインインページで入力します。ワンタイムパスワードは30秒ごとに更新されます。	✓	✓
テキストメッセージ（SMS）	6桁のコードを含むテキストメッセージがユーザーの携帯電話に送信されます。ユーザーは受信したコードをサインインページで入力します。	✓	✓
音声通話	ユーザーの電話番号が呼び出されます。電話の指示に従い、承認を行います。	✓	✓
電子メール	個人所有のメールアドレス宛にワンタイムパスコードを送信します。		✓
秘密の質問	管理者があらかじめ設定した質問のリストからいくつか選択し、本人にしかわからない答えを設定しておきます。		✓

Microsoft Authenticatorアプリ

iOSおよびAndroidスマートフォンで利用可能なMFA用のアプリです。各ストアからAuthenticatorアプリを無料でダウンロードして利用できます。

セルフサービスパスワードリセット

セルフサービスパスワードリセット（SSPR）は、ユーザーが自身のパスワードを忘れた際に、IT管理者へサポートを依頼しなくてもユーザー自身でMicrosoft Entra IDユーザーアカウントのパスワードをリセットする機能です。

ユーザーが追加の本人確認方法を事前にMicrosoft Entra IDへ設定しておく必要があります。SSPRの本人確認方法をMicrosoft Entra多要素認証と共通化することができますが、電子メールおよび秘密の質問はSSPRでのみ利用可能です。

❏ Microsoft Entra多要素認証の
画面イメージ

❏ Microsoft Authenticator
アプリのMFAプッシュ通知

セルフサービスパスワードリセットの構成

Azure Portalの「Microsoft Entra ID」-「パスワードリセット」からセルフサービスパスワードリセットを構成できます。以下の項目を設定する必要があります。

○ **セルフサービスパスワードリセットを利用できるユーザー**：「なし」「すべて」「選択済み」から1つ選択します。「選択済み」を選択した場合、セルフサービスパスワードリセットの利用を許可するMicrosoft Entra IDセキュリティグループを選択する必要があります。

○ **セルフサービスパスワードリセットに使用する認証方法**：パスワードリセットに
必要な本人確認の数を1つ、もしくは2つから選択します。さらに、どの本人確認
方法を許可するか、およびパスワードリセットに必要な本人確認の数を設定しま
す。秘密の質問の利用を許可する場合は、最大20個の質問文を定型文リストから
選択するか、もしくはカスタムで作成する必要があります。

セルフサービスパスワードリセットの実施

Microsoft Entra IDへサインインで
きずSSPRを利用してパスワードをリ
セットする場合は、次の手順に従いま
す。

1. サインイン画面に表示される「アカ
ウントにアクセスできない場合」を
クリックします。

2. セルフサービスパスワードリセットを行うアカウントのユーザー名を入力し、追加の指示に従います。

3. 事前に設定した本人確認の方法を入力すると、パスワードをリセットすることができます。

Microsoft Entraロール

Microsoft Entraロールは、Microsoft Entra IDユーザー、グループ、エンタープライズアプリケーションなど、Microsoft Entra IDリソースを管理するために使用するアクセス権のセットです。様々な管理者用のビルトインロールが用意されています。なお、Microsoft Entraロールは、仮想マシンや仮想ネットワークなどのAzureリソースを管理するためのロールではないことに注意してください（Azureリソースの管理については、3-4節「ロールベースのアクセス制御」で説明します）。

❑ 主なMicrosoft Entraビルトインロール

ロール名	説明
全体管理者	Microsoft Entra IDのすべて構成とMicrosoft Entraテナントに紐づけられているMicrosoft 365サービスを管理できる最も強力な管理者ロールです。特権アカウントの管理も含まれます。
グローバル閲覧者	グローバル管理者が読み取れるものすべての読み取りが可能です。読み取り専用であり、作成、更新、削除はできません。
アプリケーション管理者	テナント内のアプリケーション登録とエンタープライズアプリケーションを作成、管理、削除できます。
アプリケーション開発者	アプリケーション登録を作成できます。自分が登録したアプリケーション以外は管理できません。 ※テナントの設定で「ユーザーはアプリケーションを登録できる」を有効にしている場合は、ユーザーはアプリケーション開発者を付与されていなくてもアプリケーションを登録できます。
特権ロール管理者	Microsoft Entra IDでのロールの割り当てと、Privileged Identity Management（PIM）構成を管理できます。
ユーザー管理者	管理者以外のユーザーとグループを管理できます。
ヘルプデスク管理者	管理者以外のユーザーとヘルプデスク管理者のパスワードをリセットできます。
ライセンス管理者	ユーザーおよびグループの製品ライセンスを管理できます。
課金管理者	サブスクリプションの購入、管理、サポートチケットの管理、サービスの正常性の監視を行います。
セキュリティ管理者	セキュリティ情報、ログ、レポートの読み取り、およびMicrosoft Entra IDセキュリティ機能（条件付きアクセスポリシーやMicrosoft Entra多要素認証など）を構成できます。
セキュリティ閲覧者	セキュリティ管理者が読み取れるものすべての読み取りが可能です。

　これらのうち、他のユーザーに管理者ロールを割り当てできるロールは、「全体管理者」と「特権ロール管理者」のみです。

管理単位

　Microsoft Entra IDには、オンプレミスActive Directoryで提供されている階層化と権限委任のための組織単位（Organization Unit、OU）が存在せず、ユーザーはフラットな空間で管理されます。
　ただし、管理単位（AU、Microsoft Entra IDのユーザやグループのまとまり）を構成してユーザーの管理スコープを設けることで、スコープ内のユーザー管理を他の管理者へ委任することができます。

　例えば、地理的にユーザーと管理者が分散している場合、日本ユーザー用のAUと北米ユーザー用のAUを作成し、各国のユーザーをそれぞれのAUに配置します。日本の管理者には、スコープを日本AUに限定した「ユーザー管理者」ロールを割り当てることで、日本AUに所属するユーザーのみの管理権限を付与できます。

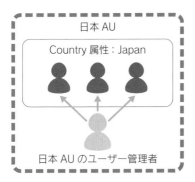

❏ 管理単位の例

Microsoft Entra Privileged Identity Management

　Microsoft Entra Privileged Identity Management（Microsoft Entra PIM）はMicrosoft Entra IDの特権ロールを持つアカウント、およびAzureリソースの管理権限を持つユーザーを管理・監視するための強力なガバナンス機能です。セキュリティの最重要要素である特権管理をMicrosoft Entra IDが持つビルトイン機能で強化できます。Microsoft Entra PIMはMicrosoft Entra ID P2に含まれています。

Microsoft Entra PIMの特徴

　Microsoft Entra PIMには以下の特徴があります。

○ 通常はユーザーに特権を付与せず、必要な場合にのみ特権を付与できます。
○ 特権付与の方法は、自己でのアクティブ化、もしくは管理者による承認フローから選択できます。ヘルプデスク権限は自己でのアクティブ化を許可しながら、強力な権限である全体管理者権限を取得する場合にはITチームのマネージャーに承認を

得る、といった構成が可能です。

◎ 必要な時間のみ特権アクセスをアクティブ化するJust In Timeアクセスを利用できます。

◎ 特権のアクティブ化および承認依頼時には、「アクティブ化の理由」や「チケット番号」の記載を要求できます。これらの情報を承認判断やエビデンスとして利用できます。

◎ 特権のアクティブ化および承認依頼時に、Microsoft Entra多要素認証を要求し、本人確認を強化することができます。

◎ アクセス権はアクティブ化時に許可された期間を過ぎると自動的に失効させることができます。

◎ アクセスレビュー機能を利用して、特権を持つユーザー一覧を棚卸しできます。

◎ 管理権限を持つユーザーアカウントのアクティビティに関する監査レポートを取得できます。

❑ PIMによる管理ロールのアクティブ化

アクセスレビュー

アクセスレビューはMicrosoft Entra ID P2ライセンスで利用できるガバナンス機能の1つです。特権ロール、グループのメンバーシップなど、アクセス権に関わるユーザーに対して、定期的にアクセス権の要／不要をレビューし、不要な場合はアクセス権やグループメンバーシップを削除できます。ユーザーのアクセスを定期的にレビューすることで、適切なユーザーのみが継続的なアクセス権を持つ環境を維持できます。また、外部IDからのアクセスを許可するゲストユーザーに対してもアクセスレビューを構成できます。

特権に対するアクセスレビューはPIM上で構成します。グループメンバ

ーシップやゲストユーザーのアクセスレビューはAzure Portalの「Identity Governance」-「アクセスレビュー」で構成します。

以下の手順でアクセスレビューの設定を行います。グループメンバーシップのレビューを作成する場合の例です。

1. 「アクセスレビュー」ブレードで、「＋新しいアクセスレビュー」を選択します。

2. レビューの種類と対象のグループを指定します。

新しいアクセス レビュー …

*レビューの種類　*レビュー　設定　*確認と作成

適切なユーザーがアクセス パッケージ、グループ、アプリ、特権ロールへの適切なアクセス権を持っていることを確認するために、アクセス レビューをスケジュールします。
詳細情報♂

レビュー対象を選択する *	チームとグループ　　　　　　　　　　　　　　∨
範囲の確認 *	○ ゲスト ユーザーを含むすべての Microsoft 365 グループ ⓘ ◉ チームとグループの選択
グループ *	配布グループ101
スコープ *	○ ゲスト ユーザーのみ ◉ すべてのユーザー ⓘ

ⓘ パブリック プレビューでは、共有チャネル内の B2B 直接接続ユーザーおよびチームがアクセス レビューに含まれます。"ゲスト ユーザーを含むすべての Microsoft 365 グループ" のレビューと、非アクティブなユーザーをスコープにしたレビューでは、B2B 直接接続ユーザーおよびチームはサポートされません。詳細については、こちらをクリックしてください。

非アクティブなユーザー (テナント レベル) のみ ⓘ ☐

3. レビューの担当者を決定します。グループのオーナーの他、次の画像のように特定のユーザーやグループをレビュー担当者に指定することができます。また、レビュー開始から終了までの期間と実施サイクルを決定します。

3

Microsoft Entra IDとガバナンス

4. レビュー結果の自動反映設定や、レビュー担当者への通知オプションを設定します。「リソースへの結果の自動適用」が選択されている場合、レビュー終了後に承認されなかったユーザーのアクセス権が自動的にリソースから削除されます。

5. 設定した内容を確認し、作成を完了します。

アクセスレビューが開始されると、レビュー担当者はAzure Portal、もしくは
ユーザーのマイアクセスページからレビューを実施できます。

❏ アクセスレビューの例

パスワードライトバック

オンプレミスActive DirectoryとのハイブリッドIDを構成している場合は、
追加の設定を行うことによりMicrosoft Entra ID上で変更もしくはリセットし
たパスワードをオンプレミスのActive Directoryへ反映させることができます。
これをパスワードライトバック（パスワードの書き戻し）機能と呼びます。

Microsoft Entra IDへのデバイス参加と登録

ユーザーはMicrosoft Entra IDにデバイスを参加させる、もしくは登録し、管
理下に置くことができます。デバイスをMicrosoft Entra IDに参加・登録させる
ことには以下のメリットがあります。

○ Microsoft Entra IDと認証連携するアプリケーションに対して、プライマリ更新ト
ークン（PRT）によるSSO（シングルサインオン）を利用できます。

◎ Microsoft Entra IDに参加・登録した端末にマイクロソフトのモバイルデバイス管理ソリューションであるMicrosoft Intuneを組み合わせることで、Microsoft Entra条件付きアクセスポリシーを利用して組織のコンプライアンスに準拠した端末のみを組織のリソースにアクセス許可するよう構成できます。

◎ 端末の簡単なインベントリ情報を取得できます。

Windows 10/11 ProfessionalおよびEnterpriseでは、以下の3通りの登録方法が用意されています。

❏ Microsoft Entra IDへのデバイス登録方法

登録方法	対象 デバイス	端末への サインイン方法	説明
Microsoft Entra 登録（Microsoft Entra registered）	個人所有 （BYOD）	端末のローカル アカウント	個人所有端末をMicrosoft Entra IDへデバイス登録する際に利用します。端末へのサインインは端末のローカルアカウントで行いますが、Microsoft Entra IDに登録したユーザーアカウントでMicrosoft Entra IDが管理するアプリケーションへSSOできるようになります。
Microsoft Entra 参加（Microsoft Entra joined）	組織所有	Microsoft Entra IDアカウント	端末をMicrosoft Entra IDへ参加させると、SSOに加えてMicrosoft Entra IDのユーザーアカウントを利用して端末にサインインできます。その際、Windows Hello for Businessによる生体認証でのサインインを利用できます。
Microsoft Entra ハイブリッド参加 （Microsoft Entra hybrid joined）	組織所有	オンプレミス Active Directory アカウント	オンプレミスActive Directoryに参加しているデバイスをMicrosoft Entra IDにも自動登録させる構成です。オンプレミスActive DirectoryとID連携を行う環境でのみ、追加の構成を行うことで実装できます。

Microsoft Entra参加の構成

Microsoft Entra参加を許可するユーザーを制御することができます。これにより、意図せずユーザーがMicrosoft Entra IDに参加してしまうことを防止できます。

Azure Portalにて、「Microsoft Entra ID」-「デバイス」ブレードからMicrosoft Entra参加をすべてのユーザーもしくは一部のユーザーに許可する、もしくはどのユーザーにも許可しない構成を選択できます。

❏ Microsoft Entra参加の構成

また、Microsoft Entra参加デバイスに対して、ローカルPC管理者を追加する構成が可能です。次の手順で設定します。

1. 「Microsoft Entra ID」-「デバイス」ブレードから「ローカル管理者設定」を見つけます。

2. 「管理Microsoft Entraに参加済みのすべてのデバイスの追加のローカル管理者」をクリックします。

3. 「Device Administrator | 割り当て」にて、ローカル管理者アカウントとして追加したいMicrosoft Entra IDユーザーアカウントを選択します。

Microsoft Entra登録とMicrosoft Entra参加の違い

Microsoft Entra登録とMicrosoft Entra参加の違いと利用シナリオを正しく理解する必要があります。Microsoft Entra登録は個人所有のデバイス用のシナリオであり、PCへのサインインには個人のアカウントを利用します。これに対してMicrosoft Entra参加は組織（企業）所有のデバイス用のシナリオで、PCへのサインインには組織のアカウントであるMicrosoft Entra IDユーザーアカウントを使用します。

Microsoft Entra登録とMicrosoft Entra参加のシナリオで条件付きアクセスを利用して「管理されたデバイスのみがリソースにアクセスできる」構成を行う場合は、Microsoft IntuneによるMDMソリューションを組み合わせる必要があります。Microsoft Entraハイブリッド参加のシナリオでは、この構成は必須ではありません。

▶▶▶ **重要ポイント**

- Microsoft Entra登録は個人所有のデバイス用で、Microsoft Entra参加は組織（企業）所有のデバイス用である。

条件付きアクセスポリシー

Microsoft Entra IDの条件付きアクセスポリシーを使うことで、クラウドアプリケーションやAzure Portalに対するアクセス可否や追加の条件を柔軟に制御することができます。例えば、「特権を持つアカウントはAzure Portalサイトへアクセスする際に必ず追加の認証としてMFAを必要とする」といった制御が可能になります。

条件付きアクセスポリシーは条件（次項の表に列挙します）と制御を組み合わせて定義します。ポリシーが適用されないアクセスは無条件にアクセス許可されるため、ケースの抜けや漏れが発生しないよう注意して構成する必要があります。

また、条件付きアクセスポリシーでは、よくあるシナリオに基づいてビルトインのテンプレート群が用意されています。それらを利用することで簡単に条件付きアクセスポリシーを構成できます。条件付きアクセスポリシーへは、

Azure Portalの「Microsoft Entra ID」-「セキュリティ」-「条件付きアクセス」からアクセスできます。

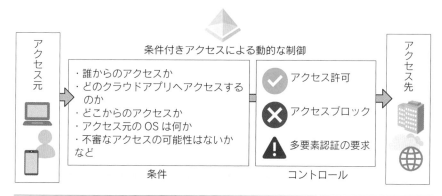

❏ 条件付きアクセスポリシーの概要

❏ 条件付きアクセスポリシーのビルトインテンプレートの例

条件付きアクセスポリシーの主な条件

条件付きアクセスポリシーの制御で適用する条件は、以下の項目を組み合わせて指定します。指定した項目を対象とする他に、対象外とすることも可能です。

❏ 条件付きアクセスポリシーの主な条件

条件	説明
ユーザーおよびグループ	評価対象のユーザーもしくはグループを選択します。ゲストユーザー、および特定のMicrosoft Entraロールを持つユーザーを対象とすることもできます。この条件は必ず指定する必要があります。
ターゲットリソース	どのクラウドアプリケーションにアクセスする場合にアクセスの評価と制御を行うかを選択します。Azure Portalへのサインイン時に条件付きアクセス評価を行いたい場合は、「Microsoft Azure Management」アプリケーションを選択します。アクセス先のアプリケーションを問わずに条件付きアクセスポリシーを適用したい場合は、「すべてのクラウドアプリ」を選択します。この条件は必ず指定する必要があります。
条件－デバイスプラットフォーム	アクセス元のOSを限定もしくは除外します。この制御を利用すると、WindowsもしくはmacOSからのアクセスは許可するが、それ以外のOSからのアクセスはブロックする、といった制御が可能です。
条件－ユーザーのリスク、サインインのリスク（Microsoft Entra ID P2 ライセンスが必要）	ユーザーの資格情報が侵害されている可能性がMicrosoft Entra IDの脅威インテリジェンスによって検出された場合や、サインインの振る舞いに通常とは異なる不審なサインインの兆候が見られた場合に、条件付きアクセスポリシーの制御を適用します。リスクは「高」「中」「低」「なし」の4段階で設定します。この条件を利用すると、ID/パスワード情報が漏えいしているリスクのあるユーザーのサインイン時に、「多要素認証を要求した上で、ユーザーのパスワードを強制的に変更させる」といった制御が可能です。
条件－場所	アクセス元のグローバルIPアドレスまたは国の情報をもとにアクセスの制御を行います。この条件を使うと、「すべてのサインインに多要素認証を要求したいが、会社のグローバルIPアドレス、すなわち社内からのアクセスは多要素認証の要求を除外する」といった制御が可能です。
条件－クライアントアプリケーション	ブラウザ、デスクトップアプリケーションなど、アクセス元のアプリケーションの種類によって条件付きアクセスポリシーを適用します。

条件付きアクセスポリシーの主な制御

　ポリシーが適用されないアクセスは無条件にアクセス許可されるため、「アクセスを無条件に許可する」といった制御は特に用意されていません。アクセスをブロックする、もしくは何かしらの追加の制御や認証をクリアした場合にアクセスを許可する、といった制御が可能です。追加の制御は複数組み合わせることもできます。

❏ 条件付きアクセスポリシーの主な制御

制御	説明
アクセスのブロック	条件に一致したアクセスをブロックします。
多要素認証を要求する	条件に一致した場合、追加の認証としてAzure MFAを要求します。
認証強度が必要	Azure MFAを利用した追加の認証を行う場合に、強度の高い確認方法のみを利用許可したい場合にこのオプションを使います。「多要素認証を要求する」とは同時に設定できません。
Microsoft Entra ハイブリッド参加済みデバイスが必要	ハイブリッドID環境において、オンプレミスActive Directoryに参加済みかつ、Microsoft Entraハイブリッド参加によりMicrosoft Entra IDへも参加済みであればアクセスを許可したい場合に利用します。
デバイスは準拠しているとしてマーク済みの必要がある	デバイスがMicrosoft Entra IDおよびMicrosoft Intuneに登録され、健全性を示すコンプライアンス準拠状態にある必要があります。
パスワードの変更を必須とする	条件に一致したアクセスの場合、認証後にパスワードの強制変更を要求します。主にユーザーリスク（資格情報の漏えいリスク発生時）に利用します。
セッションコントロール	セッションコントロールは、Exchange OnlineやSharePoint Online、Microsoft Defender for Cloud Appsと機能を組み合わせてクラウドアプリケーションに対してファイルダウンロードなどの特定操作をブロックする場合や、サインイン頻度を制御するなどの目的で使用する特殊な制御です。

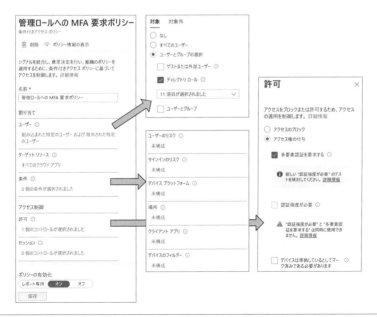

❏ Microsoft Entraロールのアクセス時に多要素認証を要求する構成例

3

Microsoft Entra IDとガバナンス

Microsoft Entra Identity Protection

ユーザーリスクおよびサインインリスクの検出と修復の機能をMicrosoft Entra Identity Protection（Microsoft Entra IDP）と呼びます。Microsoft Entra IDPでは、条件付きアクセスでのユーザーリスク、サインインリスクや、Identity Protection ダッシュボードを利用して、Microsoft Entra テナント全体のリスク検出状況を確認することができます。

Identity Protection で検出されたリスクの詳細情報表示、およびリスク発生時の自動修復機能を利用するためには、Microsoft Entra ID P2 ライセンスが必要です。

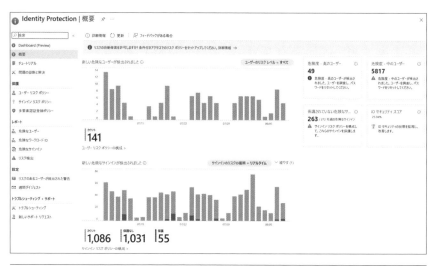

❏ Identity Protectionダッシュボード

グループの作成と管理

グループの種類

Microsoft Entra IDでは2種類のグループを作成することができます。

○ **セキュリティグループ**：主にアプリケーションの割り当てやアクセス権を付与、管理するために利用するグループです。ユーザー、デバイス、サービスプリンシパル

および他のグループをメンバーへ追加できます。ハイブリッドID環境では、オンプレミスActive Directoryで作成したセキュリティグループをMicrosoft Entra IDへ同期・利用できます。

○ **Microsoft 365グループ**：主にMicrosoft 365コラボレーション機能のために利用するグループです。メールアドレスを付与する必要があります。ユーザーのみをメンバーへ追加できます。

グループメンバーシップの管理方法

各グループでは、静的にメンバーシップを割り当てる方法、もしくはルールに基づき動的にメンバーシップを構成する方法のどちらかを選択することができます。動的グループを利用するためには、Microsoft Entra ID P1もしくはP2ライセンスが必要です。

○ **割り当て済み（静的グループ）**：Microsoft Entra ID管理者もしくはグループの所有者がメンバーの出し入れを行います。また、セルフグループ管理機能を利用することでユーザーがグループへの参加をリクエストすることや、リクエストの自動承認を行うことも可能です。

❏ 新しいグループの作成

Microsoft Entra IDとガバナンス

○ 動的ユーザーグループ：メンバーシップ割り当てのためのグループメンバーシッ
  プルールを作成することで、そのルールに合致したユーザーを自動的にグループメ
  ンバーシップに追加および削除させることができます。
○ 動的デバイスグループ：デバイスを対象にした動的グループです。主にIntuneでの
  デバイス管理に利用します。

動的グループの作成

　動的グループを作成するためには、グループ作成時にメンバーシップルール
を構成する必要があります。ユーザーの属性値による条件フィルタを主に利用
します。以下の手順で作成します。

1. Azure Portalで「Microsoft Entra ID」-「グループ」へアクセスします。

2.「すべてのグループ」-「新しいグループ」を選択します。

3. グループ名を入力します。「グループの種類」を「セキュリティ」とし、「メンバーシップの種類」を「動的ユーザー」としてください。

4. 「動的クエリの追加」をクリックし、動的なユーザーメンバーへクエリを記述します。例えば、部門名（department）が文字列「Sales」を含み、かつ、国（country）が「Japan」に一致するユーザーをメンバーにするルールは以下のように記述します。

```
(user.department -contains "Sales") -and (user.country -eq "Japan")
```

簡単なルールの場合は、ルールビルダーを利用してメンバーシップルールを作成することもできます。

3

Microsoft Entra IDとガバナンス

動的グループの作成で利用できる主な演算子を次の表に示します。

❏ 動的グループでサポートされる主な演算子

演算子	構文
かつ	–and
もしくは	–or
等しくない	–ne
等しい	–eq
指定値で始まる	–StartsWith
指定値で始まらない	–notstartsWith
指定値を含まない	–notContains
指定値を含む	–contains
一致しない（正規表現）	–notMatch
一致する（正規表現）	–match
一覧のいずれかと一致する	–in
より小さい	–le
より大きい	–ge

▶ ▶ ▶ 重要ポイント

● 複雑な式を持つルールの結果を正しく導き出すために、動的メンバーシップルールの演算子および構文の規則を理解しておく必要がある。

アプリケーションとの認証連携

Microsoft Entra IDはSaaSやクラウドアプリケーションに対して、Microsoft Entra IDユーザーによる認証および認可を提供します。主に以下のプロトコルを利用できます。

○ SAML 2.0
○ OpenID Connect / OAuth 2.0

OAuth 2.0は正式には認可用のプロトコルですが、認証の目的で利用されるケースもあります。OAuth 2.0をベースに認証用途にまで拡張したプロトコルがOpenID Connectです。

Microsoft Entra Domain Services

Microsoft Entra Domain Services（Microsoft Entra DS）は、Azure上で
オンプレミスActive Directoryの機能を提供できるマネージドサービスです。次
の特徴があります。

○ **オンプレミスとのネットワーク接続が不要**：Microsoft Entra DSはMicrosoft
Entra Connect経由でオンプレミスActive Directoryとユーザーアカウントを統
合できます。そのため、オンプレミスとAzure間が直接ネットワーク到達できない
環境でも構築が可能です。

　なお、Azureとオンプレミス環境がネットワーク接続されている場合でも、オ
ンプレミスActive DirectoryとMicrosoft Entra DS間で直接ディレクトリ情報の
レプリケーションを行うことはできません。そのような場合は、仮想マシン上で
Active Directoryドメインコントローラーを構築します。

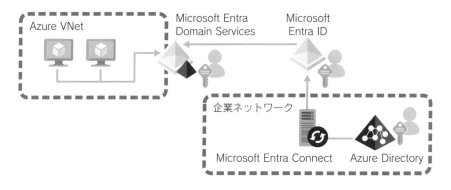

❏ ハイブリッドIDでのMicrosoft Entra DS構成例

○ **NTLMおよびKerberos認証の提供**：Microsoft Entra DS は NTLM および
Kerberos認証をサポートするため、Azure上でWindows統合認証を行うアプリケ
ーションを利用できます。ただし、オンプレミスと統合されたユーザーへNTLMま
たはKerberos認証を提供するには、Microsoft Entra Connect上でパスワードハ
ッシュ同期機能を有効化する必要があります。

○ **LDAPの提供**：古いアプリケーションでは、Active Directoryのディレクトリ情報
の読み取り、および書き込みの際にライトウェイトディレクトリアクセスプロト

3 Microsoft Entra IDとガバナンス

コル（LDAP）を要求するケースがあります。Microsoft Entra DSでは、Azure IaaS内に構築されたアプリケーションに対し、LDAPおよびLDAPS（LDAP over SSL/TLS）によるディレクトリアクセスを提供することができます。

○ **高可用性**：Microsoft Entra DSはマネージドサービスとして提供されるため、ユーザーが冗長性を考慮する必要はありません。自動的に複数のドメインコントローラーが構成され、高い可用性を提供します。

Microsoft Entra DSとオンプレミスActive Directoryとの違い

Microsoft Entra DSでは、一部のオンプレミスActive Directory機能が提供されません。Microsoft Entra DSで提供されない主な機能は以下のとおりです。

○ Active Directoryスキーマの拡張
○ 入力方向の信頼関係
○ ドメイン管理者特権の利用
○ 一部のグループポリシー機能
○ アカウントベースのKerberos制約付き委任

▶▶ ■**重要ポイント**

- オンプレミスActive DirectoryのPaaSとして、AzureではMicrosoft Entra Domain Servicesを利用できる。Azure IaaSに対してActive Directory機能を提供する場合の1つの選択肢となる。

Column

認証と認可

認証（Authentication/AuthN）と認可（Authorization/AuthZ）の意味を正しく理解することが重要です。

- **認証**：リソースを利用しようとするIDに対して、本人であることを証明することです。多要素認証は、本人確認を2つ以上の要素（本人だけが知っていること、本人にのみ備わっているもの、本人が所有しているもの）を組み合わせ、認証を強固にする方法です。
- **認可**：認証されたユーザーに対して、リソースやデータへのアクセス許可を決定することです。RBACによるリソースへのアクセス権設定も認可を構成する方法の1つです。

サービスプリンシパルとマネージドID

Microsoft Entra IDではアプリケーション向けのIDが2種類用意されています。サービスプリンシパル（アプリケーションID）とマネージドIDです。各IDにはリソースへのアクセス権を付与、管理することができます。

サービスプリンシパル（アプリケーションID）

サービスプリンシパル（アプリケーションID）はアプリケーションやサービスが使用する目的で作成するIDです。次の特徴があります。

○ 認証には、シークレット（秘密の文字列）もしくは証明書を利用します。
○ シークレットや証明書をKey Vaultに格納することで、アプリケーション開発者が認証文字列などの機密情報を直接知ることなしに、アプリケーションIDを利用させることができます。

マネージドID

マネージドIDはAzureリソースで利用可能なアプリケーションIDです。VM（仮想マシン）などのリソースに自動的に割り当てられるシステム割り当てと、ユーザーが作成してAzureリソースに割り当てるユーザー割り当ての2種類のマネージドIDが存在します。マネージドIDには次の特徴があります。

○ アプリケーションIDのようにシークレットもしくは証明書を管理する必要がありません。
○ マネージドIDはAzureリソースでのみ利用できます。
○ ロールベースのアクセス制御（RBAC）を利用して、マネージドIDへアクセス権を付与することができます。

カスタムドメイン

新しいMicrosoft Entraテナントを作成する際には、「＜ドメイン名＞.onmicrosoft.com」の一意のテナント名が付与されます。カスタムドメインを追加することで、組織のDNSドメインを、Microsoft Entra IDのユーザーIDにユーザープリンシパル名（UPN）として利用できます。

カスタムドメインの追加

　カスタムドメインをMicrosoft Entraテナントに追加するためには、追加する
ドメインを組織が所有していることを証明する必要があります。カスタムドメ
インの追加は、次の手順で行います。

1. 「Microsoft Entra ID」-「カスタムドメイン」へアクセスします。

2. 「＋カスタムドメインの追加」をクリックし、追加するカスタムドメイン名を入力
   します。
3. ドメイン所有者であることを証明するため、DNSレコードの登録を要求されま
   す。パブリックDNSドメインの**TXTもしくはMXレコードに指定された文字列
   （MS=XXXXXXXX）を追加**することで証明します。

ホーム ＞　　｜カスタムドメイン名 ＞

c .net ...

カスタムドメイン名

🗑 削除　　🗟 フィードバックがある場合

ⓘ Azure AD で を使用するには、以下の情報を使用して、ドメイン名レジストラーで新しい TXTレコードを作成します。

レコードの種類	TXT　MX
エイリアスまたはホスト名	@
宛先または参照先のアドレス	MS=
TTL	3600

これらの設定を電子メールで共有する
上で説明したとおり、レジストラーでドメインの構成が完了するまで、確認は成功しません。

　Azure DNS ゾーンを追加するために、Microsoft Entra テナントへカスタムドメインを追加する必要はありません。追加したAzure DNS ゾーンをインターネット上で正しく名前解決できるようにするためには、上位のDNSサーバー上でNSレコードを作成し、委任を構成する必要があります。

▶▶ **重要ポイント**

- Microsoft Entraテナントへカスタムドメインを追加するには、対象ドメインの DNSレコードを追加する必要がある。追加するレコードの種類としては、「TXT レコード」もしくは「MXレコード」のどちらかを選択できる。

セキュリティ既定値群

　セキュリティ既定値群（Security Defaults）を利用すると、Microsoft Entra ID P1、P2ライセンスを持たない組織においても、必要なID保護機能が自動的に有効化され、ID侵害による不正アクセスのリスクを軽減できます。ただし、管理者ロールによってセキュリティ強度を変更するといったセキュリティ設定のカスタマイズはできないため、開発環境もしくは環境構築初期におけるセキュリティ向上のために使用するケースが一般的です。

セキュリティ既定値群は、新規Microsoft Entraテナントで自動的に有効化されますが、条件付きアクセスポリシーなどを利用して組織独自のセキュリティ構成を展開する場合には、Azure Portalの「Microsoft Entra ID」-「プロパティ」-「セキュリティの既定値群」から無効化することができます。

❏ セキュリティ既定値群の設定

　以下に、セキュリティ既定値群によって有効化される設定を示します。

○ すべてのユーザーはMicrosoft Entra多要素認証（MFA）の登録が必要です。

○ 特権アカウントはサインインのたびに多要素認証を要求されます。

○ 必要に応じてユーザーは多要素認証の実行を要求されます。

○ レガシー認証プロトコルをブロックします。レガシー認証とは、MFAをバイパスできてしまうような古い認証方式を指します。現在は利用が非推奨となっています。

○ Azure Portal、Azure PowerShellおよびAzure CLIへのアクセスには多要素認証を要求されます。

3-3

サブスクリプションの構成

サブスクリプションとは

Azureの**サブスクリプション**とは、Azureリソースの管理および課金の単位となる論理ユニットです。各Azureリソースは必ずいずれかのAzureサブスクリプション内に作成されます。各リソースの課金は関連付けられたサブスクリプションに請求されます。

サブスクリプションの取得

主に以下の方法でAzureサブスクリプションを取得できます。

❑ 主なサブスクリプションの取得方法

取得方法	取得先
無償試用版サブスクリプション	AzureのWebサイトから個人で申し込みます。金額の上限、および期間に制限があります。課金アカウントにアップグレードすることができます。
Microsoft顧客契約（MCA）サブスクリプション	マイクロソフトのWebサイトから申し込み可能で、即時利用可能かついつでも解約可能なサブスクリプションです。
エンタープライズ契約（EA）	企業、組織向けの方法です。一定規模の顧客向けに1年次、3年次などの単位で契約を行います。
マイクロソフトパートナー（CSP）経由	企業、組織向けの方法です。CSPパートナーと直接連携し、固有のニーズに合ったソリューションを実装します。CSPパートナーによる管理サービスやサポートを利用できます。

サブスクリプションの管理権限

サブスクリプションの管理を行うための主なロールを以下に示します。

◎ **エンタープライズ管理者**：Azure上の管理者ロールではなく、EA契約のみで使用する**EAポータル**という独立した管理ポータルで使用するロールです。組織の支出やEAポータル内の各種管理者などを管理します。

◎ **アカウント所有者**：EAポータルで使用するロールです。Azureサブスクリプションの作成と管理を行います。Azureサブスクリプションごとに1アカウントのみ登録可能です。

◎ **所有者（Owner）**：ここからAzure Portal上でのロールです。サブスクリプションに割り当てられた所有者は、サブスクリプション配下のすべてのAzureリソースに対するフルアクセス権限を持ちます。他のユーザーへアクセス権を委任する権限を含みます。

◎ **共同作成者（Contributor）**：サブスクリプションの所有者によって追加された追加の管理者です。アクセス許可の管理を除き、基本的に所有者と同等の権限を持ちます。

◎ **Microsoft Entra全体管理者**：サブスクリプションに割り当て可能なロールではなく、Microsoft Entra IDのロールです。既定では、Microsoft Entra全体管理者はテナント内のAzureサブスクリプションに対するアクセス権を持ちません。ただし、ユーザーがAzureのサブスクリプションか管理グループにアクセスできなくなった場合など、アクセス権を回復するために全体管理者が自身でテナント内の最上位（ルート）**ユーザーアクセス管理者**ロールに昇格できます。これを行うためには、Azure Portalで「Microsoft Entra ID」-「プロパティ」-「Azureリソースのアクセス管理」にアクセスします。ユーザーアクセス管理者ロールを利用すると、すべてのリソースの表示、およびアクセス権の割り当てが可能です。

Azure リソースのアクセス管理

(▓▓▓▓▓▓▓▓▓▓▓▓▓▓▓.onmicrosoft.com) は、このテナント内のすべての Azure サブスクリプションおよび管理グループへのアクセスを管理できます。詳細情報

(**はい**　いいえ)

セキュリティの既定値の管理

❑ 全体管理者へのサブスクリプションアクセス付与

138

サブスクリプションの管理単位

　サブスクリプションは、アプリケーションの地理、事業部、機能など、環境ごとに作成できます。さらに、各システムやアプリケーション単位、本番環境および開発環境ごとにサブスクリプションを分けることで、課金を適切に管理できます。また、各サブスクリプションに別のサービス管理者と共同管理者を割り当てることにより、組織のAzure環境に対するアクセスを制御できます。

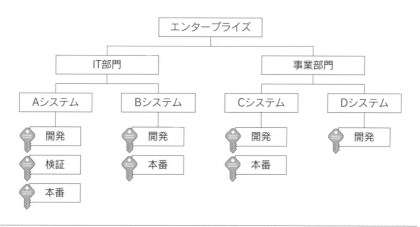

❏ サブスクリプション分割の例

Microsoft Entra IDとサブスクリプションの関係

　Azureでは、リソースへのアクセス権を管理するためにMicrosoft Entra IDを利用します。はじめてAzureの環境を作成する際には、Azureサブスクリプションと同時に関連付けられたMicrosoft Entraテナントが作成されますが、AzureサブスクリプションとMicrosoft Entra IDはそれぞれ独立して管理されます。以下の点を理解する必要があります。

○ Azureのサブスクリプションは、必ず1つのMicrosoft Entraテナント（ディレクトリ）に関連付ける必要があります。

○ 1つのAzureサブスクリプションを複数のMicrosoft Entraテナントに関連付けることはできません。

- Microsoft Entra テナントは複数のサブスクリプションを管理できます。
- Azure サブスクリプションの関連付け先ディレクトリを別の Microsoft Entra テナントに変更することができます。
- Azure サブスクリプションが別のディレクトリに関連付けられると、以前のディレクトリで管理されていたロールベースのアクセス権が失われます。

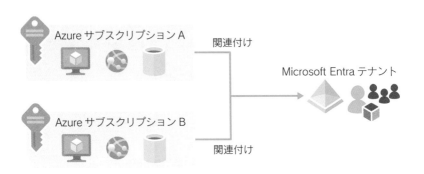

❏ Azure サブスクリプションと Microsoft Entra テナントの関係

管理グループ

Azure のリソースグループは、必ずいずれかのサブスクリプションの配下に属します。複数のサブスクリプションをまとめて管理する場合には、管理グループを利用します。

管理グループの特徴

管理グループの特徴は以下のとおりです。

- サブスクリプションをまとめてグループ化でき、環境管理を容易にします。
- Microsoft Entra テナント直下には、ルート管理グループが既定で存在します。
- ルート管理グループには、既定では特定ロールにアクセス許可が設定されていません。Microsoft Entra 全体管理者権限を利用することで、ルート管理グループのアクセス権を取得できます。
- 組織の階層に沿った管理単位を作成できます。
- 管理グループに Azure Policy や RBAC のアクセス制御を適用できます。

○ 管理グループは、「管理グループID」と「表示名」のセットで構成されます。管理グループIDはグループ作成後、変更することはできません。

❏ 管理グループの作成

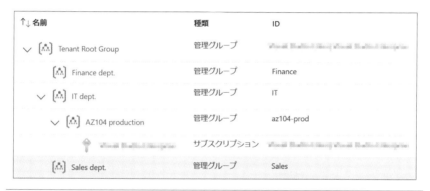

❏ 管理グループ階層構造の例

管理グループの構成例

　管理グループを使えば、複数のサブスクリプションに対してガバナンスを適用することができます。次の図では、本番環境を左側、開発環境を右側に配置し、左の本番用サブスクリプション群には本番用のポリシーを適用し、右側の開発環境には開発環境用のポリシーを作って適用する、といった管理を行う構成例です。

Microsoft Entra IDとガバナンス

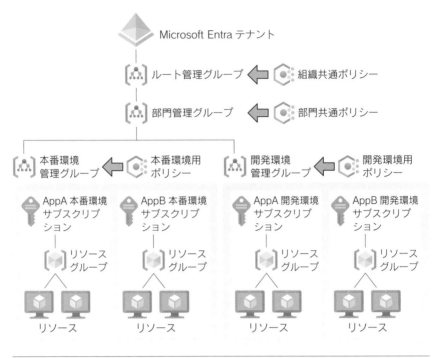

❏ 管理グループの構成例

管理グループの特徴

管理グループの特徴を以下に示します。

○ サブスクリプションを1つの管理グループの配下に設置することができます。また、別の管理グループの配下へ移動することもできます。

○ 複数のサブスクリプションを管理するには、管理グループの利用が有効です。

○ 各Microsoft Entraテナントには、ルート管理グループと呼ばれる最上位のビルトイン管理グループが存在します。

○ 管理グループには、Azure PolicyやRBACのスコープを割り当てることができます。

○ 管理グループは、最大6階層の深さまでサポートされています。

3-4

ロールベースのアクセス制御

Azureの**ロールベースのアクセス制御**（Azure RBAC）を利用することで、ユーザーがAzureのリソースに対してどのような操作を実行できるかを柔軟に制御できます。Azure RBACでは、「だれが（セキュリティプリンシパル）」「どの権限を（ロール）」「何に対して（スコープ）」という3つの要素を組み合わせることで柔軟なアクセス制御を構成できることが特徴です。RBACの利点をまとめると以下のようになります。

○ **セキュリティの向上**：必要最小限の権限をユーザーに付与し、不要な操作や機能へのアクセスを制限することでセキュリティを向上させます。

○ **きめ細かいアクセス制御**：開発者にはVM（仮想マシン）へのリモートアクセス権限、オペレーターにはVMの起動のみなど、異なる役割を持つユーザーに必要最小限の権限を柔軟に割り当てることができます。

○ **権限管理の効率化**：RBACでは、下位のリソースへ割り当てが継承されます。例えば、サブスクリプションスコープで共同管理者ロールをユーザーに割り当てた場合、そのロール割り当てはサブスクリプション内のすべてのリソースグループとリソースに継承されます。

Azure RBACの構成要素

ロール定義

ロール定義には、**Azureリソースに対して実行できる操作**（読み取り、書き込み、削除など）を定義できます。ビルトインで用意される**組み込みロール**の他に、必要なアクセス許可を独自に構成した**カスタムロール**を作成することができます。

❏ Azureの主な組み込みロール

ロール名	説明
所有者（Owner）	アクセス権を含めすべてを管理できます。
閲覧者（Reader）	すべてを閲覧できますが、変更を加えることはできません。
共同作成者（Contributor）	アクセス権以外のすべてを管理できます。
ユーザーアクセスの管理者	Azureリソースに対するユーザーアクセスを管理できます。
仮想マシンの共同作業者	仮想マシンを管理できますが、その接続先の仮想ネットワークやストレージアカウントは管理できません。
従来の仮想マシンの共同作業者	クラシック仮想マシンを管理できますが、その接続先の仮想ネットワークやストレージアカウントは管理できません。
ストレージアカウントの共同作業者	ストレージアカウントを管理できます。
従来のストレージアカウントの共同作業者	従来のストレージアカウントを管理できます。
ネットワークの共同作業者	すべてのネットワークリソースを管理できます。
従来のネットワークの共同作業者	従来の仮想ネットワークと予約済みIPを管理できます。
課金リーダー	すべての課金情報を見ることができます。

❏ サブスクリプションで利用できる組み込みロール

スコープ

　スコープとは、アクセス権を適用するAzureリソースのセットです。大きな単位から管理グループ、サブスクリプション、リソースグループ、リソースのレ

ベルでスコープを指定できます。上位のレベルに割り当てられたロールは、下位のリソースに自動的に継承されます。

セキュリティプリンシパル

RBACでは、誰にアクセスを許可するかを決定します。アクセスを割り当て可能なオブジェクトをセキュリティプリンシパルといいます。セキュリティプリンシパルには以下が含まれます。

- ○ ユーザー
- ○ グループ
- ○ サービスプリンシパル
- ○ マネージドID

アプリケーション用のIDであるサービスプリンシパルはセキュリティプリンシパルの1つです。名前が似ているので混同しないよう注意してください。

❑ Azure RBACを利用したロールの割り当て例

▶▶ **重要ポイント**

- ● Azure RBACは、ロール（Azureリソースに対して実行できる操作）、スコープ（アクセス権を適用するリソースのセット）、セキュリティプリンシパル（アクセスを割り当て可能なオブジェクト）の3つで構成される。

3

Microsoft Entra IDとガバナンス

Azure RBACの設定方法

RBACによるロールの割り当てには、Azure Portal、Azure PowerShell、Azure CLI、REST APIなどを利用できます。Azure Portal上の大半のリソースには「アクセス制御（IAM）」という名前の設定項目があり、この設定を利用してアクセス許可の割り当て、確認、削除を行うことができます。

RBACによるアクセス権の割り当てを行う際には、以下を計画する必要があります。

○ どのセキュリティプリンシパルにアクセス権を付与するか

○ 何のアクセス権（ロール）を付与するか

○ どのスコープにアクセス権を割り当てるか

Azure Portalを利用した割り当ての例を以下に示します。

1. 割り当て先スコープのリソースにアクセスします。

2. 左ペインの「アクセス制御（IAM）」を開きます。

3.「＋追加」から「ロールの割り当ての追加」を選択します。

❏ RBACの設定－ロールの割り当ての追加

146

4. 割り当てるロールを検索し、決定します。ここでは閲覧者ロールを追加します。

□ RBACの設定－ロールの決定

5. アクセス権を付与するセキュリティプリンシパルを選択します。

□ RBACの設定－セキュリティプリンシパルの選択

6. 設定内容をレビューし、反映します。

カスタムロール

　組み込みロールを利用せず、アクセス許可を独自に構成したカスタムロールを作成、利用することができます。カスタムロールはAzure Portal上のリストから必要な権限を選択する方法で構成できます。また、Azure PowerShellやAzure CLIを使ってJSON形式で定義することもできます。

カスタムロールを作成する際は、既存のロールを複製し、必要な操作を追加、不要な操作を削除する方法が効率的です。

なお、カスタムロールの数は、テナントあたり最大5,000個までという制限があります。

JSON形式でのカスタムロール構成

JSON形式では、キーと値のセットでロールを定義します。主に以下の設定項目を利用します。

❏ JSON形式での主なキーと値

設定項目	説明
Name	カスタムロールの表示名を記載します。
IsCustom	カスタムロールであるかどうかを示します。カスタムロールの場合は、値を"true" に設定します。
Description	カスタムロールの説明文を記載します。
Actions	このカスタムロールで許可されるアクションを指定します。次の形式で記述します。 {Company}.{ProviderName}/{resourceType}/{action} Microsoft.Compute、Microsoft.Billing などのリソースプロバイダーに対してアクセス許可を設定します。指定可能なアクション一覧は下記のアクション一覧を参照してください。 例:ストレージアカウントのBlobコンテナーの読み取りおよび書き込み権限を付与する場合、以下の2行を記述します。 Microsoft.Storage/storageAccounts/blobServices/containers/read Microsoft.Storage/storageAccounts/blobServices/containers/write
NotActions	許可されないアクションを指定します。ActionsよりもNotActionsのほうが強いため、Actionsで許可された操作からNotActionsで禁止された操作を差し引いた権限が付与されます。
DataActions	データ操作、変更に関する権限を指定します。一部のロールで使用されます。
Assignable Scopes	このロールを割り当て可能なスコープを指定します。AssignmentScopes: ["/"] が指定されている場合は、管理グループ、サブスクリプション、リソースグループのすべてのスコープに割り当て可能です。

Actions、NotActionsでは以下のアクション項目を指定できます。

❏ アクション一覧

アクション項目	説明
*	すべてのアクションを有効にします。
read	読み取りアクションを有効にします。
write	書き込みアクションを有効にします。
action	仮想マシンの起動や停止などのカスタムアクションを有効にします。
delete	削除アクションを有効にします。

カスタムロールの例

　次のカスタムロールの例では、サブスクリプション監査ユーザー向けのカスタムロールを作成しています。特定のリソースに対する読み取り権限のみを付与しています。

JSON JSONによるカスタムロールの例

```
{
  "Name": "Virtual Machine Auditor",
  "Id": "88888888-8888-8888-8888-888888888888",
  "IsCustom": true,
  "Description": "Custom role for subscription auditor.",
  "Actions": [
    "Microsoft.Storage/*/read",
    "Microsoft.Network/*/read",
    "Microsoft.Compute/*/read",
  "Microsoft.Authorization/*",
  ],
  "NotActions": [
    "Microsoft.Authorization/*/write",
    "Microsoft.Authorization/*/delete",
    "Microsoft.Authorization/elevateAccess/Action"
  ],
  "dataActions": [],
  "notDataActions": [],
  "assignableScopes": [
    "/subscriptions/XXXXXXXX-XXXX-XXXX-XXXX-XXXXXXXXXXXX",
    "/subscriptions/YYYYYYYY-YYYY-YYYY-YYYY-YYYYYYYYYYYY",
  ]
}
```

3

Microsoft Entra IDとガバナンス

「*」（アスタリスク）は「すべて」を対象とするワイルドカードです。ストレージ、ネットワーク、仮想マシンに関するすべての項目の読み取りが許可されています。また、ロール割り当てに利用する Microsoft.Authorization は Actions 内ですべての操作が許可されていますが、NotActions 内で書き込みや削除などの操作が許可されておらず、書き込み、削除を行うことができません。AssignableScopes では、2つのサブスクリプションへのみ割り当てが可能なロールとして指定されています。

▶▶▶ **重要ポイント**

- ロールの定義では、Actions で許可された操作であっても、NotActions で許可されない場合、その操作は結果的に許可されない。
- カスタムロールでは、AssignableScopes で割り当て可能なスコープを指定できる。
- ロールの割り当て、削除を行うには以下のアクセス許可を持つロールが割り当てられている必要がある。
  - Microsoft.Authorization/roleAssignments/write
  - Microsoft.Authorization/roleAssignments/delete
- Microsoft Entra 管理者ロールは Microsoft Entra ID のオブジェクトや構成に対するアクセス権を制御する。Azure ロールとは異なることに注意すべきである。

タグ

ほとんどの Azure リソースにはタグ（tag）を付与することができます。タグはリソースにメタデータ（リソース管理のための付加情報）を付与します。Azure サブスクリプションを作成し利用を開始すると、大規模な環境では大量にリソースが作成されていきます。タグを利用することで、サブスクリプション内に散らばったリソースを効率的にカテゴリ分けし、整理することができます。

タグの構成

タグはキーと値のセットで構成されます。以下に例を示します。

❏ タグのキーと値の例

キー	値の例	説明
Environment	Production Pre-Production Development	これはリソースのデプロイ環境情報を付与する例です。各リソースに対し、本番、準本番、開発環境といったタグを付与します。
CostCenter	IT Marketing Sales	これはリソースのコスト請求先となる部署の情報を付与する例です。リソース利用にかかる各コストをタグの値別にグルーピングしたり、ガバナンスの問題に対処すべき管理部門を特定したりできます。

タグの付与方法

タグはリソースの作成時にオプション設定として付与できます。また、リソース作成後に付与、変更することも可能です。3-5節で解説するAzure PolicyやAzure Blueprintsを利用して、リソースにタグの付与を強制することもできます。

❏ リソース作成時のタグ付与

リソースのロック

サブスクリプション、リソースグループ、またはリソースを**ロック**することで、リソースが誤って削除・変更されることを防げます。

ロックは、リソースの機能自体ではなく、リソース管理操作にのみ適用されることに注意してください。例えば、SQLデータベースに対してリソースの変更をロックした場合、データベースの削除や変更をブロックできますが、データベース内の実データに対する作成、変更、削除を防止することはできません。

ロックの種類

ロックでは2種類の設定が可能です。

○ CanNotDelete：リソースの削除をブロックします。
○ ReadOnly：リソースの変更をブロックします。

ロックの設定方法

Azure Portalを使ってVM（仮想マシン）の削除操作をブロックする例を以下に示します。

1. 対象のVMを開きます。
2. 左ペインの「設定」–「ロック」をクリックします。
3. 「＋追加」で「ロックの追加」ダイアログへ以下を設定します。
   - **ロック名**：任意の名前を設定します。
   - **ロックの種類**：「削除」もしくは「読み取り専用」から選択できます。ここでは「削除」を選択します。
   - **メモ**：ロックの目的や設定のエビデンスをメモとして残します。

4. 「OK」をクリックし、作業を完了します。

　ロック設定後、VMを削除しようとすると以下のメッセージが表示され、削除に失敗します。再び削除できるようにするためには、作成したロックを削除します。

❗ **仮想マシン '▮▮▮▮▮▮' を削除できませんでした**　✕

仮想マシン '▮▮▮▮▮▮' またはそれに関連付けられている選択されたリソース (あるいはその両方) を削除しているときにエラーが発生しました。エラー: '次のスコープがロックされているため、スコープ '/subscriptions/▮▮▮▮▮▮▮▮▮/resourceGroups/Prod/providers/Microsoft.Compute/virtualMachi...
wap01' では削除操作を実行できません: '/subscriptions/▮▮▮▮▮▮▮▮▮/resourceGroups/Prod/providers/Microsoft.Compute/virtualMachi...
▮▮▮▮▮'。ロックを解除してから、もう一度お試しください。'

❑ 削除がブロックされたときのメッセージ

Microsoft Entra IDとガバナンス

3-5

Azure Policy

Azure Policy は Azure ガバナンス機能の1つです。

大規模な組織では、IT部門が Microsoft Entra テナントを管理し、各組織やプロジェクトへ配下のサブスクリプションやリソースの管理を委任するケースがあります。そのような場合に Azure Policy を使うことで、組織が強制させたいセキュリティポリシーや運用ルールをリソースに適用します。

例えば、「開発環境サブスクリプション下ではBシリーズとDシリーズのVMのみ作成できる」や「東日本リージョンのみにリソースの作成を許可する」といったポリシーを作成し、管理グループ、サブスクリプション、リソースグループおよび各リソースに適用できます。また、リソースが適用されているポリシーに準拠していない場合、自動的に設定を修正させることもできます。

組織が管理する Azure リソースに対してセキュリティリスクやコスト管理を適切に行うために、ガバナンス機能をうまく活用することが重要です。Azure Policy を利用することで、組織のポリシーを強制するのみならず、組織がどの程度コンプライアンスに準拠しているのかを把握し、対処の計画を立てることができます。

ポリシー定義

Azure ではビルトインのポリシー定義が数多く用意されており、そこから必要なポリシー定義を選択できます。また、定義を複製してカスタマイズを行うことや、ユーザーが独自のポリシー定義を作成することもできます。GitHub にも多くのポリシー定義が公開されています。

イニシアチブ

　イニシアチブとは、複数の関連するポリシー定義をまとめてグループ化したものです。例えば、サブスクリプション内のVMに対してリージョン、SKU、バックアップポリシーといった一連の設定をイニチアチブ定義として割り当てることができます。

　また、一連のセキュリティに関するポリシー定義をイニシアチブにまとめてリソースへ適用することで、組織が要求するセキュリティベースラインを包括的にリソースへ適用して準拠状況を監視できます。ポリシー定義と同様にビルトインのイニチアチブ定義も数多く用意されています。

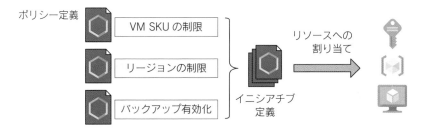

❏ イニシアチブの定義

❏ ポリシーとイニチアチブ定義の一覧

Azure Policyの設定

Azure Policyの設定は以下のステップで行います。

1. **ポリシー定義を作成する**：ビルトインのポリシー定義を利用する他に、ビルトインポリシーを複製してカスタマイズしたり、ユーザー独自のポリシー定義を作成することもできます。

2. **ポリシー定義またはイニシアチブ定義を割り当てる**：選択したポリシーもしくはイニシアチブをリソースに割り当てます。割り当て先には、管理グループ、サブスクリプション、リソースグループのいずかを指定できます。

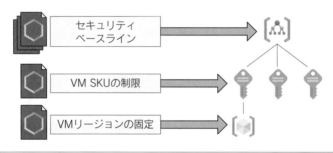

❏ ポリシー定義の割り当て例

3. **適用結果を評価する**：リソースに対してポリシー適用結果が評価されると、コンプライアンスの状態が準拠または非準拠として表示されます。非準拠として表示されたリソースを確認し、準拠するよう修正します。

❏ 評価結果の例

カスタムポリシーの定義

JSON形式で記述したカスタムポリシーを作成することで、独自のAzure Policyを定義できます。カスタムポリシーは、「コンプライアンス評価条件」と「条件が満たされた場合に実行する効果」を組み合わせて構成します。

右の例は、リソースグループ内にVNetを作成しようとした場合にそれを拒否する簡単なポリシーの例です。コンプライアンス評価条件は、リソースの種類が「Microsoft.Network/virtualNetworks」に一致し

❏ ポリシー定義の例

た場合、とします。実行する効果は、その要求をブロックするように記述しています。構文としては、if文で評価条件を記述し、then文の下のeffectで効果を定義します。なお、効果を、ブロックではなく監査のみとしたい場合は、効果をDenyではなくAuditと記述します。

▶▶▶ **重要ポイント**

- Azure Policyを使うことでセキュリティポリシーや運用ルールをリソースに強制的に適用できる。
- Azure Policyで用いるポリシー定義は数多く用意されており、そのまま適用できる。さらに、それらを複製してカスタマイズすることも、独自のポリシー定義を新規に作成することもできる。
- 複数の関連するポリシー定義をまとめてグループ化したものをイニシアチブと呼ぶ。

Azure Blueprints

Azure Blueprintsでは、以下の構成をまとめた繰り返し利用可能なテンプレートを作成できます。

- ○ Azure RBACによるロールの割り当て
- ○ ARMテンプレート
- ○ リソースグループ
- ○ Azure Policyの割り当て

　Azure Blueprintsを利用すると、頻繁にサブスクリプションの作成を行う場合に組織の要件を順守したセットアップを組み込むことができます。ブループリントが適用されたサブスクリプションを利用することで、利用開始までに必要な初期構成に要する時間が劇的に減少します。

　また、ARMテンプレートとは異なり、Azure Blueprintsでは、リソースがデプロイされた後も割り当てが維持されます。そのため、デプロイの追跡や監査が可能になる他、ブループリントを更新することで割り当てられたリソースの更新を一度に行うことができます。

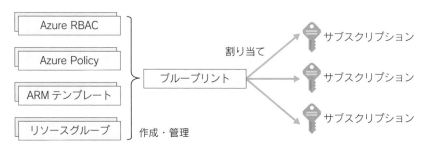

❏ Azure Blueprintsのイメージ

本章のまとめ

▶▶ **Microsoft Entra ID**

- Microsoft Entra IDではユーザーやグループを作成、管理できる。
- Azureリソースやアプリケーションの認証やアクセス制御にMicrosoft Entra IDのユーザーやグループを利用できる。
- Microsoft Entra IDには無料のエディションと有償のP1、P2エディションがある。有償エディションの機能を利用するには、各ライセンスを利用ユーザーへ割り当てる必要がある。
- Microsoft Entra IDには様々な管理者ロールがあり、必要最小限のアクセス権を管理ユーザーに付与できる。
- 管理者ロールの特権を保護するために、Privileged Identity Management（PIM）を利用することができる。
- 管理単位（AU）を利用することで、ユーザースコープを作成し、分散管理を実現できる。
- Microsoft Entra多要素認証（MFA）を利用することで、多要素認証によるIDのセキュリティ強化を行うことができる。
- セルフサービスパスワードリセット（SSPR）を利用することで、ユーザーが自身のパスワードをIT管理者のサポートなしにリセットできる。
- 条件付きアクセスポリシーを作成することで、クラウドアプリケーションやAzure Portalに対するアクセス可否や追加の条件を柔軟に制御することができる。
- Microsoft Entra IDにデバイスを登録することができる。デバイスを登録することにより、シングルサインオン（SSO）や、デバイス条件に応じた条件付きアクセス制御を利用できる。
- Microsoft Entra Domain Servicesを利用することで、Azure IaaSの仮想マシンに対してオンプレミスActive Directory機能を提供できる。

▶▶▶ ロールベースのアクセス制御（RBAC）

- Azure RBACを利用することで、Azureリソースに対するきめ細かいアクセス制御を適用できる。
- Azure RBACでは、ロールの定義、対象のスコープ、セキュリティプリンシパルを組み合わせてAzureリソースへ柔軟なアクセス制御を提供する。
- Azure RBACには組み込みロールとカスタムロールを利用できる。
- リソースのロックを行うことで、誤った変更操作および削除操作を防ぐことができる。

▶▶▶ Azure Policy

- Azure Policyを利用することで、組織の制限をリソースに適用したり、各リソースに対する組織ポリシーへの準拠状況を把握したりできる。
- 複数のAzure Policyをまとめて、イニシアチブとして利用できる。
- Azure Blueprintsを利用することで、サブスクリプションへ繰り返し利用可能なガバナンスアクションを効率的に適用できる。

章末問題

 問題1

Microsoft Entra IDで提供されないプロトコルまたは機能を2つ選択してください。

A. SAML 2.0
B. LDAP
C. OpenID Connect
D. OAuth 2.0
E. 組織単位（OU）

 問題2

次の種類のユーザーアカウントのうち、オンプレミスActive Directoryで管理されるものを1つ選択してください。

A. クラウドID
B. 同期ID
C. 外部ID

 問題3

個人所有のWindows 11 Professional端末をMicrosoft Entra IDにデバイス登録することを計画しています。最適な登録方法を1つ選択してください。

A. Microsoft Entra登録（Microsoft Entra registered）
B. Microsoft Entra参加（Microsoft Entra join）
C. Microsoft Entraハイブリッド参加（Microsoft Entra hybrid join）

問題4

　条件付きアクセスポリシーを利用し、企業ネットワークからのアクセスのみを許可することを計画しています。使用する条件もしくは制御を以下より1つ選択してください。

A. 場所

B. ユーザーのリスク

C. クライアントアプリケーション

D. Microsoft Entra ハイブリッド参加を使用したデバイスが必要

E. 認証強度が必要

F. 準拠しているとしてマーク済みのデバイス

 問題5

　PowerShell を利用して外部ユーザーを一括で招待する場合に利用できるコマンドを1つ選択してください。

A. New-MgUser

B. New-MgInvitation

C. New-MsolUser

 問題6

　あなたは、ユーザー A に Azure サブスクリプションの管理者権限を委譲したいと考えています。ただし、ユーザー A がサブスクリプションに対して別のユーザーへロールを割り当てできないように構成する必要があります。以下の選択肢より、ユーザー A に付与すべき最も適切なロールを1つ選択してください。

A. 所有者

B. 共同作成者

C. ユーザーアクセス管理者

D. 閲覧者

問題7

あなたは、Azureサブスクリプションで仮想ネットワークおよび仮想マシンの作成を行うことを計画しています。この作業をユーザーBに委任する必要がありますが、ユーザーBに必要最小限のアクセス権を付与する場合、最も適切なものを以下の選択肢から1つ選択してください。

A. 所有者
B. 仮想マシンの共同作業者
C. ネットワークの共同作業者
D. 共同作成者

 問題8

あなたは、管理者に仮想マシンの設定変更を許可しながら、不注意による削除操作からリソースを保護したいと考えています。これを実現するために、以下のソリューションから最も適切なものを1つ選択してください。

A. Azure Automation
B. CanNotDeleteロック
C. ReadOnlyロック
D. Azure RBAC

 問題9

Azure Policyで以下のルールを含むポリシー定義を作成し、サブスクリプションAに適用しました。

3

Microsoft Entra IDとガバナンス

```
"policyRule": {
  "if": {
    "allOf": [
      {
        "field": "type",
        "equals": "Microsoft.Compute/virtualMachines"
      },
      {
        "not": {
          "field": "Microsoft.Compute/virtualMachines/sku.name",
          "in": "["Standard_DS1_v2","Standard_D2s_v3","Standard_DS5_v2"]"
        }
      }
    ]
  },
  "then": {
    "effect": "Deny"
  }
}
```

以下の選択肢のうち、正しいものをすべて選択してください。

A. サブスクリプションAでは、Standrad_D8s_v3サイズの仮想マシンを作成できる

B. サブスクリプションAでは、Standrad_D2s_v3サイズの仮想マシンを作成できる

C. サブスクリプションAでは、Azureストレージアカウントを作成できる

 問題10

Azure Policyで作成した複数のポリシー定義をセットにして、組織の複数のサブスクリプションにまとめて適用するために利用する手法を以下の選択肢から2つ選択してください。

A. 管理グループ

B. RBAC

C. タグ

D. イニシアチブ

章末問題の解説

✓ 解説1

解答：**B.** LDAP、**E.** 組織単位（OU）

　LDAPはオンプレミスActive Directoryで提供されるディレクトリサービスへアクセスするためのプロトコルで、Microsoft Entra IDでは提供されません。

　組織単位（OU）はディレクトリを階層化し、管理スコープを分ける機能です。Microsoft Entra IDでは、管理スコープを分ける機能として、管理単位（AU）が提供されます。

✓ 解説2

解答：**B.** 同期ID

　同期IDは、Microsoft Entra Connectツールを使ってオンプレミスActive DirectoryからMicrosoft Entra IDに同期されたアカウントを指します。同期IDでは、オンプレミスActive DirectoryとMicrosoft Entra IDで1つのユーザーIDと資格情報を使用することができます。

✓ 解説3

解答：**A.** Microsoft Entra登録（Microsoft Entra registered）

　Microsoft Entra登録は個人所有の端末をMicrosoft Entra IDへ登録するための方法です。Microsoft Entra登録後もPCへのサインインには個人のIDを利用できます。

　Microsoft Entra参加およびMicrosoft Entraハイブリッド参加は組織管理端末用の方法です。これらの登録方法を使用した場合、PCのサインインには組織のIDを利用します。

✓ 解説4

解答：**A.** 場所

　場所の条件を利用することで、アクセス元のグローバルIPアドレスに基づくアクセス制御を行うことができます。

　「信頼できる場所」に企業ネットワークからインターネットにアクセスする際のグローバルIPアドレスを登録します。そして、条件付きアクセスの「場所」条件設定を利用し、「信頼できる場所」以外からのアクセスをブロックするポリシーを作成することで、企業ネットワークからのアクセスのみを許可することができます。

✓ 解説5

解答：**B.** New-MgInvitation

　New-MgInvitationコマンドで外部ユーザーを招待することができます。New-MgUserおよびNew-MsolUserはいずれもMicrosoft EntraテナントにクラウドIDを作成するためのコマンドです。

✓ 解説6

解答：**B**. 共同作成者

　共同作成者ロールは、アクセス権以外のすべてを管理できるロールです。所有者は、アクセス権を含めてすべてを管理することができます。

✓ 解説7

解答：**D**. 共同作成者

　共同作成者ロールをサブスクリプションに割り当てることで、配下のリソースを作成することができ、要件を満たすことができます。所有者には必要以上の権限が付与されます。また、仮想マシンの共同作業者およびネットワークの共同作業者は、それぞれのみでは必要なアクセス権を満たすことができません。

✓ 解説8

解答：**B**. CanNotDeleteロック

　CanNotDeleteロック（削除ロック）を利用することで、すべてのユーザーの不注意による削除からリソースを保護することができます。Azure RBACでもカスタムロールを作成することで特定操作を禁止することができますが、ロックによる保護は、RBACとは異なりすべてのユーザーとロールに適用されます。

✓ 解説9

解答：**B**.サブスクリプションAでは、Standrad_D2s_v3サイズの仮想マシンを作成できる、**C**.サブスクリプションAでは、Azureストレージアカウントを作成できる

　仮想マシンに対してsku.nameがStandard_DS1_v2、Standard_D2s_v3、Standard_DS5_v2以外のサイズであった場合、作成することを許可しないことが定義されています。

　BのStandard_D2s_v3サイズは許可対象のサイズとなっています。また、Cのストレージアカウントはこのポリシー定義の判定対象外となっています。

✓ 解説10

解答：**A**. 管理グループ、**D**. イニシアチブ

　イニシアチブを利用することで、複数のポリシー定義を1つのセットとして扱うことができます。また、イニシアチブを管理グループに割り当てることで、管理グループの配下に存在するすべてのサブスクリプションにイニシアチブ定義が適用されます。

第4章
Azure ストレージサービス

本章では、Azure上のストレージサービス全般について解説します。データを保持し、各サービスとの連携を行うためのプラットフォームとして機能するサービス群です。この点を踏まえて、各サービスの目的やセキュリティなど、重要なポイントを押さえるようにしてください。

4-1

Azure Storage

Azure Storage は、様々なデータ形式とその利用目的により最適化されたサービスの総称です。REST API を基本の入出力インターフェイスとして様々なサービスから利用されます。大きくは以下のような種別があります。

❏ Azure Storage の種類

サービス	説明
Azure Blob Storage	テキストやバイナリデータなど、最も汎用的にファイルストアとして利用されるサービスです。
Azure Files	SMB（サーバーメッセージブロック）や、NFS（ネットワークファイルシステム）といったインターフェイスからも利用できる、オンプレミスシステムとの親和性の高いサービスです。
Azure キュー	メッセージングキューとして利用されるストレージの形態です。アプリケーション間の非同期メッセージのやり取りに利用されます。
Azure テーブル	構造化されたテーブル構造のデータ形式（NoSQL データ）を保管するための領域です。
Azure Disk Storage（マネージドディスク）	Azure 上の VM から利用される仮想ハードディスク（VHD）形式です。管理やデータ操作のインターフェイスは抽象化され、ディスクとして認識できるようになっています。

これらの他に、特別な目的のものとしては Azure NetApp Files などがあります。Azure Storage について詳しくは、下記 Web ページを参照してください。

📖 Azure Storage の概要

URL https://learn.microsoft.com/ja-jp/azure/storage/common/
storage-introduction

Azure Storageの特徴

Azure Storage の特徴としては、以下の点が挙げられます。

- 冗長オプションによる高い耐久性
- 利用目的、データ形式によるストレージ種別の選択
- データのセキュリティ保護、認証・認可
- フルマネージドサービス

冗長オプションによる高い耐久性

　Azure データセンターのハードウェア障害、データセンター障害、リージョンレベルの障害などに対応可能な冗長化レベルを選択できます。自然災害などの広域障害が発生した場合でも、これをサポートする冗長化を選択しておくことでデータの消失を防ぐことができ、高可用性を維持できます。

❏ 冗長オプションと特徴

冗長オプション	特徴	サポート対象の Azure Storage
ローカル冗長ストレージ （LRS）	1つのリージョン内の1つのデータセンター内に3つのコピー	・Azure Blob Storage ・Azure Files ・Azure Disk Storage ・Azure テーブル ・Azure キュー
ゾーン冗長ストレージ（ZRS）	1つのリージョン内の3つの可用性ゾーン（独立した電源、冷却装置、ネットワークを備えた独立した物理的な場所、例としてデータセンター）にコピー	・Azure Blob Storage ・Azure Files ・Azure テーブル ・Azure キュー
Geo冗長ストレージ/ 読み取りアクセス Geo冗長ストレージ （GRS/RA-GRS）	プライマリリージョンの1つのデータセンター内に3つ、セカンダリリージョンも1つのデータセンター内に3つの計6つのコピー	・Azure Blob Storage ・Azure Files ・Azure テーブル ・Azure キュー
Geoゾーン冗長ストレージ/ 読み取りアクセス Geo冗長ストレージ （GZRS/RA-GZRS）	プライマリリージョンではゾーン冗長ストレージ、セカンダリリージョンでは1つのデータセンター内に3つの計6つのコピー	・Azure Blob Storage ・Azure Files ・Azure テーブル ・Azure キュー

　標準ファイル共有はLRSとZRSでサポートされます。標準ファイル共有は、サイズが5TiB以下である場合に限り、GRSとGZRSでサポートされます。

また、単純なGRSとGZRSでは、Geo冗長化を行っているセカンダリリージョンではフェイルオーバーが行われない限り読み取りができませんが、RA-GRSとRA-GZRSではセカンダリリージョンでも読み取りを行うことが可能です。

データのセキュリティ保護

Azure Storageには、データおよびデータアクセスに関する保護機能が備わっています。各種セキュリティ機構をデフォルトで、または個別に有効化することでAzure Storageをセキュアに運用することができます。

フルマネージドサービス

ハードウェアのメンテナンス、更新プログラムの適用などはAzure側が行うので、インフラ環境の管理は不要です。

▶ ▶ ▶ **重要ポイント**

- Azure StorageにはAzure Blob Storage、Azure Filesなどがあり、これらはシーンに応じて使い分ける。
- Azure Storageには複数の冗長オプションがあり、これらは要件に応じて使い分ける。

4-2

Azureストレージアカウント

Azure Storageは、作成するときにその管理単位として**ストレージアカウント**を作成し、これを通して各種ストレージを作成、利用します。ストレージアカウントにはいくつかの種類があり、必要な可用性、パフォーマンスから最適な種類のストレージアカウントを選択します。通常のシナリオではStandardのパフォーマンスレベルを選択し、低遅延高パフォーマンスが必要な場合は可用性を検討してPremiumを選択することになります。

❏ ストレージアカウントの種類

種別	対象サービス	冗長オプション	用途
Standard 汎用v2	・BLOB ・キュー ・テーブル ・Azure Files	・LRS ・GRS ・RA-GRS ・ZRS ・GZRS ・RA-GZRS	BLOB、ファイル共有、キュー、テーブル用のStandardタイプのストレージアカウント。Azure Storageを使用するほとんどのシナリオに適用可能です。
Premium ブロックBLOB	・BLOB	・LRS ・ZRS	ブロックBLOBと追加BLOB用のPremiumタイプのストレージアカウント。トランザクションレートが高く、比較的小さなオブジェクトが使用されるシナリオ、またはストレージ待ち時間が一貫して短いことが要求されるシナリオに推奨されます。
Premium ファイル共有	・Azure Files	・LRS ・ZRS	ファイル共有専用のPremiumタイプのストレージアカウント。エンタープライズまたはハイパフォーマンススケールアプリケーション向けです。SMBファイル共有とNFSファイル共有の両方をサポートするストレージアカウントが必要な場合にも使用します。
Premium ページBLOB	・ページBLOBのみ	・LRS	ページBLOBに特化したPremiumストレージアカウントです。

この他、以下のレガシーストレージアカウントもサポートされていますが、これらの使用はマイクロソフトにより推奨されていません。

種別	対象サービス	冗長 オプション	用途
Standard 汎用v1	・BLOB ・キュー ・テーブル ・Azure Files	・LRS ・GRS ・RA-GRS	このアカウントでは最新の機能が利用できないものがある他、コストもやや高くなります。
Blob Storage	・BLOB（ブロックBLOB および追加BLOBのみ）	・LRS ・GRS ・RA-GRS	可能であればStandard汎用v2の利用を検討してください。

Azureストレージアカウントの操作

ここまではAzureストレージアカウントの基本的な内容を紹介しましたが、ここからはAzureストレージアカウントの詳細な操作方法について解説します。

ストレージアカウントの作成と管理

最初に必要となるストレージアカウントはAzure PortalまたはPowerShellなどで管理・作成します。ここでは、ストレージアカウントの作成・管理にかかわる設計・設定項目を解説します。

Azure Portal上からストレージアカウントを作成した場合、以下に示していく画面のように、タブごとに各種設定を行います。以下、各種設定項目についての詳細です。

✳ **1. 基本情報**

○ **プロジェクトの詳細**

● **サブスクリプション**：ストレージアカウントを配置するサブスクリプションを指定します。

● **リソースグループ**：ストレージアカウントの所属するリソースグループを選択します。既存のものを利用するか、新しいものを作成します。

○ **インスタンスの詳細**

● **ストレージアカウント名**：ストレージアカウント名を指定します。3 ～ 24文字で、グローバルに一意な値にする必要があるため、命名規則に注意して命名する必要があります。

プロジェクトの詳細

新しいストレージ アカウントを作成するサブスクリプションを選択します。ストレージ アカウントを他のリソースと一緒に
整理して管理するには、新規または既存のリソース グループを選択します。

サブスクリプション *

リソース グループ *　(新規) AzureSubscription01
新規作成

インスタンスの詳細

ストレージ アカウント名 ⓘ *

地域 ⓘ *　(Asia Pacific) Japan East
エッジ ゾーンにデプロイ

パフォーマンス ⓘ *　◉ Standard: ほとんどのシナリオに対して推奨される (汎用 v2 アカウント)
　　　　　　　　　　○ Premium: 低遅延が必要なシナリオにお勧めします。

冗長性 ⓘ *　geo 冗長ストレージ (GRS)
　　　　　☑ リージョンが利用できなくなった場合に、データへの読み取りアクセスを行
　　　　　　えるようにします。

❏ ストレージアカウントの作成：基本情報

- **地域**：ストレージアカウントが設置されるリージョンを選択します。適用した
  い冗長構成などにより、選択可能なリージョンが制限されます。また、リージョ
  ンごとに課金が異なる可能性もあるので注意してください。
- **パフォーマンス**：ほとんどの場合、汎用 v2 ストレージアカウント（既定）で、
  「Standard」パフォーマンスを選択します。特殊な目的のために高パフォーマン
  スが要求される場合は「Premium」を選択し、さらにストレージの種類を選択し
  てください。
- **冗長性**：ストレージアカウントで利用する冗長構成を選択します。リージョン
  ごとに選択可能な冗長構成が異なる可能性があることに注意してください。
  Geo冗長性を選択した場合（GRSまたはGZRS）は、選択したリージョンによ
  り決定されるセカンダリリージョンにデータがレプリケートされます。

❋ **2. 詳細設定**

○ **セキュリティ**

- **REST API操作の安全な転送を必須にする**：このオプションを有効化すること
  で、HTTPSのみがプロトコルとして採用されます。特別な要件がない限り、こ
  の設定はオンにするようにしてください。

Azure ストレージサービス

4

173

- **コンテナーでのパブリッククアクセスの有効化を許可する**：この設定を有効にすると、適切な変更権限を持つユーザーにより、ストレージアカウント内のコンテナーに対する匿名でのアクセスを有効化できるようになります。パブリック公開するものとそうでないものを明確に分けることはセキュリティ事故を防ぐことにつながりますので、慎重に変更を計画してください。

- **ストレージアカウントキーへのアクセスを有効にする**：ストレージアカウントへのアクセスは、既定ではアクセスキーと Microsoft Entra ID におけ

❏ ストレージアカウントの作成：詳細情報

る資格情報との両方を使用できます。ただし目的によっては、アカウントアクセスキーでのアクセスを禁止することで、よりセキュリティ性が高いMicrosoft Entra IDでのユーザーへの承認のみをアクセスとして認めることができます。

- **TLSの最小バージョン**：ストレージアカウントへの受信要求に対するトランスポート層セキュリティ（TLS）において、接続可能な最小バージョンを指定できます。現在の既定は1.2です。1.1以下のバージョンには脆弱性や問題があるため、特別な要件がない限りこの設定を変更する必要はありません。

○ **階層型名前空間**

- **階層型名前空間を有効にする**：ストレージアカウントを、Azure Data Lake Storage Gen 2ワークロードに使用する場合など、階層型名前空間の機能が必要な場合はこの設定を有効にします。

○ **アクセスプロトコル**

- **SFTPを有効にする**：SFTP（セキュアファイル転送プロトコル）を有効にし、このストレージアカウントへのデータ転送を実施できるようにします。この設定のためには、階層型名前空間が有効になっている必要があります。

- **ネットワークファイルシステムv3を有効にする**：ネットワークファイルシステム（NFS）v3を有効にし、Linuxファイルシステムとしてアクセス可能とします。この設定のためには、階層型名前空間が有効になっている必要があります。

○ **BLOBストレージ**

- **クロステナントレプリケーションを許可する**：このオプションが有効な場合、適切な変更権限を持つユーザーにより、Microsoft Entraテナント間でのオブジェクトレプリケーションを有効にすることができるようになります。別テナントへのデータレプリケーションを禁止したい場合は、本オプションを解除してください。

- **アクセス層**：本ストレージアカウントでのBLOBのストレージアカウントに対するアクセス層を定義します。アクセスを頻繁に行わないデータなどの場合は、このアクセス層を変更することを検討します。

○ **Azure Files**

- **大きいファイルの共有を有効にする**：このオプションを有効化することで、ストレージアカウントに対して最大100TiBのファイル共有を可能にします。ローカル冗長およびゾーン冗長を選んでいる場合のみこのオプションを有効化できます。Premiumファイル共有のストレージアカウントではそもそも100TiBまでのスケールアップが可能であるため、このオプションは選択できません。

✳︎ **3. ネットワーク**

○ **ネットワーク接続**

- **ネットワークアクセス**：このストレージアカウントに対して、パブリックなインターネットからアクセス可能とする（パブリックエンドポイント）か、特定のAzure仮想ネットワークからのみパブリックアクセスを許可するか、もしくはAzure仮想ネットワークからのみプライベートアクセスを許可するかの選択が可能です。特定のAzure仮想ネットワークを選択した場合は、どのネットワークからアクセス許可するかもあわせて指定します。

Azure ストレージサービス

ネットワーク接続

ストレージアカウントには、パブリック IP アドレスまたはサービス エンドポイント経由で公的に接続することも、プライベートエンドポイントを使用してプライベートに接続することもできます。

ネットワーク アクセス *

- ⦿ すべてのネットワークからのパブリック アクセスを有効にする
- ◯ 選択した仮想ネットワークと IP アドレスからのパブリック アクセスを有効にする
- ◯ パブリック アクセスを無効にし、プライベート アクセスを使用する

ℹ️ すべてのネットワークからパブリック アクセスを有効にすると、このリソースがパブリックで利用可能になる場合があります。パブリック アクセスが必要な場合を除き、より制限されたアクセスの種類を使用することをお勧めします。 詳細情報

ネットワーク ルーティング

トラフィックがソースから Azure エンドポイントに移動するときに、トラフィックをルーティングする方法を決定します。ほとんどのお客様には、Microsoft ネットワーク ルーティングが推奨されています。

ルーティングの優先順位 ① *

- ⦿ Microsoft ネットワーク ルーティング
- ◯ インターネット ルーティング

❑ ストレージアカウントの作成：ネットワーク

◯ **ネットワークルーティング**

- ● **ルーティングの優先順位**：インターネットからストレージアカウントへのルーティングは、既定ではMicrosoftグローバルネットワーク経由でアクセスされます。

  Microsoftグローバルネットワークでは、それが持つポイントオブプレゼンス（POP、エッジルーターのポイント）の中から、クライアントから一番近いものへアクセスさせ、マイクロソフトのネットワーク内を通り各リージョンのストレージアカウントへアクセスされます。これによりネットワークのパフォーマンスは最適となります。

  これに対して、インターネット経由のほうが、クライアントからストレージアカウントへのアクセスにかかるネットワークコストが節約される場合は、インターネットルーティングを選択することもできます。

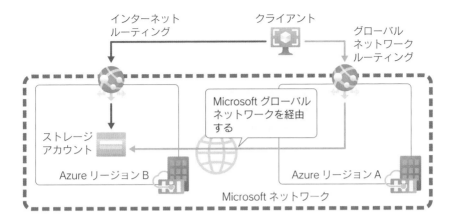

❏ ルーティング

✳ 4. データ保護

○ 復旧

- **コンテナーのポイントインタイムリストアを有効にする**：このオプションを有効化すると、ブロックBLOBデータを保持する場合、指定された保有期間内での以前の状態に復元できるようになります。これを有効化すると、同時にバージョン管理、論理的な削除、変更フィードが有効化されます。なお、ここで指定される保持期間は、論理的な削除での保持期間の指定よりも1日以上短くする必要があります。

- **BLOBの論理的な削除を有効にする**：このオプションを有効化すると、指定された保持期間（1 〜 365日）の間は、BLOB内のデータを削除したとしても物理的に維持されます。これにより、BLOB、スナップショット、またはバージョンは誤った削除から保護されます。マイクロソフトでは本機能を有効化し、最少保持期間を7日にすることを推奨しています。

- **コンテナーの論理的な削除を有効にする**：BLOBの論理的な削除と同様に、コンテナーそのものを削除から保護することができます。こちらも指定された保持期間（1 〜 365日）の間、コンテナーの削除からコンテナー全体と削除時の内容を復元することができます。マイクロソフトでは本機能を有効化し、最少保持期間を7日にすることを推奨しています。

復旧

偶発的または誤った削除または変更からデータを保護します。

☐ コンテナーのポイントインタイム リストアを有効にする

ポイントインタイム リストアを使用して、1つまたは複数のコンテナーを以前の状態に復元します。ポイントインタイム リストアを有効にする場合は、バージョン管理、変更フィード、BLOB の論理的な削除も有効にする必要があります。 詳細情報

☑ BLOB の論理的な削除を有効にする

論理的な削除では、上書きされた BLOB を含め、以前に削除とマークされた BLOB を回復することができます。 詳細情報

削除された BLOB を保持する日数 ⓘ | 7 |

☑ コンテナーの論理的な削除を有効にする

論理的な削除では、以前に削除とマークされたコンテナーを回復することができます。 詳細情報

削除されたコンテナーを保持する日数 ⓘ | 7 |

☑ ファイル共有の論理的な削除を有効にする

論理的な削除では、以前に削除とマークされたファイル共有を回復することができます。 詳細情報

削除されたファイル共有を保持する日数 ⓘ | 7 |

追跡

バージョンを管理し、BLOB データに加えられた変更を追跡します。

☐ BLOB のバージョン管理を有効にする

バージョン管理を使用すると、以前のバージョンの BLOB を自動的に管理できます。 詳細情報

ワークロードと、作成されたバージョン数に対するその影響、および結果のコストを考慮してください。データ ライフサイクルを自動的に管理することでコストを最適化できます。 詳細情報

☐ BLOB の変更フィードを有効にする

自分のアカウントでの BLOB の作成、変更、削除の変更内容を追跡します。 詳細情報

アクセス制御

☐ バージョンレベルの不変性のサポートを有効にする

すべての BLOB バージョンに適用されるアカウント レベルで時間ベースのアイテム保持ポリシーを設定できます。アカウント レベルで既定のポリシーを設定するには、この機能を有効にします。これを有効にしなくても、コンテナー レベルで既定のポリシーを設定したり、特定の BLOB バージョンのポリシーを設定したりすることはできます。このプロパティを有効にするには、バージョン管理が必要です。 詳細情報

❑ ストレージアカウントの作成：データ保護

- **ファイル共有の論理的な削除を有効にする**：これまでの2つのオプションと同様に、Azure Filesのデータも、誤った削除から保護することができます。マイクロソフトでは本機能を有効化し、最少保持期間を7日にすることを推奨しています。

- ○ **追跡**
  - ● **BLOBのバージョン管理を有効にする**：BLOBのバージョン管理を有効にすると、作成したタイミング、および変更したタイミングの状態がバージョンとして保持されます。これにより変更または削除されたデータなどを復元することができます。

    マイクロソフトでは、誤ったデータ変更などに対応できるよう、バージョン管理の有効化を推奨しています。ただ、他の保持機能と同様に、コストに影響が出る場合があるため、注意してください。古くなったバージョンについては、ライフサイクル管理機能によりある一定以上のものは削除することが推奨されています。

  - ● **BLOBの変更フィードを有効にする**：本設定を有効にすることで、ストレージアカウント内のすべてのBLOBとメタデータに対するすべての変更のトランザクションログが提供されます。このログは、順序保証、永続、不変、読み取り専用であり、この変更フィードを利用することで変更をもとにしたアプリケーションなどの構成が可能となります。

    変更フィードと同様の仕組みとしては、Blob Storageイベントがあります。ストレージイベントはAzure Event Gridを利用して大規模に配信できますが、順序性が保証されないなどの制限もあります。用途によって適切な方式を利用してください。

- ○ **アクセス制御**
  - ● **バージョンレベルの不変性のサポートを有効にする**：Blob Storageで不変ストレージを使用することで、そのデータはWORM（Write Once, Read Many）の状態で保存することができます。不変性ポリシーで指定された期間内は、その内容は上書き、削除されることがないため、これらの操作から保護することができます。

    この不変性ポリシーは、BLOBバージョンまたはコンテナーのスコープのいずれかに設定することができます。バージョンレベルでのスコープの場合、BLOBの多くの操作は実施可能ですが、バージョンに対する操作や、コンテナーそのものへの操作が制限されます。基本的には、作成されたバージョンの削除が指定された期間できなくなります。また、コンテナーレベルのスコープの場合、コンテナー内のBLOBは指定した期間、変更、削除を行うことができなくなります。

4

Azureストレージサービス

179

✳ 5. 暗号化

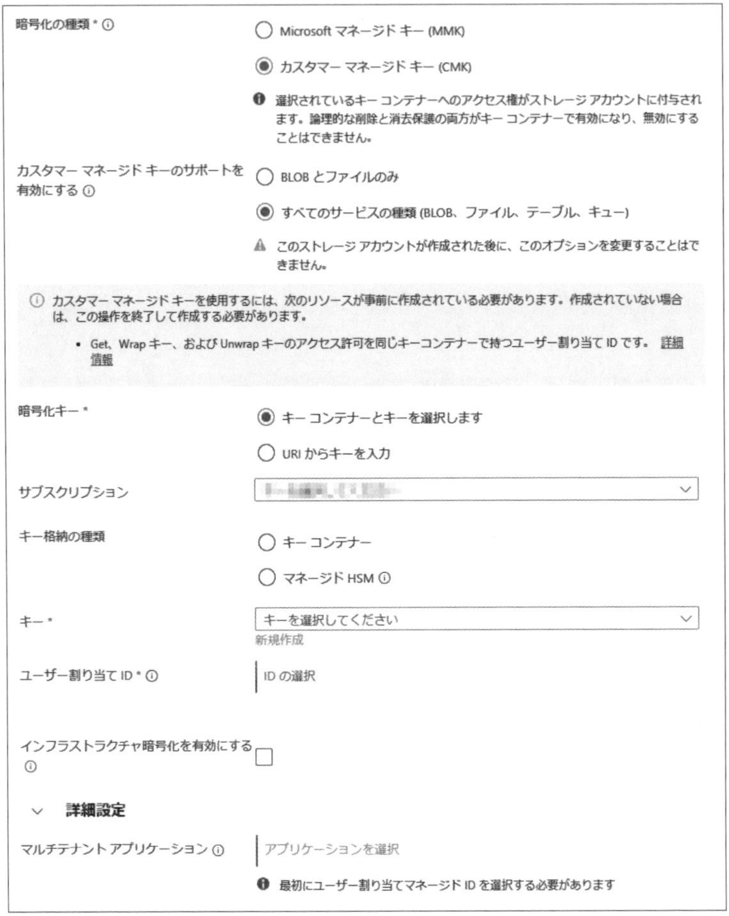

❏ ストレージアカウントの作成：暗号化

◯ **暗号化**

- **暗号化の種類**：ストレージアカウント内のデータは、既定ではマイクロソフトサービスにより管理された、マネージドキーにより暗号化されます。このとき、利用者により作成され、特定のAzure Key VaultやKey Vault HSMに保存されたカスタマーマネージドキーを使うこともできますし、書き込みや読み込み動作の際にそれぞれ指定するユーザー指定のキーを使うこともできます。ここでは、マイクロソフトマネージドキー（MMK）もしくはカスタマーマネージドキー（CMK）の選択を行います。

- **カスタマーマネージドキーのサポートを有効にする**：カスタマーマネージドキーを、BLOBとFiles以外のテーブルやキューにも適用する場合はここを変更します。このオプションはストレージアカウント作成時のみ指定可能であり、これを有効化しても、必ずしもカスタマーマネージドキーを利用する必要はありません。

- **暗号化キー（カスタマーマネージドキーを選択している場合）**：カスタマーマネージドキーを保存するキーコンテナーなどを入力できます。キーコンテナーまたはマネージドHSMと実際のキーを選択するか、直接キーのURLを選択することで指定します。Key VaultなどにアクセスするためのマネージドIDも選択します。

- **インフラストラクチャ暗号化を有効にする**：通常、ストレージアカウントの暗号化はサービスレベルの暗号化により十分に保護されます。これに対してさらにコンプライアンス要件などのために二重の仕組みでの暗号化などが必要な場合、このインフラストラクチャ暗号化を設定し、要件を満たすこともできます。このオプションは、ストレージアカウント作成時のみ指定することができます。

- **マルチテナントアプリケーション**：ストレージアカウントと、カスタマーマネージドキーを保管するサブスクリプションを持つMicrosoft Entraテナントが異なる場合、マルチテナントアプリケーションを利用してキーにアクセスします。ここではその構成を行います。

＊6.タグ

タグは名前と値のペアで、同じタグを複数のリソースやリソースグループに適用することでリソースを分類したり、統合した請求を表示したりできるようにします。タグに関する詳細情報

タグを作成してから別のタブでリソースの設定を変更すると、タグは自動的に更新されることにご注意ください。

名前		値		リソース
▽	：	▽		すべてのリソースが選択され...

❑ ストレージアカウントの作成：タグ

Azureリソースを整理するためのResource Managerタグを作成、指定することができます。

これらの情報をもとにストレージアカウントを作成しますが、ストレージアカウントの作成後に変更することができない設定もいくつかあるので注意してください。

削除されたストレージアカウントの復旧

ストレージアカウントが削除されたのち、復旧が必要になった場合は、以下の条件のもと、削除されたストレージアカウントを復旧することができます。

- ストレージアカウントが過去14日以内に削除された。
- ストレージアカウントは、Azure Resource Manager デプロイモデルを使用して作成されている。
- 元のアカウントが削除されて以来、同じ名前の新しいストレージアカウントが作成されていない。
- ストレージアカウントを復旧するユーザーに適切な権限が付与されている（最低限 Microsoft.Storage/storageAccounts/write アクセス許可を備える Azure RBAC ロールが割り当てられている必要があります）。

削除されたストレージアカウントのリソースグループがない場合は再度作成する必要があります。また、カスタマーマネージドキーが利用されていた場合はキーがあることを確認し、ない場合は復元する必要があります。

以下、実際に復元する際の手順となります。

1. ストレージアカウントの一覧から「復元」ボタンを選択し、「削除されたアカウントの復元」を開きます。

2. 対象のサブスクリプション、ストレージアカウントを選択し、復元します。

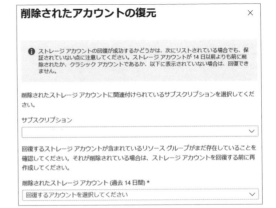

コンテナーの作成と管理

　Azure Blob Storageでは、データはコンテナー内に保存され、整理されます。そのため、データをアップロードする前にコンテナーを作成する必要があります。

　ここでは、コンテナーの作成、管理手法について解説します。

✴ コンテナーの作成

1. コンテナーを作成する際には、作成するコンテナーが配置されるストレージアカウントのナビゲーションウインドウから、「データストレージ」-「コンテナー」を選択します。

❏ コンテナーの作成と
　管理：メニュー

2. 「+コンテナー」ボタンから、新しいコンテナーの作成画面を選び、コンテナーを作成します。このとき、このコンテナー内に保存されるBLOBデータへのパブリックアクセスレベル、暗号化スコープを選択することができます。

❏ コンテナーの作成と管理：作成

4

Azure ストレージサービス

✳ コンテナーのプロパティ

　作成されたコンテナーのプロパティは、コンテナー一覧のその他ボタン「…」
からメニューを開き、「コンテナーのプロパティ」を選ぶことで表示されます。

```
≋  コンテナーのプロパティ

ᘓ  SAS の生成

𝄢  アクセス ポリシー

𝄐  リースの取得

𝄐  リースの解約

🔒  アクセス レベルを変更し
    ます

ⓘ  メタデータの編集

🗑  削除
```

❏ コンテナーのその他メニュー

✳ コンテナーメタデータ

　コンテナーやBLOBなどが増えていく場合、個別のリソースにメタデータを
付与して管理に役立てることができます。

✳ コンテナーとBLOBのアクセス管理

○ **コンテナーへのAzure RBACロールの割り当て**：Microsoft Entra IDのユーザー
　などに対して、ロールベースのアクセス制御（Azure RBAC）を適切に定義するこ
　とで、きめ細やかなアクセス許可を行うことができます。対象となるのは、ユーザ
　ー、グループ、サービスプリンシパル、マネージドIDです。作成したユーザーであ
　っても、Microsoft Entra IDで認可するデータアクセスは自動では付与されません。
　明示的にロールを付与してください。Azureリソースマネージャーによる読み取り
　専用のロックがかかっている場合は、ロールの割り当てが行われません。

○ **共有アクセス署名（SAS）**：ロールベースでのアクセスや、パブリックアクセスを
　持たないクライアントに対してストレージアカウントキーを渡してしまうと、広い
　範囲へのアクセス権限を委譲することになってしまい問題があります。このとき特

184

定のクライアントに対して共有アクセス署名（SAS：Shared Access Signature）を生成することで、一時的なアクセスを付与することができます。SASを使ったアクセスでは特定のSASでどこまでアクセスできるのか、何ができるのか、いつアクセスできるのか（有効期限）などが細かく定義されます。SASについては4-5節「Azure Storageのアクセス制御」で詳しく説明します。

✸ アクセスポリシーまたは不変性ポリシー

アクセスポリシーを定義すると、複数のSASに対して同じポリシーを定義でき、一括で管理することができます。SASの開始日時、有効期限、アクセス許可を一括で変更・管理することができます。

また、不変性ポリシーを定義することで、データが上書きされたり削除されたりすることから保護できます。不変性ポリシーを定義すると、特定の期間、オブジェクトへの変更または削除が禁止されます（作成と読み込みは可能です）。

Blob Storageでは、2種類の不変性ポリシーが定義できます。時間ベースの保持ポリシーでは定義した期間での書き込みと削除が禁止され、保持期間が切れた後は削除が可能となります。訴訟ホールドの場合は、明示的に解除するまでこれらの操作が禁止されます。

❏ アクセスポリシーと不変ストレージポリシー

✸ リースの管理

コンテナー、BLOBの削除/変更に対して、リースを取得することができます。リースされているリソースに対する変更は、リースIDを指定するか、リースを開放しない限りはリースIDを知っているクライアント以外は行うことができません。

コンテナーの場合は削除操作に対してリースが可能となります。

Azure Portalでは期間を指定しない無期限のリースのみを取得、開放することができます。REST APIやAzure CLIの場合は、期限は15秒から60秒、または無期限のリースを取得することができます。

✴ コンテナーの削除

Azure Portalでコンテナーを削除すると、その中のBLOBもすべて削除されます。このため、コンテナーの論理的な削除を有効にすることが推奨されます。

論理的な削除が有効化されているときは、指定された保持期間の間は、コンテナー一覧から「Show deleted containers（削除されたコンテナーを表示）」を選択することで表示できます。

また、削除されたコンテナーの回復をする場合は「削除の取り消し」を選択することで実施することができます。

▶▶▶ 重要ポイント

- ストレージアカウントの作成時には冗長オプションなどを指定することができる。このとき、ストレージ種別により適用できる冗長オプションが異なる。
- コンテナーの作成時にも、同様にBlob Storageのためのオプションを構成することができる。論理的な削除を有効にすること、および不変性ポリシーを有効にすることでデータ保護を行うことができる。

4-3

Azure Blob Storage

ここでは、Azureストレージアカウントのデータサービスのうち、汎用性と利用頻度が最も高いAzure Blob Storageについて詳細に解説します。

BLOB（Binary Large Object）とは、大量のテキストデータに加え画像・動画ファイルなどのバイナリデータや、既存のデータ型で定義できない汎用的なデータ形式の非構造化データを格納するためのデータ型の1つで、データベースのフィールド定義などでも利用されます。

Azure Blob Storageには、BLOBの管理のためのリソースとして以下の3種類の階層が存在します。

○ **ストレージアカウント**：Azure Storageを扱う際の管理単位となり、一意の名前空間を準備します。

○ **ストレージアカウント内のコンテナー**：ファイルシステムのディレクトリ（フォルダー）と同じように、コンテナーを使用してBLOBセットを整理できます。ストレージアカウント内のコンテナー、コンテナー内のBLOBの数の制限はありません。

○ **BLOB**：Blob Storageのコンテナー内に保存されたデータです。

それぞれのリソースには次の図のような関係があります。

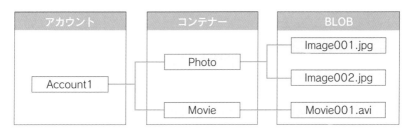

❏ ストレージリソースの関係

Azure Blob Storageでは、以下の3種類のBLOBの種別がサポートされており、この中から形式を選んで使用します。

○ **ブロックBLOB**：テキストとバイナリデータが格納されます。ブロックBLOBは、最大約190.7TiBのデータを格納できます。

○ **追加BLOB**：追加操作用に最適化されたブロックBLOBです。追加BLOBは、仮想マシンのデータのログ記録などのシナリオに最適です。

○ **ページBLOB**：ランダムな読み取りと書き込みの操作をするファイルの格納に適しています。最大8TiBのランダムアクセスファイルを格納できます。ページBLOBは、仮想ハードドライブ（VHD）ファイルを格納し、Azure仮想マシン用のディスクとして機能します。

Azure Blob Storageの容量

Azure Blob Storageに保存できる単一のBLOBの最大サイズはBLOB種別と構成により異なり、ブロックBLOBでは**約190.7TiB**、ページBLOBでは**8TiB**です。また、ストレージアカウントあたりの最大容量は**5PiB**となっていますが、Azureサポートに問い合わせることで最大サイズを増やすこともできます。

Azure Blob Storageへのアクセス

Azure Blob Storageへは、HTTPS経由でアクセスされます。このとき使われるURLは、ストレージアカウント、コンテナー、BLOBのそれぞれの名前空間から生成されます。インターネット経由でのアクセスが可能なので、ビデオや音楽などの配信にも利用できます。

BLOBデータのアクセス層

保存されるデータ、期間、更新頻度とアクセス頻度のバランスによってコストを最適化できるコスト管理オプションとして、**ストレージアクセス層**という概念があります。各種アクセス層は、Standard汎用v2のストレージアカウントで利用できます。

○ **ホットアクセス層**：頻繁に使用されているデータ、または頻繁に読み書きが必要となることが予想されるデータの格納に向いています。ストレージコストは高くなり

ますが、アクセスコストが低くなります。

○ **クールアクセス層**：頻繁には使用しないものの、即座にアクセスできるようにしておきたい古いデータセットや、短期的なバックアップデータなどの保存に向いています。**最低30日間**保存しておくことが必要です。これより早く削除、または別の層に移動すると早期削除料金が加算されます。例えば、BLOBをクールアクセス層に移動させてから21日後に削除した場合は、BLOBをクールアクセス層に9日間（30－21日）保存する料金に相当する早期削除料金が発生します。

○ **コールドアクセス層**：頻繁には使用しないものの、即座にアクセスできるようにしておきたい古いデータセットや、短期的なバックアップデータなどの保存に向いています。**最低90日間**保存しておくことが必要です。クールアクセス層と同様に、これより早く削除、または別の層に移動すると早期削除料金が加算されます。

○ **アーカイブアクセス層**：ほとんどアクセスされない長期バックアップ、セカンダリバックアップ、コンプライアンスやアーカイブデータなどの保管に適しており、**最低180日間**保存しておくことが必要です。これより早く削除、または別の層に移動すると早期削除料金が180日をベースに加算されます。

　アーカイブ層にあるデータはそのままでは読み取りも変更もできません。これを取得する場合はホット、クールなどのオンラインアクセス層に**リハイドレート**（別の層へのコピーまたはアクセス層の変更）を行う必要があります。この操作には完了までに数時間かかることがあります。

❑ ストレージアクセス層の比較

	ホット層	クール層	コールド層	アーカイブ層
可用性	99.9%	99%	99%	99%
可用性（RA-GRS読み取り）	99.99%	99.99%	99.9%	99.9%
利用料金	ストレージコストが高く、アクセスおよびトランザクションコストが安い	ストレージコストが安く、アクセスおよびトランザクションコストが高い	ストレージコストが安く、アクセスおよびトランザクションコストが高い	ストレージコストが最も安く、アクセスおよびトランザクションコストが最も高い
最低推奨データ保持期間	該当なし	30日	90日	180日
待機時間（1バイト目にかかる時間）	ミリ秒	ミリ秒	ミリ秒	数時間
サポートされている冗長構成	すべて	すべて	すべて	LRS、GRS、RA-GRSのみ

クラウド上に保存するデータの注意

Azure Blob Storageを用いてデータ保存をする場合、取り扱うデータの種類、バックアップ頻度、保管期間、保管世代数、暗号化方式、認証・認可などについて企業内外の要件に合致するかを確認し、それに基づいて構成する必要があります。特に個人情報などのデータを取り扱う場合は、法規制や監査の影響を調査することが必要となります。

Azure Blob Storageの操作

ここまではAzure Blob Storageに関する基本的な内容を紹介しましたが、ここからは実際的な操作方法について詳しく見ていきます。

BLOBの作成と管理（Azure Portal）

単純にBLOBにデータを保存する場合には、いくつかの方法があります。ここでは、Azure Portalを利用する方法を紹介します。

✳ BLOBの作成

Azure Portalから簡易的にファイルをアップロードすることで、BLOBを作成することができます。まずはAzure Portalから、目的のストレージアカウントとコンテナーを選択します。

❑ Azure PortalでのBLOBアップロード

　ここで、上部のメニューから「アップロード」を選択することでファイルを直接アップロードすることができます。アップロードしたいファイルをドラッグ＆ドロップなどで指定してアップロードすることができます。

　以下、指定できるオプションの詳細です。

❏ BLOBアップロード設定

○ **BLOBの種類**：利用できるBLOBはブロックBLOB、ページBLOB、追加BLOBです。

○ **.vhdファイルをページBLOBとしてアップロードする（推奨）**：VMなどのVHDファイルをアップロードする場合は、このオプションをオンにしてください。

○ **ブロックサイズ**：ブロックBLOBと追加BLOBでは、1つのブロック当たりのサイズを指定することができます。ブロックBLOBでは、以下のようにサービスバージョンごとに最大のBLOBサイズなどが決められています。

❏ ブロックBLOBの最大サイズ

サービスの バージョン	最大ブロック サイズ（Put Blocks使用）	最大BLOBサイズ （Put Block List使用）	1回の書き込みでの 最大BLOBサイズ （Put BLOB使用）
2019/12/12 以降	4,000MiB	約190.7TiB （4,000MiB × 50,000ブロック）	5,000MiB
2016/05/31～ 2019/07/07	100MiB	約4.75TiB （100MiB × 50,000ブロック）	256MiB
2016/05/31 よりも前	4MiB	約195GiB （4MiB × 50,000ブロック）	64MiB

また、追加BLOBでは、最大4MiB内で異なるサイズにすることができ、最大50,000ブロックを含めることができます。ページBLOBでは、512バイトのページのコレクションとなり、最大サイズは8TiBになります。

○ **アクセス層**：作成されるBLOBのアクセス層を規定できます。

○ **アップロード先のフォルダー**：階層型名前空間が有効な場合、アップロード先のフォルダーを指定できます。フォルダーが指定されていない場合は、ファイルがコンテナーの直下に直接アップロードされます。

○ **BLOBインデックスタグ**：BLOBに付加することで、ストレージアカウント内のデータを分類することができる、BLOBインデックスタグを追加できます。これらのタグには自動的にインデックスが付けられるため、これを活用することでコンテナー内のデータを簡単に見つける（フィルタ処理、検索する）ことができます。

○ **暗号化スコープ**：既定では、ストレージアカウントの暗号化方式は、そのストレージアカウント全体をスコープとするキーで暗号化される方式です。暗号化スコープを利用することで、特定のコンテナー、または個々のBLOBに対して別々のキーを利用することなどができます。暗号化スコープには、ストレージアカウントで事前に定義したものを使います。暗号化スコープは、暗号化のキー管理、およびインフラストラクチャ暗号化について個別に定義することができます。

○ **アイテム保持ポリシー**：バージョンレベルの不変性をコンテナーレベルで有効にしている場合、個別のBLOBに対してアイテム保持ポリシーを定義できます。

✴ BLOBの管理

Azure Portalを利用する場合、コンテナーを選択するか、「ストレージブラウザー」を使うことでコンテナーの中身の確認や、BLOBに対する操作を行うことができます。

❏ ストレージブラウザーの表示

❑ コンテナーの中身の表示

　どちらも、フォルダー階層をたどって中身を確認し、BLOBの検索を行うことができます。また、個別のBLOBを選択することで、以下のようなBLOB操作を行うことができます。

4

Azure ストレージサービス

❑ BLOBの詳細画面

○ **BLOBの概要**：詳細情報を開いた際には、この概要のページが表示されます。各種BLOBに関する情報と、CONTENT-TYPEなどのパラメーターの変更、メタデータやインデックスタグの作成と削除、BLOBのスナップショットとバージョンの削除の取り消しを行うことができます。

CONTENT-TYPEなどのパラメーターは、HTTP/HTTPSでアクセスした際にクライアントに対して通知される情報となるため、特定のContent-Typeなどを返答したい場合はここを変更することが必要です。

○ **バージョン**：ストレージアカウントでバージョンが有効になっている場合、BLOBのバージョンの操作を行うことができます。特定のバージョンに対して、ダウンロード、現在のバージョンへの変更、削除、バージョンSASの生成、URLなどのプロパティの確認、アクセス層の変更、アクセスポリシーの変更を行うことができます。

❏ BLOBのバージョンメニュー

○ **スナップショット**：BLOBについて、ある時点での読み取り専用のコピーを作成することができ、これをスナップショットと呼びます。バージョンに似ていますが、手動での生成、削除が基本であるため、バージョンが利用できない場合などに使用します。バージョンが利用できる場合はバージョンを利用してください。

スナップショットのURLなどの情報の確認、ダウンロード、スナップショットへのデータの置き換え（昇格）、削除、アクセス層の削除などを実施できます。

○ **編集**：BLOBの内容がテキストファイルの場合などは、直接編集することが可能です。

○ **SASの生成**：コンテナーの場合と同様に、特定のBLOBに対するSASを生成することができます。SASを使ったアクセスでは特定のSASでどこまでアクセスできる

のか、何ができるのか、いつアクセスできるのか（有効期限）などを細かく定義できます。SASについては4-5節「Azure Storageのアクセス制御」で詳しく説明します。

- ○ **（アクセス）層の変更**：BLOBのアクセス層を変更できます。
- ○ **リースの取得**：コンテナー、BLOBの削除/変更に対して、リースを取得することができます。リースされているリソースに対する変更は、リースIDを指定するか、リースを開放しない限りはリースIDを知っているクライアント以外は行うことができません。BLOBの場合は、BLOBへの更新、削除操作に対してリースが可能となります。Azure Portalでは期間を指定しない無期限のリースのみを取得、開放することができ、REST APIやAzure CLIの場合、期限は15秒から60秒、または無期限のリースを取得することができます。
- ○ **BLOBの削除**：Azure PortalでBLOBを削除すると、バージョンやスナップショットもすべて削除されます。このため、BLOBの論理的な削除を有効にすることが推奨されます。論理的な削除が有効化されているときは、指定された保持期間の間は、コンテナー内のBLOB一覧から「Show deleted Blobs（削除されたBlobを表示）」を選択することで表示できます。また、削除されたBLOBの回復をする場合は「削除の取り消し」を選択することで実施できます。

BLOBの作成と管理（PowerShell）

PowerShellを利用してBLOBの操作を行う場合は、コマンドレットから一部の詳細な操作を行うことが可能です。例えば、期限付きのリースを取得するときなどはPowerShellやCLIを使った管理が必要となります。

PowerShellで操作をする場合は、Az PowerShellモジュールが必要となります。WindowsでAz PowerShellモジュールを利用する場合は、PowerShellバージョン7以降を利用するか、PowerShellギャラリーからインストールする必要があります。

`PowerShell` PowerShellバージョンの確認方法

```
$PSVersionTable.PSVersion
```

`PowerShell` Az PowerShellモジュールのインストールの確認

```
Get-Module-Name Az-ListAvailable
```

PowerShell Az PowerShellモジュールのインストール

```
Install-Module -Name Az -RepositoryPSGallery -Force
```

※Execution Policyを変更する必要がある場合があります。

✳ 資格情報をコンテキストオブジェクトとして構成する

Azure Storageへの操作をPowerShellから行う際には、操作が認証され、承認される必要があります。このときにはMicrosoft Entra IDの資格情報、またはアカウントアクセスキーを利用して認証、承認を行います。

まず、Microsoft Entra IDアカウントを利用してAzureにサインインします。

PowerShell

```
Connect-AzAccount
```

資格情報を入力した後は、既定のサブスクリプションでAzureコンテキストが自動的に作成されます。既定のサブスクリプション以外に接続する場合は、コンテキストを変更する必要があります。このためには、Get-AzSubscriptionでサブスクリプションを取得し、Set-AzContextを利用してコンテキストを変更します。

PowerShell

```
Set-AzContext -Subscription <subscription name or id>
```

サブスクリプションが決定後、New-AzStorageContextコマンドレットでコンテキストを作成し、接続先のストレージアカウントをセットます。

PowerShell

```
$ctx = New-AzStorageContext `
  -StorageAccountName <storage account name> -UseConnectedAccount
```

コンテキストの設定後、各コマンドレットで操作を実施します。以下、主な操作のためのコマンドレットの例を列挙します。それぞれのコマンドレットの詳細やさらなるオプションについては、各コマンドレットのヘルプなどを参照してください。以下の例では、コンテキストは$ctx変数で表しています。

✱ コンテナーの作成

コンテナーを新規作成する場合は以下のようにします。

PowerShell

```
New-AzStorageContainer -Name <container name> -Context $ctx
```

✱ Blobのアップロード

ここではブロックBLOBへのアップロードを例として紹介します。単一ファイルのアップロード例は以下のとおりです。

PowerShell

```
Set-AzStorageBlobContent -File <file path and name> `
  -Container <container name> -Context$ctx
```

複数ファイルのアップロードは以下のとおりです。ここでは、特定のパスのディレクトリとそのサブディレクトリ内のすべてのファイルをアップロードします。

PowerShell

```
Get-ChildItem -Path <file path> -Recurse | `
  Set-AzStorageBlobContent -Container <container name> -Context $ctx
```

✱ Blobの一覧表示

Get-AzStorageBlobコマンドレットにより、コンテナー内のBLOBを検索し、一覧表示することができます。-Containerオプションのみを指定すれば、コンテナー内のすべてのBLOBを表示できます。

PowerShell

```
Get-AzStorageBlob -Container <container name> -Context $ctx
```

以下の表に、その他の代表的なオプションを示します。

❑ Get-AzStorageBlobコマンドレットの主なオプション

オプション	説明
–Blob	BLOB名、またはワイルドカードを含んだ名前のパターンを指定し、フィルタをかけます。
–Prefix	取得するBLOB名のプレフィックスを指定します。
–MaxCount	1回で返す結果の最大数を指定します。
–ContinuationToken	MaxCountで指定した値などからさらに先の数の結果をとるときに使います。結果を分割して複数のバッチとしてページ処理をするときなどに利用できます。
–TagCondition	Tagを条件としてフィルタをかける場合に使用します。
–IncludeVersion	BLOBバージョンを含んだ結果を返します。
–InculdeDeleted	削除されたBLOBを結果に含める場合に使用します。

✳ Blobのダウンロード

Get-AzStorageBlobContentコマンドレットを利用して、BLOBのダウンロードが可能です。単一BLOBのダウンロードは以下のとおりです。

PowerShell

```
Get-AzStorageBlobContent -Container <container name> -Blob<blob name> `
  -Destination <local path> -Context $ctx
```

複数BLOBのダウンロードの際には、Get-AzStorageBlobとパイプをつなげることで実現します。

PowerShell

```
Get-AzStorageBlob -Container <container name> `
  -Blob <filter to get blob list> -Context $ctx | Get-AzStorageBlobContent
```

ここで、<filter to get blob list>は、「*jpg」などのフィルタリングのための文字列です。同様に他のオプションでフィルタリングされた結果のBLOBもダウンロードできます。

✳ BLOBプロパティおよびメタデータの読み取り

BLOBプロパティおよびメタデータを読み取る際には、Get-AzStorageBlobコマンドレットで取得したBLOBデータ内から、BlobClient.GetPropertiesメソッドで取得します。以下に例を示します。

PowerShell

```
$blob = Get-AzStorageBlob -Blob<blob name> -Container<container name> `
 -Context $ctx
$properties = $blob.BlobClient.GetProperties()
Echo $properties.Value
Echo $properties.Value.Metadata
```

✳ BLOBメタデータの読み取りと書き込み

　メタデータの書き込みの際には BlobClient.UpdateMetadata メソッドを使用し、IDictionary オブジェクト形式に格納されたデータを書き込みます。

　まずは以下のように IDictionary オブジェクトを作成します。

PowerShell

```
$metadata = New-ObjectSystem.Collections.Generic.Dictionary"[String,String]"
$metadata.Add("key1","data1")
$metadata.Add("key2","data2")
$metadata.Add("key3","data3")
```

　次に、特定の BLOB に対してメタデータを書き込みます。

PowerShell

```
$blob = Get-AzStorageBlob -Blob <blob name> `
 -Container <container name> -Context $ctx
$blob.BlobClient.SetMetadata($metadata, $null)
```

✳ BLOBのコピー

　ストレージアカウント内でBLOBをコピーする場合は、Copy-AzStorageBlog コマンドレットを使用できます。ストレージアカウント間では AzCopy などのツールを使用してください。

PowerShell

```
Copy-AzStorageBlob -SrcContainer <source container name> `
 -SrcBlob<source blob name>`
 -DestContainer<destination container name> `
 -DestBlob $(<destination blob name>) -Context $ctx
```

4

Azure ストレージサービス

✳ スナップショットの作成

BLOBのスナップショットを取得する場合は以下のとおりです。BLOBを取得し、BlobClient.CreateSnapshotメソッドを実行します。

`PowerShell`

```
$blob = Get-AzStorageBlob -Container <container name> `
  -Blob<blob name> -Context $ctx
$blob.BlobClient.CreateSnapshot()
```

✳ アクセス層の変更

BLOBを取得し、これに対してBlobClient.SetAccessTierメソッドを実行することでアクセス層を変更することができます。

`PowerShell`

```
$blobs = Get-AzStorageBlob -Container <container name> -Context $ctx
Foreach($blob in $blobs) {
  $blob.BlobClient.SetAccessTier(<Hot|Cool|Archive>)
}
```

✳ BLOBインデックスタグの操作

BLOBインデックスタグを利用すると、データの分類、管理、検出が容易になります。以下の例ではハッシュテーブルを作成し、その内容をインデックスタグとして保存します。

`PowerShell`

```
$tags = @{}
$tags.Add("tag1", "data1")
$tags.Add("tag2", "data2")
Set-AzStorageBlobTag -Container <container name> `
  -Blob <blob name> -Tag $tags -Context $ctx
```

✳ BLOBの削除

BLOBの削除にはRemove-AzStorageBlobを利用します。

`PowerShell`

```
Remove-AzStorageBlob `
  -Blob <blob name> -Container <container name> -Context $ctx
```

✳ BLOBの削除からの復元

削除されたBLOBを復帰したい場合は、BLOBの論理的な削除が有効化されている前提で、以下のように削除済みのBLOBを取得し、復帰を実行します。

`PowerShell`

```
Get-AzStorageBlob -Container <container name> -Blob <blob name> `
  -IncludeDeleted -Context $ctx | Copy-AzStorageBlob `
  -DestContainer <container name> -DestBlob <destination blob>
```

バージョン管理されたBLOBの場合は、削除されたBLOBの中で最新のバージョンを取得し、それを復元する必要があります。

BLOBデータのアクセス権の管理

BLOBに対するアクセス権の設定方法には、Microsoft Entra IDのユーザーに対するAzure RBACによるアクセス権の承認、共有キーによる承認、Shared Access Signatureによる承認、匿名読み取りアクセスなどがあります。

これらのアクセス権は、同じBLOBに対して複数の手段を構成することができますが、セキュリティに留意して必要最低限のアクセス権を設定することが必要です。詳細については4-5節「Azure Storageのアクセス制御」を参照してください。

BLOBデータのセキュリティ保護

BLOBデータを流出や破壊、紛失などの問題から防ぐために、ストレージの暗号化やセキュリティ機能の有効化を正しく行うことが推奨されます。

✳ BLOBデータの暗号化

ブロックBLOB、追加BLOB、ページBLOBは、既定でAzure Storage暗号化によって暗号化されています。特定のBLOBの暗号化状態は、各BLOBの「暗号化されたサーバー」プロパティを見ることで確認できます。

また、BLOBデータを暗号化する方式は、ストレージアカウントレベルでマイクロソフトマネージドキー、カスタマーマネージドキーを選択している場合は、ストレージアカウントの情報として確認することができます。

❏ 暗号化の確認

✳ 暗号化スコープの管理

既定では、ストレージアカウントの暗号化方式はそのストレージアカウント全体をスコープとするキーで暗号化されます。暗号化スコープを利用することで、特定のコンテナー、または個々のBLOBに対して別々のキーを利用することなどができます。暗号化スコープは、ストレージアカウントで事前に定義したものを使います。暗号化スコープは、暗号化のキー管理、およびインフラストラクチャ暗号化について個別に定義することができます。

次の画面は、Azure Portalにて暗号化スコープを定義する例です。

❏ 暗号化スコープの作成

ストレージアカウントの「セキュリティとネットワーク」で「暗号化」を選択し、その後「暗号化スコープ」タブを選択します。ここで「＋追加」をクリックし、暗号化スコープ名、暗号化の種類とキー、インフラストラクチャ暗号化の有効/

無効を指定し、スコープタグを作成します。

　暗号化スコープを持つコンテナーを作成する場合は、「新しいコンテナー」メニューの「詳細」から指定することができます。また、「コンテナー内のすべてのBLOBにこの暗号化スコープを使用する」をチェックすることで、配下のBLOBで別の暗号化スコープによってこの設定が上書きされることを防ぐことができます。

　暗号化スコープを指定してBLOBをアップロードすることもできます。Azure Portalの場合、BLOBのアップロードのメニューから、「既存のスコープを選択する」で目的の暗号化スコープを指定します。

✳ インフラストラクチャ暗号化

　ストレージアカウントでの設定と同様に、暗号化スコープを利用してインフラストラクチャ暗号化を有効化することで、二重の暗号化をBLOBに対して施すことができます。

　通常のAzure Storageの暗号化では256ビットAES暗号化を行っており、FIPS 140-2に準拠しているため、多くの場合問題なく利用できます。ただし、何らかのレギュレーションなどで、暗号化アルゴリズムまたはキーの問題が発生した際の追加の保護を求められている場合は、さらに別の暗号化アルゴリズムやキーを使って二重暗号化を施すことができます。

　インフラストラクチャ暗号化はマイクロソフトマネージドキーで実施され、サービスレベルの暗号化とは別のキーで暗号化されます。

✳ クライアント側暗号化

　さらに、.Net用Azure Blob Storageクライアントライブラリを使ったアプリケーションを作成する場合は、ストレージ暗号化とは別のキーを利用して、アップロード時、ダウンロード時に暗号化と解除を個別に行うこともできます。

▌BLOBのネットワークセキュリティ

　Azure Blob Storageはインターネットを通じてサービスを提供するため、通信路に対するセキュリティは重要な要素となります。特定のネットワークから通信を許可する、通信路の暗号化を強制するなどの方法でセキュリティを担保することが必要です。

✴ セキュリティで保護された通信

BLOBなどでは、HTTPまたはHTTPSでの通信を許可することが可能ですが、ストレージアカウントで「安全な転送が必要」のプロパティを有効化することで、Azure Storage REST API操作の呼び出しをすべてHTTPS経由に強制することができます。また、本プロパティは新規作成されたストレージアカウントでは既定で有効になります。

この設定は、Azure FilesへのSMB要求に対しても有効です。暗号化なしのSMBプロトコルの接続はできなくなります。ただし、NFSが有効な場合、セキュリティで保護されていないNFS 3.0は接続できてしまいます。

✴ Azure Storageファイアウォール、サービスエンドポイント、プライベートエンドポイント

Azure Storageでは、ネットワークレベルの保護も準備されています。

ネットワークルールを構成すると、特定のネットワークやAzureリソースからの接続のみをストレージアカウントにアクセスできるように構成できます。ルールでは、特定のIPアドレス、IPアドレス範囲、Azure仮想ネットワーク（VNet）内のサブネット、または一部のAzureサービスから発信された要求を選択し、制限することができます。

✴ 仮想ネットワーク（VNet）サービスエンドポイント

仮想ネットワーク（VNet）サービスエンドポイントでは、ストレージアカウントはVNet内のプライベートIPアドレスを持たず、パブリックエンドポイントの状態のままですが、VNet内のリソースはパブリックIPアドレスを必要とせずに、Azureのバックボーンネットワーク上で最適化されたルートを通じてストレージアカウントへアクセスすることができます。

サービスエンドポイントを作成し、Azure Storageファイアウォールを構成することで、特定のVNetやサブネットからのアクセスや、特定のインターネット上のIPアドレスからのアクセスのみを許可することができます。

サービスエンドポイントのIPアドレスは変化するため、クライアントからのアクセスの際にはIPアドレスを固定して接続することはしないでください。また、DNSレコードの有効期限（TTL）をオーバーライドしてしまうと、変化したIPアドレスへの追従ができなくなるため、行わないようにしてください。

✱ プライベートエンドポイントと仮想ネットワーク

Azure Storageでは、通常、アクセス経路となるインターネット上のパブリックエンドポイントとは別に、仮想ネットワーク内にプライベートエンドポイントを持つことができます。

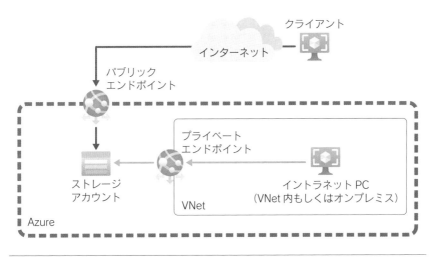

❏ プライベートエンドポイント

プライベートエンドポイントの場合も、Azure Storageファイアウォールを構成することでパブリックアクセスを制限し、VNet内のサブネットからのアクセスのみに制御することができます。

Azure Storageファイアウォールのルールは、パブリックエンドポイントのみに適用されます。プライベートエンドポイントへのアクセスについては、接続されたサブネットからのアクセスは暗黙的に許可されます。プライベートエンドポイントへのアクセスの制限は、ネットワークポリシーを有効にし、ネットワークセキュリティグループやルーティング設定によって行う必要があります。

✱ ネットワークルールとサービスエンドポイントの操作

ネットワークアクセスルールを変更する場合は、以下のように行います。

❏ ネットワークルールの操作

Azure Portal上のストレージアカウントの画面から、「セキュリティとネットワーク」内の「ネットワーク」の設定を開きます。

パブリックネットワークアクセスを制御する場合、「選択した仮想ネットワークとIPアドレスから有効」を選択し、「ファイアウォール」のルールで許可するアドレス帯を追加します。「無効」を選択することで、仮想ネットワークからのアクセスのみを許可することができます。

仮想ネットワークを制御する場合、「＋既存の仮想ネットワークを追加する」か、または新しい仮想ネットワークを追加し、対象のサブネットを登録することで、サービスエンドポイントが作成されます。

Azure Portalからだと、同じMicrosoft Entraテナントに紐づいたサブスクリプションに対してのみ操作が可能ですが、PowerShell、Azure CLI、REST APIであれば異なるMicrosoft Entra ID上のサブスクリプション内の仮想ネットワ

ークへもサービスエンドポイントを作ることができます。

　また、リージョンをまたがる(リージョン間)のサービスエンドポイントを作成することも可能です。リージョンをまたがったストレージアカウントアクセスも、マイクロソフト内のネットワークを利用することができます。

　ローカルとリージョン間のサービスエンドポイントは、現在のところ共存することはできません。

　仮想ネットワーク以外の特定のAzureサービスからのアクセスを許可する場合、同じ設定内の「リソースインスタンス」を構成します。

❏ リソースからのアクセス

　この設定により特定のサービスからのアクセス許可を行うことができます。

　一部の「信頼されたサービスの一覧」に含まれるサービスのリソースは、「同じサブスクリプション内」のストレージアカウントに対するアクセス権を例外的に与えることができます。

　また、プライベートエンドポイントを作成する場合は、「プライベートエンドポイント接続」のタブから、名前、VNetやサブネット、名前解決方法などを選んで作成することができます。

＊トランスポート層セキュリティ(TLS)

　Azure Storageでは、クライアントとの間の通信は、TLSを使用して暗号化することができます(HTTP接続のときなどを除く)。現在、TLS 1.0/1.1/1.2で接続が可能となっていますが、1.0や1.1ではセキュリティ面の問題をはらんでいる場合があります。そのため、特定のバージョン以下のTLS接続を拒否するように設定することができます。

　この設定を行う前には、現在接続してきているクライアントやサービスが古いバージョンで接続していないかを、診断ログなどを利用して確認しておくこ

とが重要です。重要なサービスが古いバージョンで接続している場合は、この設定を行うことでサービス停止を招く可能性があります。

　設定を行う際には、Azure Portal上で目的のストレージアカウントのメニューから、「設定」-「構成」-「TLSの最小バージョン」を構成してください。

❏ TLSの最小バージョン

✴ ネットワークルーティング

　パブリックエンドポイントへのクライアントからのルーティングを、Microsoftグローバルネットワークを優先したルーティングと、インターネットを通ることを優先したルーティングとで変更することができます。この設定は、ストレージアカウントの設定のうち、「セキュリティとネットワーク」-「ネットワーク」の設定画面から行います。

❏ ルーティング設定

「ルート固有のエンドポイント」を作成することで、ここで設定したルーティングとは別のルーティングをするためのエンドポイントのURLを作成することも可能です。これは設定後、「設定」-「エンドポイント」から確認できます。

❏ ルート固有のエンドポイント

Microsoft Defender for Storage

Microsoft Defender for Storageは、マイクロソフトのセキュリティに関する知識、機能を活用し、ストレージアカウントへの脅威を検出して軽減するためのセキュリティ追加機能です。Microsoft脅威インテリジェンス、Microsoft Defenderマルウェア対策テクノロジー、機密データ検出などを活用し、ストレージアカウントを保護します。

Microsoft Defender for Storageをオンにすることで、「悪意のあるファイルのアップロード」「機密データの流出」「データの破損」を防ぐことができます。

Microsoft Defender for Storageには以下の機能があります。なお、機密データの脅威検出は、2024年4月時点でプレビュー機能となり、機密データの脅威検出と、マルウェアスキャン機能は新しいプランの場合にのみ適用されます。

○ アクティビティ監視
○ 機密データの脅威検出（プレビュー機能／新しいプランのみ）
○ マルウェアスキャン（新しいプランのみ）

現在一般提供されている「アクティビティ監視」では、保護されたストレージアカウントのデータおよびコントロールプレーンのログを継続的に分析することで、例えば悪意のあるIPアドレス、Torからのアクセス、潜在的に危険なアプリケーションからのアクセスなどの危険を検知します。

また、統計および機械学習の手法により、アクティビティにおける異常行動を見つけ出します。

✳ 有効化

Defender for Storageはサブスクリプション単位で有効化します。Azure Portalを使った有効化の方法は以下のとおりです。

1. Azure Portalから、「Microsoft Defender for Cloud」に移動し、「管理」セクションの「環境設定」を開きます。
2. サブスクリプションを階層的に開き、ここで目的のサブスクリプションを選択します。
3. プランの一覧が表示されるので、「ストレージ」の「状態」を「オン」にして保存します。

❏ Defender for Cloud有効化

特定の範囲に対して一元的に有効化させる場合は、Azureポリシーやテンプレートを使用します。

また、特定のストレージアカウントに対してDefender for Cloudを例外的に無効化することもできます（サブスクリプション設定のオーバーライド）。この場合は、ストレージアカウント設定の「セキュリティとネットワーク」セクション中の「Defender for Cloud」の画面内の「設定」から行ってください。

▌ BLOBデータの保護

コンテナーやBLOBを脅威から保護する機能を見てきましたが、次にそれらのデータを、誤操作などによる不用意な削除、上書きなどから保護するための機能を見ていきます。

✳ ストレージアカウントのロック

ストレージアカウントレベルで誤って削除することがないように、ストレージアカウント全体にロックをかけることができます。このロックは、ストレージアカウント内のBLOBデータの削除には対応せず、あくまでストレージアカウント全体の削除、もしくは削除と設定の変更を禁止する機能となります。

Azure Portalで操作する場合は、ストレージアカウントの「設定」セクションの「ロック」設定を開き、ロックの追加を行います。

❏ ストレージアカウントのロック

✳ コンテナーの論理的な削除

ストレージアカウントに対してコンテナーの論理的な削除が有効になっている場合、指定した期間は削除されたコンテナーを復旧することができます。

作成時ではなく、後からコンテナーの論理的な削除を有効化する場合、Azure Portalでは以下のように設定します。

ストレージアカウントの設定のうち「データ管理」セクションの「データ保護」設定を開きます。ここで、「コンテナーの論理的な削除を有効にする」を設定し、保護期間として1日から365日の日付を入力します。マイクロソフトでは、7日以上で有効化することを推奨しています。

❏ コンテナーの論理的な削除

＊ BLOBのバージョン管理

　BLOBのバージョン管理を有効にすると、作成したタイミング、および変更したタイミングの状態がバージョンとして保持されます。これにより、変更または削除されたデータなどを復元することができます。

　ストレージアカウントを作成後、その中のBLOBのバージョン管理設定を変更する場合は、ストレージアカウント設定の「データ管理」セクションの「データ保護」設定を開きます。

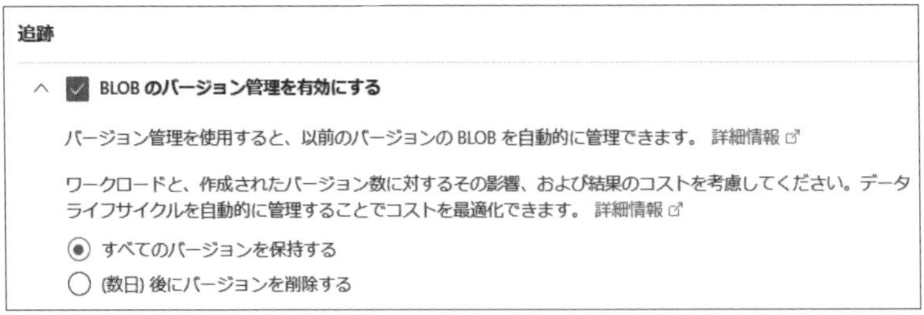

❏ BLOBのバージョン管理の変更

　ここで、BLOBのバージョン管理を有効、無効にし、古いバージョンの削除までの日数を指定します。変更が頻繁に発生するBLOBに対してすべてのバージョンを保持する場合、コスト面の問題が発生する可能性があります。この場合は、適切な期間が経過した後にバージョンを削除するようにしてください。

✳ BLOBの論理的な削除

　BLOBの論理的な削除を有効化すると、指定された保持期間（1 ～ 365日）の間はBLOB内のデータを削除したとしても物理的に維持されます。これにより、BLOB、スナップショット、またはバージョンは誤った削除から保護されます。

　設定はストレージアカウントに対して行います。作成済みのストレージアカウントに対して設定する場合は、ストレージアカウント設定の「データ管理」セクションの「データ保護」設定を開きます。

❏ BLOBの論理的な削除の変更

　ここで論理的な削除を有効化し、保持する日程を設定してください。

✳ 削除されたBLOBの復旧

　削除されたBLOBの復旧は、バージョン管理が有効になっているかどうかで異なります。

　有効になっていない場合は、Azure Portalのコンテナーの「概要」ページに一覧表示されたBLOBの画面で「削除されたBlobを表示」のスイッチをオンにします。こうすることで削除されたBLOBのうち復旧可能なものが表示され、「削除の取り消し」ボタンで復旧できます。このとき、削除されたスナップショットも同時に復旧されます。

　バージョン管理が有効になっている場合は、「削除の取り消し」をする前に、削除されたBLOBの中の「バージョン」タブから、現在のバージョンにするバージョンを選択し、「現在のバージョンに変更する」を選択します。「削除の取り消し」では、削除されたバージョンとスナップショットが復旧され、BLOBそのものの削除は取り消されません。

❏ 削除されたBLOBの一覧

❏ バージョン管理が有効でない場合の復旧

❏ バージョン管理が有効な場合の復旧

階層型名前空間が有効な場合は、削除されたディレクトリも復旧することができます。削除された、もしくは名前が変更されたディレクトリ内の削除されたBLOBを表示することがAzure Portal上でできないため、まずはディレクトリを復旧するか、同じ名前のディレクトリを別に作成する必要があります。

✳ ポイントインタイムリストア

ポイントインタイムリストアを有効化することで、特定の日付の範囲において、コンテナーやBLOBの状態を、特定のタイミングの状態（復元ポイント）に復元することができます。

ストレージアカウントの設定において、「データ管理」セクションの「データ保護」メニューから、「コンテナーのポイントインタイムリストアを有効にする」をオンにし、復元可能な日数を選択します。この日数は、BLOBの論理的な削除の保有期間よりも1日以上短くする必要があります。

ポイントインタイムリストアを有効にした場合、「BLOBの論理的な削除」「変更フィード」「BLOBのバージョン管理」を有効にする必要があります。

❏ ポイントインタイムリストア設定

✳ ポイントインタイムリストアの実行

Azure Portalで復元を実施する場合、ストレージアカウントのコンテナー一覧の上部ツールメニュー「コンテナーを復元する」を使用します。すべてのコンテナーを復元する場合は「すべてを復元する」を選択し、一部を復元する場合は「選択範囲を復元する」を選択します。

ロールバックのタイミングを選択して復元しますが、選択したコンテナーを復元する場合、範囲指定をすることで復元対象をある程度指定することができます。

復元対象は辞書順で、ディレクトリを含めて指定できます。

❏ ポイントインタイムリストアの実行

＊ **変更フィード**

変更フィードを有効化することで、BLOBに対して行われる変更のトランザクションログが生成され、「$blobchangefeed」コンテナーに保存されます。これを利用することで、変更を契機とした動作を行うアプリケーションなどを作成することができます。

変更フィードも、ストレージアカウントの「データ管理」セクションの「データ保護」設定画面から、「BLOBの変更フィードを有効にする」設定により有効にすることができます。

＊ **不変ストレージと不変性ポリシー**

不変性ポリシーを定義することで、データを上書きや削除から保護することができます。不変性ポリシーを定義すると、特定の期間、オブジェクトへの変更または削除が禁止されます（作成と読み込みは可能です）。

Blob Storageでは、2種類の不変性ポリシーが、2種類のスコープに対して定義できます。ポリシーを定義したBLOBでは、特定の操作が禁止され、改変や削除からデータを守ることができます。

不変性ポリシーは、Network File System（NFS）3.0プロトコルもしくはSSHファイル転送プロトコル（SFTP）が有効なストレージアカウントでは有効化できません。

　また、ストレージアカウント、またはコンテナーでバージョンレベルの不変性が有効になっている場合、ポイントインタイムリストアはサポートされません。

○ **時間ベースのアイテム保持ポリシー**：指定した期間、オブジェクトの作成と読み取りは可能ですが、変更または削除はできません。保持期間経過後、削除は可能となります。詳細はスコープによって異なります。

○ **訴訟ホールドポリシー**：期間ではなく、ポリシーが適用されている間は不変性が適用され、変更に対する制限が付きます。手動で解除しない限りスコープに対して有効です。

○ **バージョンレベルのスコープ**：バージョンレベルの不変性のサポートがストレージアカウントもしくはコンテナーで有効な場合、バージョンレベルのスコープでポリシーを作成することができます。この場合、基本的にバージョンに対して不変性が適用されます。

○ **コンテナーレベルのスコープ**：バージョンレベルの不変性のサポートが有効でない場合は、コンテナーをスコープとして不変性ポリシーを作成することになります。この場合、1つの不変性ポリシーと1つの訴訟ホールドポリシーをサポートします。ポリシーはコンテナー内のすべてのオブジェクトに適用されます。

　次の2つの表は、各ポリシーとスコープでの動作の概要です。時間ベースの保持ポリシーの場合、期限内か期限切れかで動作が異なります。

❏ バージョンレベルのスコープの場合

シナリオ	保護
期間内の保持ポリシー、または訴訟ホールド	・**BLOB**：バージョン削除禁止、メタデータ書き込み禁止、上書き時にはバージョン作成される ・**コンテナー**：1つ以上BLOBがある場合削除できない ・**ストレージアカウント**：ポリシーが有効になっているコンテナーがあるか、アカウントに対して有効な場合削除禁止
期限切れの保持ポリシーのみ	・**BLOB**：バージョン削除可能。メタデータ書き込み禁止、上書き時にはバージョン作成される ・**コンテナー**：1つ以上BLOBがある場合削除できない ・**ストレージアカウント**：ポリシーが有効になっているコンテナーがあるか、アカウントに対して有効な場合削除禁止（ロック解除時は保護されない）

❏ コンテナーレベルのスコープの場合

シナリオ	保護
期間内の保持ポリシー、または訴訟ホールド	・**BLOB**：コンテンツとメタデータ変更禁止、削除禁止 ・**コンテナー**：削除は失敗する ・**ストレージアカウント**：1つ以上BLOBがある場合削除禁止
期限切れの保持ポリシーのみ	・**BLOB**：上書きのみ禁止 ・**コンテナー**：1つ以上BLOBがある場合削除できない ・**ストレージアカウント**：ポリシーが有効になっているコンテナーがある場合削除禁止（ロック解除時は保護されない）

　すべてのアクセス層は不変ストレージをサポートしています。また、すべての冗長構成で不変ストレージがサポートされます。

　時間ベースのアイテム保持ポリシーはロック状態にすることができます。ロック解除状態ではポリシーの変更や削除が行えます。十分にテストしたのち、ロック状態とすることで各種法令に対応可能な状態となります。

✳ 不変性ポリシーの有効化

　Azure Portal上で不変性ポリシーの有効化を行う場合は以下のようにします。

　まず、ストレージアカウントレベルでのバージョンレベルの不変性のサポートは、ストレージアカウントの作成時に有効化する必要があります。コンテナーレベルでは、コンテナーの作成時に有効化できます。既存のコンテナーで有効化する場合は、コンテナーの移行を行う必要があり、これには時間がかかる場合があります。

　移行の際には、新しく時間ベースの保持ポリシーを作成する際に有効化することで移行が開始されます。

❏ 既存コンテナーでの移行

コンテナーに対して不変性ポリシーを追加する場合は、コンテナーの設定にて、「設定」セクションの「アクセスポリシー」設定画面から、「＋ポリシーの追加」を選択します。ここで、ポリシーの種類、保持期間の設定を行い、ポリシーを作成します。

❏ 不変性ポリシーの作成

作成されたポリシーは、ロックされていなければ削除、編集、ロックを実施できます。ポリシー一覧の「…」から操作可能です。

❏ 不変性ポリシーの操作

冗長性とフェイルオーバーの管理

ここでは、ストレージアカウントの冗長性に関する操作方法について説明します。

✳ 冗長オプション（レプリケーション方式）の変更
ストレージアカウントの冗長オプションは、一定の制限のもと、別の冗長オプションに変更することが可能です。変更元と変更先の冗長オプションによりとれる手段が異なりますが、以下の方式の中から手段を選択します。

① Azure Portal、Azure PowerShell、Azure CLIを使用して、セカンダリリージョンへのgeoレプリケーションや読み取りアクセスの追加、または削除などの「設定変更」を行います。

② ゾーン冗長を追加、削除するために「変換」を実施します。Azure Portalで変換を開始するか、サポートリクエストにより変換を実施します。

③ 上記2つのオプションが使えない場合、または移行を細かく制御したい場合には、手動移行を実施することになります。

　次の表は、変更元、変更先による上記手段の適用パターンをまとめたものです。

❑ 冗長オプション変更手段の適用パターン

	先：LRS	先：GRS/RA-GRS	先：ZRS	先：GZRS/RA-GZRS
元：LRS		①設定変更	②変換	①GRS/RA-GRSに切り変え後、②GZRS/RA-GZRSへ変換
元：GRS/RA-GRS	①設定変更		①LRSに切り替え後、②ZRSに変換	②変換
元：ZRS	②変換	①GZRS/RA-GZRSに切り替え後②GRS/RA-GRSへ変換		①設定変更
元：GZRS/RA-GZRS	①ZRSに切り替え後、②LRSへ変換	②変換	①設定変更	

　実際の操作は以下のとおりです。

① **レプリケーション設定の変更**：Azure Portalからレプリケーション設定変更を行う場合は、ストレージアカウントの設定から「データ管理」セクションの「冗長化」の設定を開き、レプリケーション設定を変更します。

② **変換**：顧客が変換を実施する場合、手順は「レプリケーション設定の変更」と同様です。ただし、ストレージアカウントの「冗長性」の設定の中で、変換の状況を確認することができます。または、マイクロソフト側で変換を実施するために、サポートリクエストを作成してください。

③ **手動移行**：新しいストレージを作成し、AzCopyなどのツールを使うといった手
法で手動でデータのコピー、移行を実施します。

　冗長オプションの変更時には、移行先リージョンの冗長オプションのサポート
状況や、ストレージの種類による移行方式のサポートの違いを確認し、計画
的に実施する必要があります。

✴ストレージアカウントのフェイルオーバー

　Geo冗長ストレージを利用したストレージアカウントの場合、プライマリエ
ンドポイントが利用できなくなった際にはストレージアカウントのフェイルオ
ーバーをすることでサービスを継続できます。

　セカンダリエンドポイントがプライマリエンドポイントとなり、書き込みも
フェイルオーバー先の新しいプライマリリージョンに行われるようになりま
す。

✴データ損失と最終同期時刻

　Geo冗長では非同期にレプリケーションが行われているため、あるタイミン
グですべてのデータがセカンダリリージョンのストレージにレプリケートされ
ているとは限りません。この状態でフェイルオーバーを実施すると、最終同期
時刻以降のデータは失われます（セカンダリがプライマリとして動作し、プラ
イマリはGeo冗長から外れ、ローカル冗長として構成されます）。

　このため、必要な場合は最終同期時刻を確認し、ストレージのログなどがあ
る場合はどこまで書き込まれているかを明確にし、損失したデータを特定する
ようにしてください。最終同期時刻プロパティはPowerShellかAzure CLIで取
得することになります。以下にPowerShellで取得する例を示します。

`PowerShell`

```
$lastSyncTime = `
  $(Get-AzStorageAccount -ResourceGroupName <resource-group> `
    -Name <storage-account> `
    -IncludeGeoReplicationStats).GeoReplicationStats.LastSyncTime
```

✳ フェイルオーバー操作

Azure Portalでのフェイルオーバー操作はストレージアカウントから実施します。ストレージアカウントの「データ管理」セクションから「冗長性」を選択します。現在のストレージアカウントがGeo冗長であることを確認します。この画面では、現在のプライマリロケーション、セカンダリロケーションや状態が確認できます。

❑ 冗長性とフェイルオーバー

この画面上で「フェイルオーバーの準備」を選択し、確認ダイアログで確認を行うことでフェイルオーバーを開始することができます。

▌ アクセス層とライフサイクルの管理

データ管理の1つの方式として、アクセス層によるデータの階層化とアーカイブ、およびライフサイクルの管理があります。

✳ アクセス層の変更

作成されたアクセス層と別のアクセス層に変更する方法はいくつかあります。

○ ストレージアカウント既定のオンラインアクセス層（ホット、クール、コールド）の変更。
○ アップロード時に個別のBLOBでアクセス層を指定する（ホット、クール、コールド、アーカイブ層などが指定できます）。
○ BLOB設定の変更。
○ Copy BlobでBLOBをコピーする。

以下、Azure Portalでの操作例です。ストレージアカウントでオンラインアクセス層を変更する際には、ストレージアカウントの「設定」セクションの「構成」設定から、「ホット」または「クール」を選択し、保存します。BLOB側でアクセス層を変更するには、BLOBの「層の変更」ボタンから変更を実施します。

✳ アーカイブ

アクセス層の中でも、アーカイブアクセス層にあるデータはアクセス頻度が少ないデータです。コストが最も安いのですが、データ取得コストが高く、少なくとも180日はアーカイブアクセス層に保存される必要があります。監査証跡など、ほぼ保存されるだけのデータなどの保存に適しています。

アーカイブ層にあるデータは、読み取りも変更もできません。これを読み取るためには、オンライン層（ホットまたはクール）へのリハイドレート（コピーまたは層の変更）を行う必要があります。

✳ BLOBをアーカイブにする

BLOBをアーカイブにするには、アップロード時に選択するか、BLOBの層を変更する、もしくはアーカイブ層にコピーすることで実施します。データのバックアップ目的であればコピーする方法などがとれます。

Azure Portalを利用して層の変更をする場合は、アーカイブするBLOBを選択し、「層の変更」を実施します。

❏ アクセス層の変更

BLOBのコピーを行う場合はCopy Blob操作を行います。これはPowerShell
やAzure CLI、またはAzCopyなどを利用して実現します。

PowerShellでの例は以下のとおりです。コンテキストは$ctx変数で引き渡し
ています。

`PowerShell`

```
Start-AzStorageBlobCopy -SrcContainer <source container> `
  -SrcBlob <source blob name> `
  -DestContainer <destination container> `
  -DestBlob <destination blob name> `
  -StandardBlobTier Archive `
  -Context $ctx
```

AzCopyを使用した場合は以下のとおりです。以下のコマンドでアーカイブ
層としてBLOBのコピーを行います。

`AzCopy`

```
azcopy copy ^
'https://<source-account>.blob.core.windows.net/<container name> /
➥<blob path and blob>' ^
'https://<dest-account>.blob.core.windows.net/<container name> /
➥<blob path and blob>' --blob-type BlockBlob --block-blob-tier Archive
```

後述するライフサイクル管理ポリシーを使用してBLOBを自動アーカイブす
ることもできます。

✳ BLOBをリハイドレートする

BLOBをリハイドレートするときは、アーカイブ時と同様に層の変更を実施するか、BLOBをコピーします。リハイドレート時の層の変更では、「リハイドレートの優先度」を指定します。優先度を高くするとリハイドレートは高くなりますが、コストも高くなります。

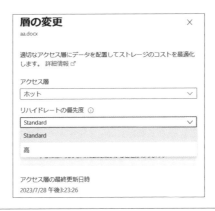

❏ アクセス層の変更によるリハイドレート

リハイドレート操作の実行後、実際にリハイドレートされているかどうかは同じ「層の変更」ダイアログ中で確認できます。

コピーによるリハイドレート時も同様に優先度を指定してリハイドレートを行います。PowerShellでの例は以下のとおりです。コンテキストは$ctx変数で引き渡しています。

```PowerShell
Start-AzStorageBlobCopy -SrcContainer<source container> `
  -SrcBlob <source blob name> `
  -DestContainer <destication container> `
  -DestBlob <destination blob name> `
  -StandardBlobTier<Hot|Cool> `
  -RehydratePriority <Standard|High> `
  -Context $ctx
```

リハイドレート先のストレージアカウントは同じリージョン中の別のストレージアカウントにすることも可能です、また、リハイドレートの保留中にリハイドレートの優先度を変更することも可能です。

✳ ライフサイクル管理ポリシー

　Azure Storageでは、ルールベースのライフサイクル管理ポリシーを作成することができます。これを使用すると、自動的にBLOBデータを特定のアクセス層に移行したり、データを期限切れにしたりできます。汎用v2、Premiumブロックロック BLOB、Blob Storageのアカウントでは、ブロックBLOBと追加BLOBでライフサイクル管理ポリシーがサポートされています。

　ライフサイクル管理ポリシーは、例えばベースBLOBの場合、以下のような条件をチェックしてアクションを定義することができます。

- ○ BLOBが作成された後の日数
- ○ BLOBが最後に変更された後の日数
- ○ BLOBが最後にアクセスされた後の日数（最終アクセス時間の追跡を有効にする必要があります）

　バージョンやスナップショットにも適用可能なポリシーを作成することも可能です。

　Azure Portalでポリシーを作成管理するには、ストレージアカウントのメニューから「データ管理」セクションの「ライフサイクル管理」を選択します。

❏ ライフサイクルポリシー一覧

　ここで、最終アクセスされた後の日数を条件にする場合は、「アクセス追跡を有効にする」を有効化してください。

　ポリシーを新規作成、もしくは変更することができます。

□ ポリシー詳細

　ポリシー適用の範囲、対象のBLOB種類、スナップショットとバージョンを対象にするかを選択したのち、ルールを作成します。ルールでは、アクセス層の変更や、BLOBの削除をアクションとして含めることができます。

　同じBLOBに複数のアクションを定義した場合、ライフサイクル管理によって最も低コストのアクションがBLOBに適用されます。例えば、削除アクションはアーカイブ層への変更よりも低コストです。アーカイブ層への変更アクションはクール層への変更アクションよりも低コストです。

レプリケーション

　レプリケーションポリシーを作成することで、ストレージアカウント間でブロックBLOBを非同期にコピーすることができます。レプリケーションは、汎用v2ストレージアカウントまたはPremiumブロックBLOBアカウントを対象とすることができます。双方のBLOBでバージョン管理が有効であり、ソースでは変更フィードが有効になっている必要があります。

✱ ポリシーの作成

　以下に、ソースと宛先の両方のストレージアカウントにアクセス権を持っている場合のポリシー作成方法を示します。片方にしかアクセス権がない場合などはJSONファイルによるポリシー定義を作成して双方に適用します。

　ソース側のストレージアカウントのメニューから、「データ管理」セクションの「オブジェクトレプリケーション」を開き、「レプリケーション規則の設定」を選択します。

レプリケーション規則の作成 ×

ℹ オブジェクトのレプリケーション規則を作成すると、ソースおよびターゲットのストレージアカウントに対して BLOB の変更フィードと BLOB のバージョン管理が自動的に
有効になります。これらの機能が有効になると、コストが増加する可能性があります。

宛先の詳細

オブジェクトのレプリケートを開始するには、ソースストレージアカウントとターゲットストレージアカウントを指定します。
オブジェクトのレプリケーションでのオブジェクトのコピーに関する詳細情報 ℓ

ターゲット サブスクリプション * [　　　　　　　　　　　　　　　] ∨

ターゲット ストレージ アカウント * [　　　　　　　　　　　　　　　] ∨
アカウントが見つかりませんか? ℓ

コンテナー ペアの詳細

コンテナー ペアは、ソース アカウントのコンテナーとターゲット アカウントのコンテナーで構成されます。レプリケーション規則
に従って、ソース コンテナー内のオブジェクトがターゲット コンテナーにコピーされます。必要に応じて、プレフィックス一致を
指定したり、指定した日時より後に作成されたオブジェクトのみをコピーしたりすることで、コピーするオブジェクトをフィルタ
ー処理できます。

ソース コンテナー	宛先コンテナー	フィルター	上書きコピー
cont01 ∨	cont01 ∨	0 (追加)	新しいオブジェクトのみ (変更) 🗑
ソース コンテナーの選択 ∨	宛先コンテナーの選択 ∨		

ℹ 10 を超えるコンテナー ペア (最大 1000) を構成するには、以下を参照してください: JSON ファイルを使用したオブジェクト レプリケーションの構成 ℓ

[作成] [キャンセル]

❏ レプリケーション規則の作成

　宛先のストレージアカウントと、レプリケーション元、先のコンテナーを選択します。また、レプリケーション対象となるBLOBのプレフィックスによるフィルタリングや、現在保存されている既存のオブジェクトをレプリケートするかなどのオプションを選択可能です。

✳ テナント間のレプリケーションを禁止する

　オブジェクトレプリケーションを設定することにより、異なるテナントに紐づいたサブスクリプション内のストレージアカウントのデータを複製することができます。組織のセキュリティポリシー上これを禁止しなければならない場合は、ストレージアカウントの AllowCrossTenantReplication プロパティをfalseに設定します。

　Azure Portalを使用してこの設定を変更する場合は以下のように操作します。

1. ストレージアカウントのメニューで、「データ管理」セクションの「オブジェクト
　レプリケーション」を選択します。

2. ここで「詳細設定」を開き、「クロステナントレプリケーションを許可する」のチェックを外し、「OK」をクリックして設定を保存します。

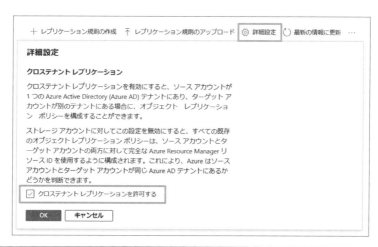

❑ クロステナントレプリケーション

　組織全体でこの設定を有効化したい場合は、Azure Policy を利用して一括で設定を適用します。

▶▶▶ **重要ポイント**

- Blob Storage へのアクセスはインターネット経由、HTTPおよびHTTPSを使用して行う。
- データのアクセス層には、ホット、クール、アーカイブがあり、それぞれ最低保持期間が設定される。アーカイブ層では、リハイドレートを行わないとデータにアクセスできない。
- 暗号化ポリシー、不変性ポリシーや論理的な削除などを設定し、BLOBを作成（アップロード）することができる。
- プライベートエンドポイント、通信路のセキュリティ、Defender for Storageなどを活用し、BLOBのセキュリティ強化を実施する。

4

Azureストレージサービス

229

4-4

Azure FilesとAzure File Sync

Azure Files

Azure Filesは、SMB（Server Message Block）プロトコルまたはNFS（Network File System）プロトコルを用いて、Windows、macOS、Unix など幅広いプラットフォームからファイル共有サービスとしてアクセスすることのできるストレージサービスです。Azure Files を利用することで、Azure上にマネージドのファイルサーバーを作成することができます。Azure Files はオンプレミスのファイルサーバーと同様のプロトコルで動作するため、既存のアプリケーションのリフトアンドシフトなどで有効です。

Azure Files の作成方法は以下のとおりです。

1. ストレージアカウントのメニューから「データストレージ」セクションの「ファイル共有」を開きます。
2. 「＋ファイル共有」を選択し、新しいAzure Files を作成します。

ここではアクセス層のレベル、バックアップ先のコンテナー、バックアップポリシーを設定できます。

❏ Azure Filesの作成

230

Azure Files へのアクセス

Azure Files は、いくつかの方法でのアクセスを設定できます。

- **Windows SMB ファイル共有**：Windows SMB ファイル共有を使うことで、従来のファイルサーバーと同様のアクセスが可能となります。認証方式としてもユーザーベースの認証が準備されており、NTLM v2（ストレージアカウントキーのみ）と Kerberos が利用できます。
- **NFS ファイル共有**：Linux や POSIX ベースの UNIX などにおいて、ネットワークストレージとしてマウントして利用できます。アクセス時のセキュリティとしては、ID ベースの認証は準備されず、ネットワークでのセキュリティ規則に基づいています。

Azure Files では、SMB、NFS での直接マウントとは別に、Azure File Sync を使用することもできます。これによりオンプレミスのファイルサーバーを Azure Files のキャッシュとして利用し、ファイルへのアクセス速度と Azure での管理性の向上を両立させることができます。

Azure Files で利用できる機能やストレージタイプは、SMB を用いるか NFS を用いるかで異なります。次の表は、両プロトコルの主な違いをまとめたものです。

❏ SMB と NFS の比較

	SMB	NFS
サポートされるプロトコル	SMB 3.1.1/SMB 3.0/SMB 2.1	NFS 4.1
推奨OS	Windows 10 21H1以降、Windows server 2019以降、Linux Kernel version 5.3以降	Linx Kernel version 4.3以降
ストレージ層	Premium、トランザクション最適化、ホット、クール	Premium
課金モデル	プロビジョニング容量（Premium ファイル共有）、従量課金制（Standard ファイル共有）	プロビジョニング容量
冗長性	LRS、ZRS、GRS、GZRS	LRS、ZRS
ファイルシステムセマンティクス	Win32	POSIX
認証	ID ベースの認証（Kerberos）、共有キー認証（NTLM v2）	ホストベース認証（ネットワークベース認証）

	SMB	NFS
承認 (認可)	Win32スタイルのアクセス制御リスト	UNIX形式のアクセス許可
大文字小文字	大文字小文字は区別されないが保持される	大文字小文字は区別される
ハードリンク、シンボリックリンク	サポートなし	サポートされる
インターネットからのアクセス	SMB 3.0のみ	できない

　Azure Filesはその性質上、基本的には仮想ネットワーク経由のプライベートエンドポイントからのアクセスが主になりますが、以下のようにアクセスするネットワークを計画することができます。

- ⊙ SMBファイル共有では、ポート445を利用してパブリック（SMB 3.0のみ）、プライベートのどちらからもアクセスすることができますが、多くのインターネットサービスプロバイダーやイントラネットからはこの445はブロックされていることが多いため、注意が必要です。
- ⊙ NFSの場合は、プライベートネットワークから、ネットワークレベルの制限を行うことでアクセス制御を行います。

▌Azure Filesの制御

✳ ストレージアカウント

　Azure Filesは、基本的には、Standard汎用v2ストレージアカウントを使って、他のストレージサービスと合わせて管理されます。または、専用のFileStorageストレージアカウントを利用し、PremiumのSSDのパフォーマンスのもと、デプロイすることもできます。BlockBlobStorageとBlobStorageのストレージアカウントでは、Azure Filesをデプロイすることはできません。

✳ 暗号化

　Azure Filesでは、転送路の暗号化と、保存時の暗号化の2種類に留意する必要があります。

　通信路の暗号化については、ストレージアカウント転送中の暗号化が有効になっている場合は、暗号化が有効なSMB 3.0以上もしくはRESTプロトコルで

アクセス可能です。SMB 2.1、暗号化なしの SMB 3.0 以上、暗号化なしの REST については、ストレージアカウント転送中の暗号化を無効にする必要があります。

　NFS は、サービスレベルでの通信路の暗号化ではなく、Azure データセンター間での通信の暗号化に依存しています。

　保存時の暗号化については、その他サービスと同様に、Azure Storage 暗号化（Storage Service Encryption、SSE）によって、既定でファイルシステムレベルの暗号化が行われます。サービス側で実施されるためクライアントが意識する必要はありません。また、SMB と NFS のどちらでも機能します。既定では、BLOB と同様にマイクロソフトマネージドキーによって暗号化されますが、カスタマーマネージドキーでの暗号化を行うこともできます。

✽ ストレージ層

　Azure Files では、必要なパフォーマンスとコストに応じて、次の表に示すようにいくつかのストレージ層オプションが用意されています。この中から 1 つを選んで各 Azure Files に適用しますが、別の層に移動させたい場合はデータのコピーが必要になります。

❏ Azure Files のストレージ層オプション

データ層	概要
Premium	SSD によりホストされ、最も優れたパフォーマンスが提供されます。NFS と SMB の両方でサポートされます。FileStorage ストレージアカウントでのみデプロイされ、プロビジョニング済み課金モデルが必要です。これ以外の層は、Standard 汎用 v2 ストレージアカウントでデプロイされます。「Premium」サービスレベルとしてカテゴライズされます。
トランザクション最適化	トランザクション負荷の高いワークロードの中で、Premium が適さない、またはそこまでのパフォーマンスが必要ない場合に使用されます。「Standard」サービスレベルとしてカテゴライズされます。
Hot（ホット）	チーム共有などの汎用的なファイル共有シナリオに適した形でデプロイされます。「Standard」サービスレベルとしてカテゴライズされます。
Cool（クール）	オンラインアーカイブストレージなど、コストが最も低い形でデプロイされます。「Standard」サービスレベルとしてカテゴライズされます。

4

Azure ストレージサービス

233

✴ 大きいファイルの共有

100TiB以上をサポートするAzure Filesが必要な場合は、ストレージアカウントにて「大きいファイルの共有」を有効にして、Azure Filesを作成する必要があります。ただし、この「大きいファイルの共有」が有効化されている場合は以下の制限があります。

○ 冗長化として、ローカル冗長ストレージ（LRS）と、ゾーン冗長ストレージ（ZRS）のみがサポートされます。
○ 一度「大きいファイルの共有」を有効にすると、無効化することができません。

▌ Azure Filesの認証

SMB接続では、IDベースの認証を有効化し、オンプレミスまたはAzureのIDなどで認証を行うことができます。以下のような認証シナリオがサポートされています。

○ オンプレミスActive Directory Domain Services（AD DS）認証
○ Microsoft Entra Domain Services認証
○ ハイブリッドID用のMicrosoft Entra Kerberos
○ LinuxクライアントのAD Kerberos認証

また、主に管理目的で、Azure Files Oauth over REST利用して、REST APIベースでの、管理者レベルのAzure Filesアクセスを行うことも可能です。

✴ オンプレミスAD DS認証

オンプレミスのADドメインコントローラーからKerberosチケットを取得し、Azure Filesで認証・認可を行います。この際、オンプレミスのADはMicrosoft Entra IDと同期されている必要があります。さらに、Azure Filesに対して、この同期されたハイブリッドユーザーに共有レベルのアクセス権を与える必要があります。

ファイルシステムレベルのACL（Windows ACL）は、SMB経由で実施します。

✴ Microsoft Entra Domain Services認証

Microsoft Entra Domain ServicesのIDストアとしての利用は、ハイブリッドIDとオンプレミスADが必要ないことと、設定手順が若干異なること以外はほ

ぼAD DS認証と同様です。Microsoft Entra Domain Servicesから Kerberos チケットを取得し、Azure Files で認証・認可を行います。

＊ハイブリッドID用のMicrosoft Entra Kerberos

Microsoft Entra ハイブリッド参加済み、または Microsoft Entra 参加済みのクライアントを利用して、ハイブリッドユーザーに対して Kerberos 認証を行います。この構成の場合、オンプレミスのドメインコントローラーへのアクセスがなくても Azure Files にアクセス可能となります。ただし、ユーザーとグループに対してファイルシステムレベルのアクセス許可を構成する場合は、オンプレミスのドメインコントローラーへの通信経路が必要です。

Azure Filesのデータの保護

Azure Files に保存されたデータを攻撃などの脅威やデータの紛失などから保護するために、各種データ保存に関する機能を利用します。

＊ストレージ冗長

ストレージアカウントレベルで定義されるデータの冗長性が利用可能です。ただし、ストレージ層がStandardサービスレベルにカテゴライズされるAzure Filesのみ、Geo冗長性（GRS、GZRS）を設定することができます。

また、Blob Storageと同様に、Geo冗長のフェイルオーバーについては最終同期時刻に注意を払い、基本的には手動でのフェイルオーバー操作を行う必要があります。

＊共有スナップショット

Azure Files の共有スナップショットは、Azure Files の特定の時点のデータの読み取りコピーです。Azure Backupサービスでのバックアップに利用され、手動でスナップショットを取得することもできます。

＊バックアップ

Azure Files のバックアップは、Azure Backupサービスを利用して実装します。Recovery Serviceコンテナーを作成し、Azure Files を含むストレージアカウントを選択します。さらに、要件に従ってバックアップポリシーを有効化することで、Azure Backupにより要件に応じたバックアップが取得されます。

4

Azure ストレージサービス

235

Azure BackupはAzure Filesのスナップショットを利用してバックアップ処理をするため、Recovery Serviceコンテナーへのデータの転送などは発生しません。バックアップされたファイルなどは、保護されたスナップショットから復元することができます。

✳ 論理的な削除

BLOBと同様に、ストレージアカウントレベルで論理的な削除を行うことで、指定された保持期間、削除されたファイルは復元可能となります。

Azure File Sync

Azure File Syncを使用すると、オンプレミスからクラウドに拡張された、階層化され管理が一元化されたWindowsファイルサーバーを構築できます。

Azure Filesにオンプレミスネットワークから直接アクセスすることには、ネットワークに対する負荷、コストが増大するというデメリットがあります。一方でオンプレミスのサーバーの管理、容量の管理はシステム運営の負担となります。

これに対してAzure File Syncを使うと、実際のファイルをAzure Filesに保存したまま、オンプレミスのサーバーやAzure VM上に、Azure Filesをキャッシュさせることができます。これによりネットワーク負荷などを軽減しつつ、Azure Filesとしてのプラットフォーム保護を利用することができます。

プロトコルとしてはSMB、NFS、FTPSなどを利用することができます。

Azure File Syncの要素

Azure File Syncを構成する場合は、Azure FilesでのAzureファイル共有と、オンプレミスのエンドポイント、それを管理する構成要素が必要となります。

- ◎ **ストレージ同期サービス**：複数の同期グループなどを管理する最上位の管理単位です。
- ◎ **同期グループ**：Azure FilesでのAzureファイル共有（クラウドエンドポイント）と、オンプレミスのサーバーの同期ポイント（サーバーエンドポイント）により構成され、この中にあるエンドポイントは同期されます。

○ **Azure FilesのAzureファイル共有**：クラウドエンドポイントとして登録される
対象。直接アクセスが可能であっても、Azure File Syncが構成されている場合は
直接アクセスは推奨されません。

○ **サーバー、サーバーエンドポイント**：サーバーはストレージ同期サービスに登録さ
れ、登録されたサーバー内のサーバーエンドポイント（フォルダー）が同期グルー
プに登録されて同期先となります。

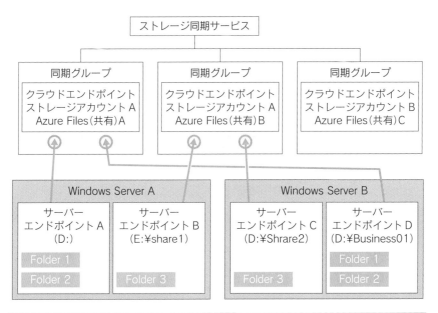

❏ Azure File Syncの構成例

　Azure File Syncの構成例は上記のようになっています。以下のような構成上
の特徴、制限があります。

＊ ストレージ同期サービス

　同期グループを管理する最上位の管理単位です。この中にサーバーエンドポ
イントや同期グループを登録し、同期の関係を定義します。通常は、単一のスト
レージ同期サービスをデプロイし、すべてのサーバーをカバーすることが推奨
されています。

✳ Azure Files（Azureファイル共有）

同期のためのクラウド側のファイル共有です。事前にAzure Filesのファイル共有として作成する必要があります。ストレージアカウントとしては、汎用バージョン2（GPv2）ストレージアカウントと、FileStorageストレージアカウントを使用します。

1つのファイル共有は、1つの同期グループにのみ含めることができます。1つのストレージアカウント内の複数のファイル共有をそれぞれ別の同期グループに登録することはできますが、ストレージアカウントごとのIOPSや最大サイズなどを考慮して構成を決定する必要があります。

1つの共有に保存するアイテム数（ファイルとフォルダー）は、2000万から3000万個未満にすることが推奨されます。これ以上の場合は、Azure Filesのファイル共有を別に作成し、これを別の同期グループに振り分けて別の名前空間で同期するようにしてください。

✳ サーバーエンドポイント

共有フォルダーなどのサービスを提供しているWindows Server上にAzure File Syncエージェントをインストールし、これをストレージ同期サービスに登録することでサーバーエンドポイントを作成することができます。

1つのWindows Server上のエージェントは、1つのストレージ同期サービスにのみ登録することができます。

サーバーエンドポイントは、Windows Server内のパスとして登録し、その配下のディレクトリが同期対象となります。エンドポイントは、パスが重ならなければ1台当たり30個まで作成し、30のAzure Filesのファイル共有と同期できます。このため、オンプレミスのファイル共有パスごとに同期を分けることもできますし、それより上位のフォルダーを指定してまとめて同期することもできます。さらに、ディスクボリュームのルートを同期対象とすることもできます。ただし、以下の条件があります。

○ サーバーエンドポイントは、サーバー上の物理的なパスである必要があります。NASや別のファイル共有をマウントしたパスなどはサポートされません。

○ システムボリューム上にサーバーエンドポイントを作成した場合は、クラウド階層化を使用できません。

○ サーバーエンドポイントを構成した後、サーバー上で登録されたパスやドライブ文字を変更することはサポートされません。

サポートされるOSは、Windows Server 2016以降となります。CPU（1つ以上）と、少なくとも2GiBのメモリが必要です。また、NTFSファイルシステムのみが同期の対象となるため、ローカルに接続されたNTFSボリュームが必要となります。

✴ 同期グループ

同期グループには、1つのクラウドエンドポイント（Azure Filesのファイル共有）と、複数のサーバーエンドポイントを含めることができ、同期の構成設定を行うことができます。また、同期グループは、登録済みサーバーごとに1つのサーバーエンドポイントのみをサポートします。

クラウドの階層化

すべてのサーバーをオンプレミスとAzure Filesに同期する構成だけではなく、条件を指定してオンプレミスに残すファイルを選択することで、必要なオンプレミス側のストレージ量を減らすことができます。

この設定はアクセス頻度が高いファイルのみをオンプレミスのローカルサーバー上にキャッシュし、それ以外のファイルの実体をAzure Files上に保存したまま、名前空間のみをオンプレミスに同期します。エンドユーザーはファイルが実際にどこにあるのかは気にすることなくアクセスを継続できます。

- ○ **ボリュームの空き領域ポリシー**：ボリュームの空き領域ポリシーは、ローカルディスクの容量の使用率に従い、オンプレミス側のキャッシュを制御するポリシーです。ボリュームの空き領域の計算は、個々のディレクトリではなく、ボリュームレベルで適用されます。
- ○ **日付ポリシー**：日付ポリシーでは、一定期間アクセスされていないファイルをクラウド上に階層化し、ローカルキャッシュから削除します。

これらのポリシーは連携して動作します。日付ポリシーでキャッシュ保持状態にあるファイルでも、ボリュームの空き容量が足りない場合は、アクセス頻度が低いものから順にキャッシュから削除されます。

Azure File Syncの構成

その他構成に関する注意点を以下に示します。

4

Azureストレージサービス

✻ データ保護

Azure File Sync では、Azure Files と同じように、論理的な削除、データの冗長化、バックアップを構成することができます。

✻ ID

オンプレミスのファイルサーバーにアクセスするユーザーは、通常のファイルサーバーのアクセスから何かを変更する必要はありません。Azure File Sync でのアクセスは Azure File Sync エージェント経由で行われ、ユーザーが直接 Azure Files のファイル共有にアクセスする必要はありません。

✻ ネットワーク

Azure File Sync において、クラウドエンドポイント経由で Azure Files のファイル共有にアクセスする場合は、Azure File Sync REST と Files REST プロトコルを使用した、ポート443経由の HTTPS によるアクセスとなります。SMB でのアクセスは必要ないため（特殊な要件で直接アクセスが必要な場合を除く）、通常の Web アクセスとしてアクセスできます。また、ExpressRoute や Azure VPN 経由でのアクセス、サービスエンドポイント、プライベートエンドポイントの使用など、通常の Azure Files でのネットワーク機能を利用できます。

なお、Azure File Sync エージェントはフォワードプロキシーをサポートしています。

▶▶▶ **重要ポイント**

- Azure Files では SMB と NFS を利用し、Azure ファイル共有を構成できる。
- SMB の場合は、オンプレミス AD、Microsoft Entra Domain Services やハイブリッド ID 用の Microsoft Entra Kerberos の認証など、オンプレミスのネットワークで使われている認証プロトコルで認証できる。
- Azure Files では論理的な削除やスナップショットを利用して、データを保護することができる。
- Azure File Sync では、クラウドエンドポイント（Azure Files）と、サーバーエンドポイントを同期グループで設定し、オンプレミスにキャッシュを持つクラウドのファイル共有を展開することができる。

4-5

Azure Storageのアクセス制御

Azure BLOB などの Azure Storage サービスに対するデータ操作は、サービスごとに認証、承認（認可）の方法がいくつか定められています。次の表では、それらアクセス制御の方法とサービスをまとめています。

❑ Azure Storage サービスの認証・認可方式

サービス	共有キー	SAS	Microsoft Entra ID	オンプレミスAD	匿名のパブリックアクセス	ローカルユーザーのストレージ
Azure BLOB	○	○	○	×	○（非推奨）	○[1]
Azure Files（SMB）	○	×	○[2]	○[3]	×	×
Azure Files（REST）	○	○	×	×	×	×
Azureキュー	○	○	○	×	×	×
Azureテーブル	○	○	○	×	×	×

また、Azure Files（NFS）では、ネットワークでのアクセス制限のみを行うことができます。

以下、各認証方式についての解説です。

共有キー（アクセスキー）

共有キー（アクセスキー）は、ストレージへの管理者アクセスを持つ文字列であり、HTTP/HTTPS 要求に含めることで承認されます。共有キーは512ビットのキーであり、これが露呈すると誰もがそのストレージアカウントへの管理者アクセス権を持ててしまうため、このキーを通常のアクセスに使用することは推奨されません。代わりにSASやMicrosoft Entra IDでの認証などを行って

---

[1] SFTPでのみサポート。

[2] Microsoft Entra Domain Servicesでの承認、もしくはハイブリッドID用のMicrosoft Entra Kerberosでの承認。

[3] オンプレミスADを、Microsoft Entra IDに同期し、ハイブリッドIDにする必要がある。

ください。また、アクセスキーの保持にはKey Vaultなどによる適切な保護と、定期的なローテーションを実施することが推奨されています。

Microsoft Entra IDアカウントでの認証

Microsoft Entra IDのユーザーで各ストレージアカウントへの認証を行うことができる場合は、各ユーザーにAzure RBAC（ロールベースのアクセス制御）を適用することでユーザーごとに細かくアクセス権を与えることができます。対象となるのは、Microsoft Entra IDのユーザー、グループ、アプリケーションサービスプリンシパル、マネージドIDが選択可能です。

アクセスする経路としては、Azure Portal、PowerShell、Azure CLIなどのインタラクティブなアクセス経路があります。また、Azure IDクライアントライブラリ（Azure Identity client library）や、場合によってはMicrosoft Authentication LibraryなどからMicrosoft Entra IDでの認証を行うことができます。

RBACのロールは以下のスコープに対して設定可能です。

○ 個々のコンテナー
○ ストレージアカウント
○ リソースグループ
○ サブスクリプション
○ 管理グループ

Azureの組み込みロールを使用することができますが、カスタムロールを作成することで、それら以外のロールの権限を定義することも可能です。以下は、BLOB用の組み込みロールです。

❑ BLOB用の組み込みロール

ロール	概要
ストレージBLOBデータ所有者	Storage BLOBコンテナーとデータに対するフルアクセスを持つ。
ストレージBLOBデータ共同作成者	Blob Storageリソースの読み取り/書き込み/削除のアクセス許可を持つ。
ストレージBLOBデータ閲覧者	Blob Storageリソースの読み取り専用アクセス許可を持つ。
ストレージBLOBデリゲータ	コンテナーまたはBLOB用のユーザー委任SASを作成するユーザー委任KEYを取得可能なアクセス許可を持つ。

　その他、ストレージアカウントレベルでの組み込みロールや、バックアップ用の組み込みロール、Data Lake、キュー、テーブルなどの個別ロールなど、各サービス用に多くのロールがあり、これらを適切に適用することで権限を制御します。

共有アクセス署名（SAS）

　共有アクセス署名（SAS：Shared Access Signature）は、アクセスに利用する署名された文字列です。SASを使用すると、ストレージアカウント内のリソースに対する保護されたアクセスを委任することができます。委任の際には、以下のような制限を細かく付けることができ、共有キーでアクセスする場合に比べてセキュリティが向上しますが、Microsoft Entra IDでの認証などが利用できる場合はこれらを使用することを優先してください（または、ユーザー委任SASを使用してください）。

　SASでは、以下のような内容が制御できます。

○ クライアントがアクセスできるリソース

○ リソースへのアクセス許可

○ SASが有効である期間

　Azure Storageでは、以下の3種類のSASがサポートされています。

○ **サービスSAS**：BLOB、キュー、テーブル、Filesのいずれかのストレージサービスにおいて、1つのリソースへのアクセスを提供できる。

○ **アカウントSAS**：複数のストレージサービスへのアクセスに利用できる。

○ **ユーザー委任SAS**：Microsoft Entra IDの資格情報でセキュリティ保護されたSASで、BLOBでのみ使用できる。

　SASトークンは、SASの内容（権限や有効期限など）を表す文字列を、アカウントアクセスキーで署名することで生成されます。Azure Portalから生成する場合、SASトークンはストレージアカウント、コンテナーなどのShared Access Signatureや共有アクセストークンのメニューから、またはBLOBなどのその他ボタン「…」からメニューを開き、「SASの生成」を選ぶことで作成されます。この際には署名も同時に行われます。

　テーブルなどに対してSASを生成する場合、またはプログラムなどからSASを生成する場合は、文字列を生成して、別途共有キー（アカウントキー）などで署名を作成する必要があります。

❏ アカウントレベルのSAS生成

次の画像は個別のBLOBサービスに対するSASの生成画面です。

❑ サービスレベルのSAS生成

　アカウントSASとサービスSASでは、単体ではSASそのものがアクセス範囲を含み、さらに個別のSASを無効化することができません。これを制御するためには、保存されたアクセスポリシーを参照し、保存されたアクセスポリシー側で制御を変更する必要があります。

　これに対してユーザー委任SASの場合は、Microsoft Entra IDアカウントに対するロールベースのアクセス制御（RBAC）の内容のもと、制限されたアクセスを委任することができます。この場合、そのユーザーを無効化する、または個別の権限を削除することで取り消しを行うことが可能です。

▶ ▶ ▶ 重要ポイント

- 基本的にはストレージアカウントキー、Microsoft Entra ID、共有アクセス署名（SAS）で認証、アクセス制御を行う。ただし一部Azure Filesでは、オンプレミスユーザーなどのアクセス権と、NTFSでのアクセス権が必要となる。
- SASでは、時間や範囲などを指定してアクセス権限を委任することができる。

4-6

Azure Storageとツール

Azure Storage では、Azure Portal や PowerShell、Azure CLI や API だけでなく、データ操作に関するクライアントツールが用意されています。ここではマイクロソフトによって用意されているツールを紹介します。

Azure Storage Explorer

Azure Storage Explorer は、Windows、macOS、Linux 上で動作する、スタンドアローンの GUI クライアントツールです。インストールファイルをダウンロードし、各ストレージアカウントにアタッチすることで、ブロック BLOB、ページ BLOB、追加 BLOB、テーブル、キューなどの操作が可能です。

Microsoft Entra ID での認証、SAS、アカウントキーなどに対応しており、各リソースにそれらの認証手段を用いてアタッチすることが可能です。

個々のストレージの管理、BLOB バージョン管理、アクセスポリシーの管理など、多種多様な操作を実施することが可能です。

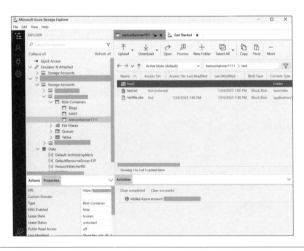

❏ Storage Explorer

データの転送（AzCopy）

　ストレージデータのアップロードでは、AzCopyなどの専用ツールや、Azure Data Factory、DistCPなどのData Lake Storage向けのツールなどが存在しています。ここでは、AzCopyについて解説します。

　AzCopyは、ストレージアカウント間のBLOBやファイルコピー、データのアップロードなどに利用可能なコマンドラインツールです。

　AzCopyを利用する際には、Microsoft Entra IDでの認証またはSASを利用して接続します。次の表に接続方法をまとめます。

❏ AzCopyの認証方法

ストレージの種類	現在サポートされている認証方法
Blob Storage	Microsoft Entra IDおよびSAS
Blob Storage（階層型名前空間）	Microsoft Entra IDおよびSAS
Azure Files	SASのみ

　AzCopyを使う際には、ダウンロードの場合はストレージBLOBデータ閲覧者、アップロードの際にはストレージBLOBデータ共同作成者、データ所有者のRBACロールが必要となります。

　以下に代表的な操作方法の例を紹介します。

`AzCopy` ログイン（通常のMicrosoft Entra IDユーザーとして接続する）

```
azcopy login
```

`AzCopy` コンテナーの作成（階層型名前空間の場合はdfsを使用します）

```
azcopy make 'https://<storage-account-name>.<blob or dfs>.core.windows.
↳net/<container-name>'
```

`AzCopy` ファイルのアップロード

```
azcopy copy '<local-file-path>' 'https://<storage-account-name>.
↳<blob or dfs>.core.windows.net/<container-name>/<blob-name>'
```

AzCopy ファイルのダウンロード

```
azcopy copy 'https://<storage-account-name>.<blob or dfs>.core.windows.net/
↪<container-name>/<blob-path>' '<local-file-path>'
```

AzCopy アカウント間のBLOBのコピー

```
azcopy copy 'https://<source-storage-account-name>.blob.core.windows.net/
↪<container-name>/<blob-path>' 'https://<destination-storage-account-name>.
↪blob.core.windows.net/<container-name>/<blob-path>'
```

Azure Import/Export

　Azure Import/Exportは、データセンターにディスクドライブを物理的に送付し、安全にインポートやエクスポートを行うためのサービスです。対応しているストレージ形式はAzure Blob StorageおよびAzure Filesです。

○ Blob Storageの場合は、データのインポート、エクスポートが可能です。
○ Azure Filesの場合はインポートが可能です。

　以下のストレージアカウント種別が対応しています。

○ Standard汎用v2ストレージアカウント（ほとんどのシナリオで推奨）
○ （レガシー）Blob Storageアカウント
○ （レガシー）汎用v1ストレージアカウント

　データはBitLockerで暗号化して送付・処理されるため、配送もデータ処理も安全に実行することができます。

▶▶▶ 重要ポイント

● Azure Storage ExplorerはGUIのクライアントアプリケーションで、ストレージアカウントと各種サービスを操作することができる。
● AzCopyコマンドで、BLOBのアップロードやBLOB間でのデータコピーなどを行うことができる。

4-7

その他のストレージサービス

BLOB以外のストレージサービスについて、この節でまとめて紹介します。

Azureマネージドディスク（Azure Disk Storage）

Azure Disk Storage、またはAzureマネージドディスクは、Azure仮想マシンで使用するディスクとして利用される形式であり、仮想ハードディスク（VHD）とも表現されます。

ページBLOBをバックボーンとして抽象化されて構成されており、仮想マシンからOSディスク、データディスク、一時ディスクなどの形で接続されます。Azure Portalから仮想マシンへのディスク追加操作のみで作成、構成可能です。その際、サーバーを再起動することなくディスクを接続できます。

○ OSディスク：仮想マシン作成時に接続され、OSがプリインストールされている。
○ データディスク：仮想マシンに追加作成して取り付けることができるマネージドディスクであり、OSディスクに保存すべきでない、または容量が足りない場合のアプリケーションデータなどを格納することができる。SCSIドライブとして認識される。
○ 一時ディスク：ページファイル、スワップファイル、SQL Server tempdbなどのデータ保存のために利用され、仮想マシンが再起動されるときにデータが削除される。

ディスクの種類

Azureマネージドディスクは、必要なパフォーマンスに応じて、SSD（Solid State Drive）とHDD（Hard Disk Drive）を使う4種類のディスク種別から選択できます。SSDは半導体メモリを利用しているため、回転式であるHDDよりも高いパフォーマンスを期待できます。SLAや利用シーンに応じて選択します。

❏ Azureマネージドディスクのディスク種別

	Ultra Disk	Premium SSD v2	Premium SSD	Standard SSD	Standard HDD
ディスクの種類	SSD	SSD	SSD	SSD	HDD
最大ディスクサイズ	65,536GiB	65,536GiB	32,767GiB	32,767GiB	32,767GiB
最大スループット	10,000MB/秒	1,200MB/秒	900MB/秒	750MB/秒	500MB/秒
最大IOPS	400,000	80,000	20,000	6,000	2,000、3,000
OSディスクとして使用できるか	No	No	Yes	Yes	Yes

Azureキュー

Azureキュー（Azure Queueストレージ）は、ストレージを利用したメッセージングサービスです。HTTPSプロトコルにより、インターネットを通じたメッセージングを可能にします。

Azureテーブル

Azureテーブル（Azure Tableストレージ）は、非リレーショナル構造化データ（構造化されたNoSQLデータ）を格納するサービスです。スキーマレスのテーブル形式でデータを格納、利用できます。Webサービスのユーザーデータ、アドレス帳やその他のメタデータなどの柔軟なデータの格納に利用できます。また、ストレージアカウントの容量を超えない限りデータを保存することができます。

なお、コストは上昇しますが、よりパフォーマンスや一貫性に優れた、Azure Cosmos DB for Table を同じ方法で利用することもできます。

本章のまとめ

▶▶ **Azure Storage**

- Azure Storageには、Azure Blob Storage、Azure Files、Azureマネージドディスク、Azureキュー、Azureテーブルのサービスがある。これらは利用目的により適切なものを選択できる。
- サービスにより異なるが、耐障害性のための冗長オプションや、アクセス層、暗号化など、セキュリティや運用のためのオプションが各種用意されている。

▶▶ **Azure ストレージアカウント**

- ストレージアカウントやコンテナーの作成時には、冗長オプション、暗号化方式、ストレージ種別など、全体にかかわる構成オプションを指定する。

▶▶ **Azure Blob Storage**

- Blob Storageへのアクセスにはインターネット経由が基本となるが、ネットワークセキュリティ機能を有効化し、セキュリティを向上させることができる。
- Blob Storageでは、アクセス層、暗号化ポリシー、不変性ポリシーや論理的な削除などを利用して、データ保護やライフサイクルの設定を行うことができる。

▶▶ **Azure Files**

- Azure FilesではSMBやNFSを利用してファイルを共有できる。
- SMB認証では、オンプレミスADやMicrosoft Entra Domain Services、ハイブリッドID用のMicrosoft Entra KerberosなどのKerberos認証を利用できる。
- Azure File Syncによりオンプレミスのファイル共有をクラウドに階層化することができる。

▶▶ **アクセス制御**

- Azure Storageの認証にはストレージアカウントキー、Microsoft Entra IDでの認証、SASなどがあり、セキュリティが高くなるように適切なものを選択する。

章末問題

 問題1

複数リージョンにまたがる冗長性を持ち、プライマリリージョンでは1つのデータセンター内に3つのコピーを持つ冗長オプションはどれですか？

A. ローカル冗長ストレージ

B. ゾーン冗長ストレージ

C. Geo冗長ストレージ

D. Geoゾーン冗長ストレージ

 問題2

Premiumブロック BLOBでは、Geo冗長ストレージを冗長オプションとして利用可能である。この説明は正しいですか？

A. 正しい

B. 正しくない

 問題3

ストレージアカウントを作成する際に、インターネット経由からのアクセスを禁止するため、Microsoftネットワークルーティングを設定した。この方法は正しいですか？

A. 正しい

B. 正しくない

 問題4

BLOB内のデータを、誤った削除などから保護するためのソリューションを選択してください。

A. カスタマーマネージドキーでの暗号化

B. BLOBの論理的な削除

C. アーカイブアクセス層

 問題5

ユーザーが自身の所有するキーでストレージアカウントを暗号化する際には、どの構成を利用しますか？

A. インフラストラクチャ暗号化

B. マイクロソフトマネージドキー

C. カスタマーマネージドキー

 問題6

Blob Storageにコンテナーレベルのスコープで、時間ベースの不変性ポリシーを定義したため、BLOBの削除、変更、作成が一定期間禁止された。この説明は正しいですか？

A. 正しい

B. 正しくない

 問題7

BLOBデータのアクセス層と最低データ保持期間の組み合わせのうち、正しいものをすべて選んでください。

A. ホットアクセス層：なし

B. ホットアクセス層：10日間

C. コールドアクセス層：30日間

D. クールアクセス層：60日間

E. アーカイブアクセス層：90日間

F. アーカイブアクセス層：180日間

問題8

Blob Storageでは、HTTP、HTTPS、SMB、NFSを使用してデータを操作することができる。この説明は正しいですか？

A. 正しい
B. 正しくない

 問題9

Azure File Syncを構成するとき、どのストレージアカウントとどのオンプレミスファイルサーバーが同期するかを紐づけるための構成はどれですか？

A. ストレージ同期サービス
B. クラウドエンドポイント
C. ボリュームの空き領域ポリシー
D. 同期グループ

 問題10

Blob Storageへのアクセスの際、Microsoft Entra ID上にアカウントを持たないクライアントからのアクセスをできるだけセキュアにしたい場合、どの接続方式を選択しますか？

A. ユーザー委任SAS
B. アカウントアクセスキー
C. RBAC
D. サービスSAS

章末問題の解説

✓ 解説1

解答：C. Geo冗長ストレージ

　リージョンをまたがる冗長化は、Geo冗長ストレージとGeoゾーン冗長ストレージの2つです。そのうちGeoゾーン冗長ストレージはプライマリリージョン内でゾーン冗長化を持つので、答えはGeo冗長ストレージとなります。

✓ 解説2

解答：B. 正しくない

　PremiumブロックBLOBとPremiumファイル共有ではLRSとZRS、PremiumページBLOBではLRSのみを選択でき、どれもリージョンをまたがる冗長化は選択できません。

✓ 解説3

解答：B. 正しくない

　インターネット経由からのアクセスを禁止するためには、パブリックネットワークアクセスを無効化する必要があります。

✓ 解説4

解答：B. BLOBの論理的な削除

　削除からの回復性を持たせるには、コンテナーやBLOBなどへの論理的な削除機能を一定期間有効化する必要があります。

✓ 解説5

解答：C. カスタマーマネージドキー

　ユーザーがマイクロソフトで管理されているキーではなく、自身のキーで暗号化する場合は、Azure Key Vaultや、HSMなどに保管したキーを指定し、カスタマーマネージドキー機能で暗号化を構成する必要があります。

✓ 解説6

解答：B. 正しくない

　コンテナーレベルのスコープで不変性ポリシーが定義された場合、削除、変更はできませんが、作成、読み込みは可能です。バージョンレベルで定義された場合、上書きは可能ですが、バージョンの削除が不可能となります。

4

Azure ストレージサービス

✓ 解説7

解答：**A.** ホットアクセス層：なし、**F.** アーカイブアクセス層：180日間

アクセス層を定義することで、変更の必要がないデータを低コストで保持することができます。最低データ保持期間が過ぎる前にデータを変更する場合は、追加のコストが発生します。

✓ 解説8

解答：**B.** 正しくない

Blob Storageでは、HTTP/HTTPSを経由したアクセスが可能です。Azure Filesでは、SMB、NFSを経由したアクセスが可能です。

✓ 解説9

解答：**D.** 同期グループ

Azure File Syncでは、同じ同期グループに登録されているクラウドエンドポイントと、オンプレミスや仮想ネットワーク上のサーバー上のサーバーエンドポイントが同期されます。どのように同期されるかを制御するポリシーの1つが、ボリュームの空き領域ポリシーとなります。

✓ 解説10

解答：**D.** サービスSAS

RBACとユーザー委任SASはどちらも、Microsoft Entra ID上のアカウントによるアクセスを前提としています。そのため利用できません。アカウントアクセスキーでの通常時のアクセスはセキュリティの観点上、推奨されていません。

第 5 章
コンピューティング
サービス

第5章では、Azureのコンピューティングサービスについて説明します。

Azureのコンピューティングサービスとしては、クラウドベースのアプリケーションを実行するためのオンデマンドサービスが用意されています。リソースはオンデマンドで利用でき、通常は分単位や秒単位で利用できるサービスがあります。リソースを使用した分量に応じて課金されます。

5-1

Azure Virtual Machines

Azure Virtual Machines（Azure VM、仮想マシン）とは、仮想化技術によって物理サーバー上に作成された仮想のコンピューターです。物理コンピューターと同じようにOSやその上で動作するソフトウェアを利用できます。ハイパーバイザーと呼ばれるソフトウェアを使用して複数のOSを同時に稼働させます。仮想マシンでは、必要なスペック（CPU、メモリ、ストレージタイプなど）やOSを選択してコンピューティングリソースを使用できます。仮想マシンでは物理的なハードウェアのメンテナンスは不要ですが、仮想マシン上で動作するソフトウェアの構成、修正プログラムの適用は必要となります。

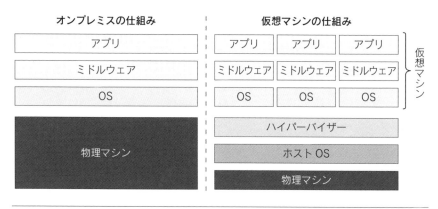

❏ オンプレミスと仮想マシンの仕組み

仮想マシンの構成

Azureでは、WindowsやLinuxをベースとした仮想マシンを利用できます。仮想マシンの基本構造は次の図のとおりで、各コンポーネントを理解した上で設計する必要があります。

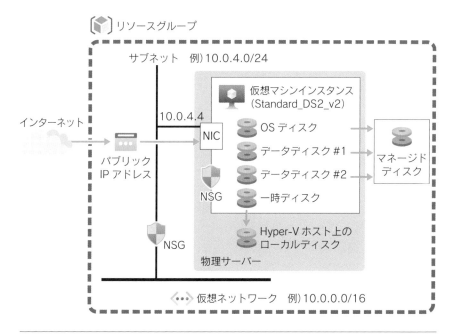

❑ 仮想マシンの基本構造

　仮想マシンを作成するための主な設計項目は以下の3点です。ここでは、これらについて順に見ていきます。

1. 基本情報
2. ディスク
3. ネットワーク

1. 基本情報

○ **サブスクリプション**：利用するサブスクリプションを選択します。同一サブスクリプション内のすべてのリソースはまとめて課金されます。

○ **リソースグループ**：アクセス許可やポリシーを共有するリソースグループを選択します。リソースグループとは、同じライフサイクル、アクセス許可、およびポリシーを共有するリソースのコレクションです。

ホーム > Virtual Machines >

仮想マシンの作成 ...

基本 ディスク ネットワーク 管理 監視 詳細 タグ 確認および作成

Linux または Windows を実行する仮想マシンを作成します。Azure Marketplace からイメージを選択するか、独自のカスタマイズされたイメージを使用します。[基本] タブに続いて [確認と作成] を完了させて既定のパラメーターで仮想マシンをプロビジョニングするか、それぞれのタブを確認してフル カスタマイズを行います。詳細情報 ℃

プロジェクトの詳細

デプロイされているリソースとコストを管理するサブスクリプションを選択します。フォルダーのようなリソース グループを使用して、すべてのリソースを整理し、管理します。

サブスクリプション * ⓘ	_____ ∨
└─ リソース グループ * ⓘ	sample-rg01 ∨
	新規作成

インスタンスの詳細

仮想マシン名 * ⓘ	sample-vm01 ∨
地域 * ⓘ	(Asia Pacific) Japan East ∨
可用性オプション ⓘ	インフラストラクチャ冗長は必要ありません ∨
セキュリティの種類 ⓘ	トラステッド起動の仮想マシン ∨
	セキュリティ機能の構成
イメージ * ⓘ	⊞ Windows Server 2019 Datacenter - x64 Gen2 ∨
	すべてのイメージを表示 | VM の世代の構成
VM アーキテクチャ ⓘ	○ ARM64
	◉ x64
	ⓘ Arm64 は、選択したイメージではサポートされていません。
Azure Spot 割引で実行する ⓘ	☐
サイズ * ⓘ	Standard_D2s_v3 - 2 vcpu 数、8 GiB のメモリ ($161.33/月) ∨
	すべてのサイズを表示

確認および作成 | < 前へ | 次: ディスク >

❏ 仮想マシンの設定画面：基本情報

管理者アカウント

ユーザー名 * ⓘ	adminuser01 ✓
パスワード * ⓘ	•••••••••••••• ✓
パスワードの確認 * ⓘ	•••••••••••••• ✓

受信ポートの規則

パブリック インターネットからアクセスできる仮想マシン ネットワークのポートを選択します。[ネットワーク] タブで、より限定的または細かくネットワーク アクセスを指定できます。

パブリック受信ポート * ⓘ	○ なし
	◉ 選択したポートを許可する
受信ポートを選択 *	RDP (3389) ∨

ⓘ インターネットからのすべてのトラフィックは、既定でブロックされます。受信ポートのルールは、[VM] > [ネットワーク] ページから変更できます。

ライセンス

Azure ハイブリッド特典を使用すれば、既に所有しているライセンスで最大 49% 節約できます。詳細情報 ℃

既存の Windows Server ライセンスを使用しますか? ☐

Azure ハイブリッド特典のコンプライアンスを確認します ℃

確認および作成 | < 前へ | 次: ディスク >

❏ 仮想マシンの設定画面：基本情報（続き）

○ **仮想マシン名**：Azureの仮想マシンには2つの異なる名前があります。1つはAzure
リソース識別子として使用される仮想マシン名で、もう1つはゲストホスト名で
す。Azure Portalで仮想マシンを作成する場合、仮想マシン名とホスト名の両方で
同じ名前が使用されます。仮想マシンの作成後に仮想マシン名を変更することはで
きませんが、ホスト名は変更できます。また、仮想マシン名は、リソースグループ内
で一意である必要があります。

○ **地域**：世界各地にあるリージョンのうち利用者に適したリージョンに仮想マシン
を作成できます。作成したリージョンに仮想ハードディスク（VHD）が格納されま
す。

○ **可用性オプション**：仮想マシンの可用性オプションを「可用性ゾーン」「可用性セ
ット」「仮想マシンスケールセット」「冗長なし」から選択できます。各オプション
の詳細は後述します。

○ **利用イメージ**：Azure Marketplaceでは、WindowsやLinuxの様々なバージョンと
種類が提供されています。Azure Marketplaceにあるイメージはオペレーティン
グシステム（OS）、イメージの発行元、料金プランなどから選択して利用できます。
また、ソフトウェアやミドルウェアが既にインストールされているイメージも利用
できます。Azure Marketplaceからイメージを選択するか、利用者が独自にカスタ
マイズしたイメージを使用します。

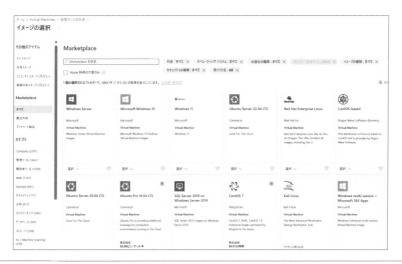

❏ 仮想マシンの設定画面：利用イメージの選択

5
コンピューティングサービス

- **VMサイズ**：Azureでは利用用途に応じて様々なVMサイズが利用できます。CPU、メモリ、ストレージ容量などの要素から、使用するVMのサイズを選択します。最初に選択したVMを使い続ける必要はなく、処理性能に応じて後からVMサイズを変更できます。VMサイズおよびOSの種類に基づいて時間単位の料金が請求されます。また、ストレージは別料金で請求されます。

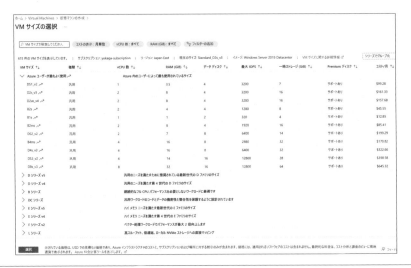

☐ 仮想マシンの設定画面：VMサイズの選択

- **管理者アカウントの名前/パスワード**：仮想マシンの管理者となるユーザー名とパスワードを指定します。

- **パブリック受信ポートの規則**：パブリックインターネットからアクセスする必要があれば、アクセス可能な仮想マシンネットワークのポートを選択します。既定では、HTTP（80）、HTTPS（443）、SSH（22）、RDP（3389）から複数選択できます。パブリックインターネットからアクセスする必要がなければ選択不要です。

- **Azureスポット割引の利用**：Azureスポット割引を選択すると、従量課金の価格に対する割引価格で未使用のAzureリソースが提供されます。

- **Windows Serverライセンスの利用**：既に所有しているソフトウェアなどのライセンスがあれば、所有しているライセンスを利用してコストを削減できます。

2. ディスク

❑ 仮想マシンの設定画面：ディスク

○ **OSディスクの種類**：OSディスクはどの仮想マシンにも1つ取り付けられており、利用するディスクの種類を選択します。「Premium SSD」「Standard SSD」「Standard HDD」から選択できます。

❑ OSディスクの種類

	Premium SSD	Standard SSD	Standard HDD
シナリオ	運用環境のワークロードやパフォーマンス要求の高いワークロード	ワークロードが高くないエンタープライズアプリケーション、および開発/テスト	バックアップ目的、または重要ではない、不定期にアクセスが発生するシステム
最大スループット	900MB/秒	750MB/秒	500MB/秒
最大IOPS	20,000	6,000	2,000

○ **データディスクの構成**：データディスクは仮想マシンに取り付けられるマネージ
ドディスクで、アプリケーションなどのデータを格納します。データディスクの数
と、各ディスクについてディスクの種類とサイズを指定します。

ホーム ＞ Virtual Machines ＞ 仮想マシンの作成 ＞

新しいディスクを作成する ...

VM にアプリケーションとデータを格納するための新しいディスクを作成します。ディスクの料金は、ディスク サイズ、ストレージの種類、およびトランザ
クションの数などの要因に応じて異なります。詳細情報 ↗

名前 *	sample-vm01_DataDisk_0
ソースの種類 * ⓘ	なし (空のディスク) ⌄
サイズ * ⓘ	**1024 GiB** Premium SSD LRS サイズを変更します
キーの管理 ⓘ	プラットフォーム マネージド キー ⌄
共有ディスクを有効にする	○ はい ◉ いいえ
VM と共にディスクを削除	☐

❏ 仮想マシンの設定画面：データディスクの作成

ホーム ＞ Virtual Machines ＞ 仮想マシンの作成 ＞ 新しいディスクを作成する ＞

ディスク サイズの選択 ...

利用可能なディスク サイズとその機能を参照します。

ストレージの種類 ⓘ
Premium SSD (ローカル冗長ストレージ) ⌄

サイズ	パフォーマンス レベル	プロビジョニングされた IOPS	プロビジョニングされたスループット	最大共有数 ⓘ	最大バースト IOPS ⓘ	最大バースト スループット ⓘ
4 GiB	P1	120	25	3	3500	170
8 GiB	P2	120	25	3	3500	170
16 GiB	P3	120	25	3	3500	170
32 GiB	P4	120	25	3	3500	170
64 GiB	P6	240	50	3	3500	170
128 GiB	P10	500	100	3	3500	170
256 GiB	P15	1100	125	3	3500	170
512 GiB	P20	2300	150	3	3500	170
1024 GiB	P30	5000	200	5	-	-
2048 GiB	P40	7500	250	5	-	-
4096 GiB	P50	7500	250	5	-	-
8192 GiB	P60	16000	500	10	-	-
16384 GiB	P70	18000	750	10	-	-
32767 GiB	P80	20000	900	10	-	-

カスタム ディスク サイズ (GiB) * ⓘ
1024

パフォーマンス レベル ⓘ
P30 - 5000 IOPS, 200 MBps (既定値) ⌄

❏ 仮想マシンの設定画面：ディスクの種類とディスクサイズの選択

3. ネットワーク

ホーム > Virtual Machines >

仮想マシンの作成 …

基本　ディスク　ネットワーク　管理　監視　詳細　タグ　確認および作成

ネットワーク インターフェイス カード (NIC) 設定を構成して仮想マシンのネットワーク接続を定義します。セキュリティ グループの規則によりポートや受信および送信接続を制御したり、既存の負荷分散ソリューションの背後に配置したりすることができます。詳細情報 ♂

ネットワーク インターフェイス

仮想マシンの作成中に、ユーザー用にネットワーク インターフェイスが作成されます。

仮想ネットワーク * ⓘ	sample-rg01-vnet ∨
	新規作成
サブネット * ⓘ	default (10.224.0.0/16) ∨
	サブネット構成の管理
パブリック IP ⓘ	(新規) sample-vm01-ip ∨
	新規作成
NIC ネットワーク セキュリティ グループ ⓘ	◯ なし
	◉ Basic
	◯ 詳細
パブリック受信ポート * ⓘ	◯ なし
	◉ 選択したポートを許可する
受信ポートを選択 *	RDP (3389) ∨

⚠ これにより、すべての IP アドレスが仮想マシンにアクセスできるようになります。これはテストにのみ推奨されます。[ネットワーク] タブの詳細設定コントロールを使用して、受信トラフィックを既知の IP アドレスに制限するための規則を作成します。

VM が削除されたときにパブリック IP と NIC を削除する ⓘ	☐
高速ネットワークを有効にする ⓘ	☑

負荷分散

【確認および作成】　【< 前へ】　【次: 管理 >】

❑ 仮想マシンの設定画面：ネットワーク

負荷分散

既存の Azure 負荷分散ソリューションのバックエンド プールにこの仮想マシンを配置できます。詳細情報 ♂

この仮想マシンを既存の負荷分散ソリューションの後ろに配置しますか?　☐

【確認および作成】　【< 前へ】　【次: 管理 >】

❑ 仮想マシンの設定画面：ネットワーク（続き）

○ **仮想ネットワーク/サブネット**：仮想マシンを配置する仮想ネットワークおよびサブネットを選択します。仮想マシンのネットワークインターフェイス（NIC）に付与されるプライベートIPアドレスは、選択したサブネットのアドレス範囲から自動で割り当てられます。

5

コンピューティングサービス

265

- **ネットワークセキュリティグループ（NSG）**：NSGはAzureリソースとの送受信ネットワークトラフィックを許可または拒否するセキュリティ機能です。NSGは、サブネットまたはNICに関連付けできます。
- **高速ネットワークの利用**：高速ネットワークを有効化すると、仮想マシン間でのシングルルートI/O仮想化（SR-IOV）が可能です。NICに到達したトラフィックは仮想スイッチを経由せずに仮想マシンに直接転送されるため、ネットワークパフォーマンスが向上します。
- **負荷分散のオプション**：Azureの負荷分散サービスのバックエンドプールに、作成する仮想マシンを配置することが可能です。「Azure Load Balancer」「Application Gateway」「なし」から選択します。仮想マシンを作成した後に、負荷分散サービスのバックエンドプールに配置することも可能です。

仮想マシンの可用性

　クラウドサービスを利用することで、グローバルに地域分散されたITシステムを提供できます。地域分散をするメリットは、広域被災に際しても継続してサービスを提供できることと、ユーザーの住む地域の近くにITシステムを配置でき、通信速度の地理的な影響を軽減できることです。

　Azureが扱う地理的単位を大きいものから順に並べると、「地域（Geo）」「リージョン」「可用性ゾーン」になります。

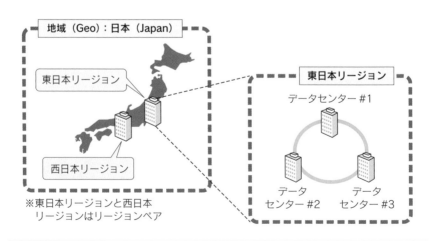

❏ 地域とリージョン

可用性ゾーン

　可用性ゾーン（Availability Zones）とは、独立したデータセンター、ネットワーク、電源、冷却装置などを備えた高可用性確保のためのサービスです。「AZ」と省略して呼ばれることも多く、独立したデータセンターと同じ意味で使われることがほとんどです。可用性ゾーンを活用することで、データセンターレベルの障害が発生した場合でもシステムを継続的にサービス提供できます。サポートされるリージョンごとに3つの可用性ゾーンが存在し、リージョン内の可用性ゾーンを構成するデータセンター間は高速回線で接続されています。

　可用性ゾーンで仮想マシンを冗長化した場合にあわせて検討が必要な機能は、負荷分散機能です。レイヤー4の負荷分散を行うAzure Load Balancerやレイヤー7の負荷分散を行うApplication Gatewayと組み合わせて、仮想マシンに対するトラフィックを振り分けるアーキテクチャを構成します。

　Azureのサービスの中には、リソースをどの可用性ゾーンに配置するかを意識する必要があるサービスと、最初から可用性ゾーンの冗長化機能が組み込まれていて、データを複数のデータセンターにまたがって自動保存してくれるサービスがあります。仮想マシンは、どの可用性ゾーンに配置するかを指定する必要があります。

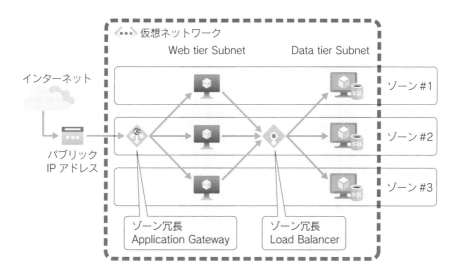

❑ 仮想マシンに可用性ゾーンを適用したWebアプリケーションとリレーショナルデータベースの構成例

❏ 仮想マシンの設定画面：可用性ゾーンの選択

可用性セット

　可用性セット（Availability Sets）とは、ラック単位で仮想マシンを分散配置して冗長構成をとる方法です。可用性セット内では、それぞれの仮想マシンに障害ドメインと更新ドメインを割り当てることで、同一ワークロードの仮想マシンが同じ障害やメンテナンスで同時に止まらない仕組みとなっています。

◎ 障害ドメイン：ネットワークスイッチと電源を共有するグループ
◎ 更新ドメイン：メンテナンス時に同時に再起動するグループ

　可用性セットで仮想マシンを冗長化した場合も、可用性ゾーンと同様に負荷分散機能と組み合わせて、トラフィックを振り分けるアーキテクチャを構成します。
　可用性セットを設定するときに、障害ドメインと更新ドメインの数の指定が必要で、最大3つの障害ドメインと20個の更新ドメインで構成できます。これらの構成は、可用性セットが作成された後には変更できません。

	障害ドメイン1	障害ドメイン2	障害ドメイン3	
更新ドメイン1				再起動するグループ
更新ドメイン2				再起動するグループ
更新ドメイン3				再起動するグループ
	物理ハードウェア（電源、スイッチ）	物理ハードウェア（電源、スイッチ）	物理ハードウェア（電源、スイッチ）	

❏ 可用性セットの仕組み

❏ 仮想マシンの設定画面：可用性セットの選択

5

コンピューティングサービス

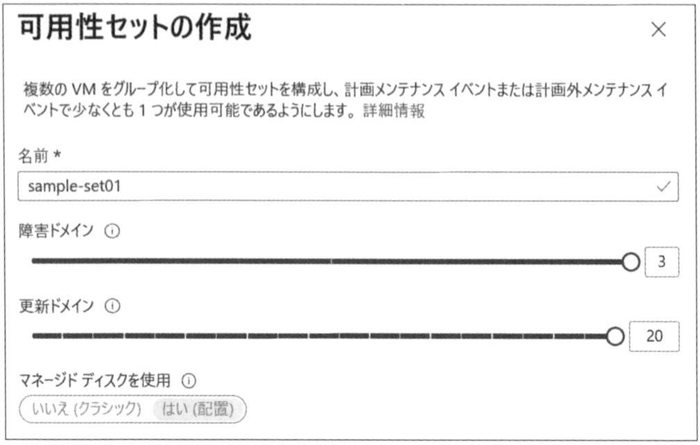

□ 仮想マシンの設定画面：可用性セットの新規作成

▶▶▶ **重要ポイント**

- データセンターレベルの障害から保護する必要がある場合は、複数の仮想マシンを別々の可用性ゾーンに配置する。
- データセンター内における物理ハードウェア障害やネットワーク障害、メンテナンスによる同時停止から保護する必要がある場合は、可用性セットの障害ドメインと更新ドメインを活用し、仮想マシンの配置を検討する。

仮想マシンスケールセットの構成

仮想マシンスケールセット（Virtual Machine Scale Sets）は、複数の仮想マシンを1つのグループとして管理し、スケジュールもしくは負荷に応じて仮想マシンを自動で増減（スケールアウトおよびスケールイン）させることができます。例えば、アプリケーションの監視を行い、定義したパフォーマンスの閾値に達したら自動で仮想マシンを増やすことや、夜間や休日にアプリケーションの需要が下がる場合に仮想マシンを減らすことができます。

仮想マシンスケールセットでは、標準のマーケットプレースイメージとカスタムイメージの最大1,000個の仮想マシンをサポートします。マネージドイメージを使用してスケールセットを作成する場合は、最大600個の仮想マシンをサポートします。

　仮想マシンスケールセットを作成するための主な設計項目は以下の5点です。ここでは、これらについて順に見ていきます。

1. 基本情報
2. ディスク
3. ネットワーク
4. スケーリング
5. 管理

1. 基本情報

❏ 仮想マシンスケールセットの設定画面：基本情報

VM アーキテクチャ ⓘ	◯ ARM64
	◉ x64
	❶ Arm64 は、選択したイメージではサポートされていません。

Azure Spot 割引で実行する ⓘ ☐

サイズ * ⓘ Standard_D2s_v3 - 2 vcpu 数、8 GiB のメモリ ($161.33/月) ∨
すべてのサイズを表示

管理者アカウント

ユーザー名 * ⓘ adminuser01 ✓

パスワード * ⓘ •••••••••••••• ✓

パスワードの確認 * ⓘ •••••••••••••• ✓

ライセンス

Azure ハイブリッド特典を使用すれば、既に所有しているライセンスで最大 49% 節約できます。 詳細情報 ⤤
既存の Windows Server ライセンスを使用し ☐
ますか? ⓘ

Azure ハイブリッド特典のコンプライアンスを確認します ⤤

[確認および作成] [< 前へ] [次: スポット >]

❑ 仮想マシンスケールセットの設定画面：基本情報（続き）

◎ **仮想マシンスケールセットの名前**：リソースグループ内で一意である必要があり、
仮想マシンとは別に名前を付けます。

◎ **オーケストレーションモード**：オーケストレーションモードは、仮想マシンスケー
ルセットでの仮想マシンインスタンスの管理方法です。オーケストレーションモー
ドは2種類あり、後で変更することはできないため、どちらで作成するかを事前に
検討する必要があります。

● **均一オーケストレーション**：同一の仮想マシンインスタンスを使用して、スケ
ーリングします。メトリックベースの自動スケーリングや自動OSアップグレ
ードなど、スケールセット管理機能をサポートしています。

● **フレキシブルオーケストレーション**：複数種類の仮想マシンインスタンスを使
用して、スケーリングします。スケールセット管理の一部機能を使用できませ
ん。

2. ディスク

主な設計項目は先ほどの仮想マシンと同様です。

3. ネットワーク

主な設計項目は先ほどの仮想マシンと同様です。

4. スケーリング

ホーム > 仮想マシン スケール セット >

仮想マシン スケール セットの作成 ...

基本　**スポット**　ディスク　ネットワーク　**スケーリング**　管理　正常性　詳細　タグ　確認および作成

Azure 仮想マシン スケール セットは、アプリケーションを実行する VM インスタンスの数を自動的に増減させることができます。この自動化された柔軟性のある動作により、アプリケーションのパフォーマンスを監視して最適化する管理上の負担を減らすことができます。
VMSS スケーリングに関する詳細情報 ↗

初期インスタンス数 *　ⓘ　　　　　　　　2

スケーリング

スケーリング ポリシー　ⓘ　　　　　　　○ 手動
　　　　　　　　　　　　　　　　　　　　● カスタム

インスタンスの最小数 *　ⓘ　　　　　　1

インスタンスの最大数 *　ⓘ　　　　　　10

スケールアウト

CPU しきい値 (%) *　ⓘ　　　　　　　75

期間 (分) *　ⓘ　　　　　　　　　　　10

追加するインスタンスの数 *　ⓘ　　　　1

スケールイン

CPU しきい値 (%) *　ⓘ　　　　　　　25

削除するインスタンスの数 *　ⓘ　　　　1

予測自動スケーリング

予測自動スケーリングの予測を有効にする　ⓘ　☐

診断ログ

自動スケーリングからの診断ログの収集　ⓘ　☐

[確認および作成]　[< 前へ]　[次: 管理 >]

❑ 仮想マシンスケールセットの設定画面：スケーリング

スケールイン ポリシー
スケールイン操作中に仮想マシンの削除が選択される順序を構成します。スケールイン ポリシーに関する詳細情報。↗

スケールイン ポリシー　　　　既定 - 可用性ゾーンと障害ドメインの間のバランスを取り、次に、最大のインスタンス ID ... ∨

スケールイン操作に強制削除を適用する　ⓘ　☐

[確認および作成]　[< 前へ]　[次: 管理 >]

❑ 仮想マシンスケールセットの設定画面：スケーリング（続き）

○ **スケーリングポリシー**：自動スケールを有効（カスタム）もしくは無効（手動）から選択します。有効にした場合、任意のメトリック（リソースの状況の数値）に基づいてスケーリングできます。

- **初期インスタンス数**：初期デプロイ時の仮想マシンの台数を指定します。
- **インスタンスの最小数/最大数**：仮想マシンの最小台数および最大台数を指定します。
- **スケールアウト（閾値、追加するインスタンスの数など）**：スケールアウト時のトリガーとなる閾値（CPU使用率など）と追加する仮想マシンの数を設定します。
- **スケールイン（閾値、削除するインスタンスの数など）**：スケールイン時のトリガーとなる閾値（CPU使用率など）と削除する仮想マシンの数を設定します。
- **スケールインポリシー**：スケールインの操作中に仮想マシンが削除される順序を構成します。
  - **既定**：可用性ゾーンと障害ドメイン間のバランスを取り、インスタンスIDが最も大きい仮想マシン（スケールセット内で最も新しいVM）を削除します。
  - **NewestVM**：可用性ゾーン間のバランスを取り、一番新しく作成された仮想マシンを削除します。
  - **OldestVM**：可用性ゾーン間のバランスを取り、最も古く作成された仮想マシンを削除します。

　各ポリシーにおいて、仮想マシンが削除される順番を例で説明します。この例で説明する初期状態の構成は次の図のとおりです。

初期状態
※ VMの番号は古く作成された順番に振っています

□ 例に示す初期状態の構成

　このような構成における、「NewestVM」と「OldestVM」選択時の削除順を以下の表に示します。

❏ NewestVMのスケールインポリシーでの順序

イベント	ゾーン1で のインスタ ンスID	ゾーン2で のインスタ ンスID	ゾーン3で のインスタ ンスID	スケールインの選択
初期状態	3、4、5、10	2、6、9、11	1、7、8	
スケールイン	3、4、5、10	2、6、9、11	1、7、8	VM数が多いゾーン1と2のうち、最も新しいVMであるゾーン2のVM11が削除されます。
スケールイン	3、4、5、10	2、6、9	1、7、8	他の2つのゾーンより多くのVMがあるため、ゾーン1が選択されます。ゾーン1で最も新しいVM10が削除されます。
スケールイン	3、4、5	2、6、9	1、7、8	各ゾーンでVM数は同じです。スケールセット内で最も新しいVMであるゾーン2のVM9が削除されます。
スケールイン	3、4、5	2、6	1、7、8	VM数が多いゾーン1とゾーン3のうち、最も新しいゾーン3のVM8が削除されます。
スケールイン	3、4、5	2、6	1、7	他の2つのゾーンより多くのVMがあるため、ゾーン1が選択されます。ゾーン1で最も新しいVM5が削除されます。
スケールイン	3、4	2、6	1、7	各ゾーンでVM数は同じです。スケールセット内で最も新しいVMであるゾーン3のVM7が削除されます。

5

コンピューティングサービス

❏ OldestVMのスケールインポリシーでの順序

イベント	ゾーン1で のインスタ ンスID	ゾーン2で のインスタ ンスID	ゾーン3で のインスタ ンスID	スケールインの選択
初期状態	3、4、5、10	2、6、9、11	1、7、8	
スケールイン	3、4、5、10	2、6、9、11	1、7、8	VM数が多いゾーン1と2のうち、最も古いゾーン2のVM2が削除されます。
スケールイン	3、4、5、10	6、9、11	1、7、8	他の2つのゾーンより多くのVMがあるため、ゾーン1が選択されます。ゾーン1で最も古いVM3が削除されます。
スケールイン	4、5、10	6、9、11	1、7、8	各ゾーンでVM数は同じです。スケールセット内で最も古いVMであるゾーン3のVM1が削除されます。
スケールイン	4、5、10	6、9、11	7、8	VM数が多いゾーン1とゾーン2のうち、最も古いVMであるゾーン1のVM4が削除されます。
スケールイン	5、10	6、9、11	7、8	他の2つのゾーンより多くのVMがあるため、ゾーン2が選択されます。ゾーン2で最も古いVM6が削除されます。
スケールイン	5、10	9、11	7、8	各ゾーンでVM数は同じです。スケールセット内で最も古いVMであるゾーン1のVM5が削除されます。

5. 管理

ホーム > 仮想マシン スケール セット >

仮想マシン スケール セットの作成 ⋯

基本 スポット ディスク ネットワーク スケーリング **管理** 正常性 詳細 タグ 確認および作成

仮想マシン スケール セット インスタンスの監視と管理のオプションを構成します。

Microsoft Defender for Cloud

Microsoft Defender for Cloud では、統合されたセキュリティ管理と高度な脅威に対する保護がハイブリッド クラウド ワークロードに提供されます。詳細情報 ⟨⟩

✅ ご利用のサブスクリプションは、Microsoft Defender for Cloud 無料プラン P2 によって保護されています。

アップグレード ポリシー

アップグレード モード * ⓘ   `手動 - 既存のインスタンスは手動でアップグレードする必要があります ▽`

監視

ブート診断 ⓘ   ◉ マネージド ストレージ アカウントで有効にする (推奨)
　　　　　　　　○ カスタム ストレージ アカウントで有効にする
　　　　　　　　○ 無効化

ID

システム割り当てマネージド ID の有効化 ⓘ   ☐

Azure AD

Azure AD でログインする ⓘ   ☐

　　　ⓘ Azure AD ログインを使用する場合は、仮想マシン管理者ログインまたは仮想マシン ユーザー ログインの RBAC ロールの割り当てが必要です。詳細情報 ⟨⟩

オーバープロビジョニング

オーバープロビジョニングが有効になっている場合、スケール セットでは実際には要求された数よりも多くの VM がスピンアップされ、要求された数の VM が正常にプロビジョニングされると余分な VM が削除されます。オーバープロビジョニングにより、プロビジョニングの成功率が向上し、デプロイ時間が短縮されます。余分な VM については請求されることも、クォータ制限にカウントされることもありません。オーバープロビジョニングの詳細情報 ⟨⟩

オーバープロビジョニングを有効にする   ☐

`確認および作成`   `< 前へ`   `次: 正常性 >`

❑ 仮想マシンスケールセットの設定画面：管理

ゲスト OS の更新プログラム

OS の自動アップグレードを有効にする ⓘ   ☐

インスタンスの終了

インスタンスの終了通知を有効にする ⓘ   ☐

`確認および作成`   `< 前へ`   `次: 正常性 >`

❑ 仮想マシンスケールセットの設定画面：管理（続き）

5 コンピューティングサービス

- ○ **アップグレードポリシー**：スケールセットの仮想マシンに対して更新（設定変更）した際の挙動を制御する方式を選択します。
  - ● **手動**：更新後、既存の仮想マシンを手動でアップグレードする必要があります。
  - ● **自動**：更新をトリガーとして、スケールセット内の全仮想マシンの更新を開始します。そのため、アプリケーションがオフラインになる時間が発生します。
  - ● **ローリング**：更新をトリガーとして、一定台数ずつ更新します。

▶▶▶ **重要ポイント**

- ● 仮想マシンスケールセットの自動スケールを行う場合、インスタンスの最小数と最大数、およびスケールする条件と追加/削除するインスタンスの数を設定し、起動するインスタンスの数を制御する。

近接配置グループ

　複数の仮想マシンを単一リージョンに配置すると、複数リージョンにまたがって配置するよりも、仮想マシン間の物理的な距離が近くなります。また、単一可用性ゾーンに配置した場合、その距離はより近くなります。ただし、仮想マシンの配置が複数のデータセンターにまたがるために、ネットワーク待ち時間がアプリケーションに影響を与えることがあります。

　近接配置グループは、仮想マシンが互いに物理的に近く配置されるように使用される論理的なグループです。例えば、可用性セットや仮想マシンスケールセットを用いた多層アプリケーション構成で、仮想マシン間で短い待ち時間を要求するワークロードの場合に役立ちます。

　近接配置グループはAzureのリソースです。あらかじめ作成した上で、仮想マシンや可用性セット、仮想マシンスケールセットと組み合わせて使用できます。仮想マシンを作成する際に、事前に作成した近接配置グループのIDを指定することで設定できます。既存のリソースを近接配置グループに移動することも可能で、その際はまずリソースを停止し（割り当て解除）、近接配置グループIDを指定した上で起動します。

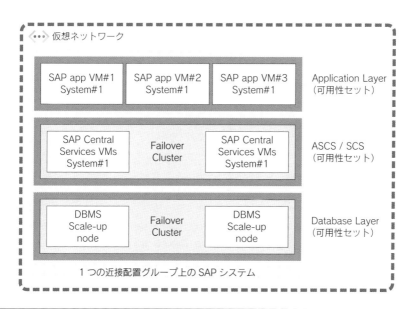

❏ 可用性セットを使用した近接配置グループの構成

❏ 近接配置グループの作成

コンピューティングサービス

5

近接配置グループ

近接配置グループを使用すると、同じリージョン内で Azure リソースを物理的により近くでグループ化できます。詳細情報 ☐

近接配置グループ ⓘ | sample-ppgroup01   ∨ |

確認および作成   < 前へ   次: タグ >

❏ 仮想マシンの設定画面：近接配置グループの指定

　Azure データセンターでのハードウェアの使用停止などの計画メンテナンスイベントは、近接配置グループにおけるリソースの配置に影響を与える可能性があります。リソースが別のデータセンターに移動すると、近接配置グループの配置状態に影響があり、予想以上の待機時間が発生する可能性があるため、配置状態を確認する必要があります。配置の状態の種類を次に示します。

○ **整列**：正常に、近接配置グループに配置されています。

○ **不明**：少なくとも1つのVMが割り当て解除されています。正常に再起動した場合、状態は「整列」に戻ります。

○ **未配置**：少なくとも1つのVMが該当の近接配置グループに配置されていません。

❏ 近接配置グループの配置状態

280

仮想マシンの拡張機能

仮想マシンの拡張機能は、デプロイ後の構成と自動化を提供するアプリケーションです。Azureプラットフォームでは、仮想マシンの構成、監視、セキュリティなどのアプリケーションを対象とする多くの拡張機能を提供しています。インストール方法は機能によって異なりますが、Azure Portalからインストール可能な機能が数多くあります（OS上でインストーラを実行するものもあります）。

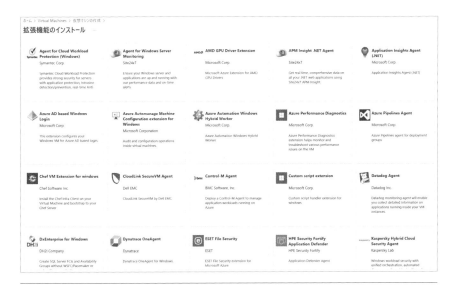

❏ 仮想マシンの設定画面：拡張機能のインストール

本書ではその中でも、仮想マシンのデプロイ・管理を自動化する2つの機能を紹介します。

カスタムスクリプト拡張機能

カスタムスクリプト拡張機能は、初期の仮想マシンの構成後に、仮想マシンの停止やソフトウェアコンポーネントのインストールなどの簡単なタスクを自動的に実行できます。また、スクリプトをより複雑にして一連のタスクを実行することもできます。スクリプトは、Azure Blob StorageやGitHub、社内ファイルサーバーなど、VMにルーティングできる限り、任意の場所に保存できます。

5
コンピューティングサービス

カスタムスクリプト拡張機能の使用に関する考慮事項を次に示します。

○ カスタムスクリプト拡張機能の実行時間は90分です。90分を超える場合、タスクはタイムアウトとしてマークされます。スクリプトを設計する際はタイムアウトの期間を考慮する必要があります。

○ スクリプトの実行時に発生する可能性があるエラーに備えて設計します。ディスク領域の不足やセキュリティ、アクセス制限といったシナリオを想定し、スクリプトでのエラーの対応方法を確立します。

○ 拡張機能はスクリプトを1回だけ実行します。起動のたびにスクリプトを実行する必要がある場合は、拡張機能を使用して、Windowsのスケジュールタスクを作成します。

○ 資格情報、ストレージアカウント名、アクセスキーなどの機密情報が必要な場合があります。機密情報を保護または暗号化する方法について設計する必要があります。

▌ Desired State Configuration (DSC) 拡張機能

Desired State Configuration (DSC) は、PowerShellの管理プラットフォームで拡張機能を使用することで、仮想マシンにPowerShell DSC構成を適用できます。

DSCはシステムの構成、デプロイ、管理に使用でき、定義された状態で環境が維持され、その状態から逸脱しないようにできます。DSCは、構成のずれを排除し、コンプライアンス、セキュリティ、パフォーマンスのために状態を維持するのに役立ちます。

DSCの実装方法には次の2つがあります。

○ **プッシュモード**：DSCサーバーが適用対象のサーバーに対してコマンドを実行し、構成を適用します。

○ **プルモード**：適用対象のサーバーがDSCサーバーから構成を取得し、適用するように設定されます。

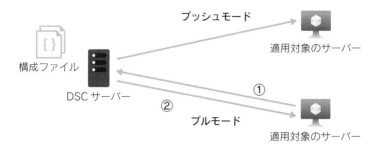

❏ プッシュモードとプルモードの仕組み

▶▶▶ **重要ポイント**

- Windows用のDSC拡張機能では、ターゲットの仮想マシンがAzureと通信できる必要があるため、仮想マシンを起動状態にしておく。また、構成パッケージがAzureの外部に格納されている場合は、そこと通信できる必要がある。

vCPUクォータの管理

　仮想マシンとスケールセットのvCPUクォータは、サブスクリプションごとに2つのレベルで定められています。1つ目はリージョンのvCPUの合計で、2つ目はDシリーズなどのVMサイズファミリでの合計です。新しい仮想マシンをデプロイするときは、仮想マシンのvCPUがそのVMサイズファミリのvCPUクォータ、またはリージョンのvCPUクォータの合計を超えてはいけません。これらのクォータのいずれかを超えると、VMはデプロイできません。追加のコアが必要な場合は、クォータの増加を要求するか、または不要になった仮想マシンを削除します。

　各クォータの詳細については、Azure PortalまたはAzure CLI、Azure Power Shellを使用して値を確認することができます。

5

コンピューティングサービス

❏ クォータ状況の確認：サブスクリプションの「使用量＋クォータ」

▶▶▶ **重要ポイント**

- クォータは使用されているコアの合計数に基づいて、割り当て済みと割り当て解除済み状態の両方で計算される。

仮想マシンのメンテナンス

Azure環境では、物理ホストサーバー群とその上で複雑に制御された機能をつかさどる各プロセスが稼働しています。さらに、これらをつなぐネットワーク機器や物理ホストサーバー群を管理するための機能といった様々なコンポーネントが存在します。

Azureでは、定期的にプラットフォームを更新して、仮想マシンの信頼性、パフォーマンス、セキュリティの向上に努めています。これらの更新の目的は、ホスティング環境のソフトウェアコンポーネントの新機能追加や修正から、ネットワークコンポーネントのアップグレード、ハードウェアの使用停止まで、広い範囲に及びます。

仮想マシンのメンテナンスは、大きく2種類あります。

○ **再起動が不要なメンテナンス**：仮想マシンは、ホストの更新中に一時停止されるか、または既に更新済みのホストにライブマイグレーションされます。
○ **再起動が必要なメンテナンス**：計画メンテナンスが通知され、ユーザーの都合の良いタイミングでメンテナンスを開始できる時間枠も与えられます。

再起動が必要なメンテナンス（計画メンテナンス）

計画メンテナンスで仮想マシンの再起動が必要なケースでは、事前に通知が届きます。計画メンテナンスには、「セルフサービスフェーズ」と「予定メンテナンスフェーズ」の2つのフェーズがあります。

○ **セルフサービスフェーズ**：ユーザーがメンテナンス可能な期間で、通常4週間程度です。
○ **予定メンテナンスフェーズ**：Azureでメンテナンスを実行します。

セルフサービスメンテナンスを開始すると、ユーザーが都合の良いタイミングでメンテナンスできる時間枠が与えられ、メンテナンスを実施すると、仮想マシンは既に更新済みのノードに再デプロイされます。セルフサービスフェーズが終了すると、予定メンテナンスフェーズを開始します。予定メンテナンスフェーズの間、ユーザーは自分でメンテナンスを開始できません。

計画メンテナンス通知の取得

再起動が必要な計画メンテナンスは既定で、サブスクリプションの管理者と共同管理者に通知が送信されます。Azure Service Healthのアラートルールを使用して、通知の受信者や、電子メール、SMS、Webhookなどのメッセージングオプションを追加できます。

❏ Azure Service Healthのアラートルールの追加

❏ アラートルールの作成

メンテナンスの実施

セルフメンテナンスフェーズの間、ユーザーは自分でメンテナンスを開始することができます。メンテナンスはAzure Portal、Azure CLIまたはPowerShellから実施可能ですが、通常の仮想マシンの再起動のオペレーションとは異なるため注意が必要です。Azure CLIでメンテナンスを実行する方法は次のとおりです。

Azure CLI Azure CLIでのメンテナンスの実行

```
az vm perform-maintenance -g〈リソースグループ名〉 -n〈仮想マシン名〉
```

また、予定メンテナンスフェーズの間はAzureでメンテナンスを実行しますが、仮想マシンの可用性を保つために次のように実施します。

○ リージョンペアの一方のリージョンの仮想マシンだけを更新します。
○ 異なる可用性ゾーン内の仮想マシンを同時に更新しません。
○ 可用性セット内の1つの更新ドメインのみを更新します。

▶▶ **重要ポイント**

● メンテナンスでは適用済みのホストサーバーで明示的に仮想マシンを起動する必要があるため、セルフサービスフェーズにて自分でメンテナンスを実施する場合は仮想マシンの再起動ではなく、再デプロイの操作が必要になる。

5

コンピューティングサービス

287

5-2

Azure App Service

Azure App Service は、Web アプリケーションや API をホストするための
サービスです。Azure App Service は PaaS で提供されるため、インフラ環境を
管理する必要がありません。次の図に示す Web アプリケーションの例では、フ
ロントエンドに Azure App Service を利用して、仮想マシンを用意することな
く Web コンテンツを公開できます。

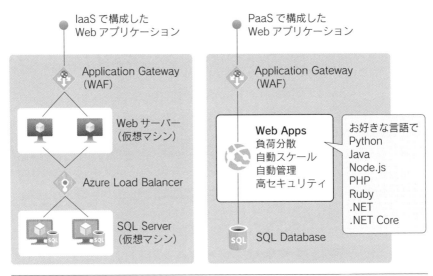

❏ Azure App Service を利用した Web アプリケーションの構成例

Azure App Serviceの構成

Azure App Serviceは、様々なOSとランタイムを提供し、アプリケーションごとに選択が可能です。Dockerコンテナーにも対応しており、アプリケーションをコンテナー化することもできます。

○ **OS**：WindowsとLinuxから選択可能です。
○ **ランタイム**：標準で、.NET、.NET Core、ASP.NET、Java、Node、PHP、Python、Rudyを提供し、それぞれのランタイムで複数のメジャーバージョンが利用可能です。

❑ Azure App Serviceの構成

Azure App Serviceを作成するための主な設計項目は以下の7点です。

1. サブスクリプション
2. リソースグループ
3. Webアプリケーションの名前
4. 公開
5. ランタイムスタック/OS
6. リージョン
7. App Serviceプラン/価格プラン/ゾーン冗長

ホーム > App Service >

Web アプリの作成 ⋯

基本　デプロイ　ネットワーク　監視　タグ　確認および作成

App Service Web Apps を使用すると、任意のプラットフォームで実行するエンタープライズ レベルの Web アプリ、モバイル アプリ、API アプ
リを素早くビルド、デプロイ、スケーリングできます。フル マネージド プラットフォームを使用してインフラストラクチャ メンテナンスを実行するには、
パフォーマンス、スケーラビリティ、セキュリティおよびコンプライアンスの要件を確実に満たしてください。詳細情報

プロジェクトの詳細

デプロイされているリソースとコストを管理するサブスクリプションを選択します。フォルダーのようなリソース グループを使用して、すべてのリソース
を整理し、管理します。

サブスクリプション * ⓘ	〔　　　　　　　〕 ∨
└── リソース グループ * ⓘ	sample-rg01 ∨
	新規作成

インスタンスの詳細

データベースが必要ですか? 新しい Web + データベース エクスペリエンスをお試しください。⧉

名前 *	samplewebapphoge01
	.azurewebsites.net
公開 *	◉ コード ○ Docker コンテナー ○ 静的 Web アプリ
ランタイム スタック *	.NET 7 (STS) ∨
オペレーティング システム *	○ Linux ◉ Windows
地域 *	Japan East ∨
	❶ App Service プランが見つかりませんか? 別のリージョンを試すか、App Service Environment を選択してください。

価格プラン

App Service プランの価格レベルによって、アプリに関連する場所、機能、コスト、コンピューティング リソースが決定されます。詳細情報 ⧉

Windows プラン (Japan East) * ⓘ	sample-appplan01 (P1v3) ∨
	新規作成
価格プラン	**Premium V3 P1V3** (195 最小 ACU/vCPU、8 GB メモリ、2 vCPU)

〔 確認および作成 〕　〔 < 前へ 〕　〔 次: デプロイ > 〕

❏ Azure App Service の設定画面

ゾーン冗長

App Service プランは、ゾーン冗長サービスをサポートするリージョンでそのようなサービスとしてデプロイすることができます。この決定はデプロイ
時にのみ行うことができます。デプロイ後に、App Service プランをゾーン冗長にすることはできません。詳細情報 ⧉

ゾーン冗長	○ **有効:** App Service プランとその中のアプリは、ゾーン冗長になります。App Service プランの最小のインスタンス数は 3 になります。
	◉ **無効:** App Service プランとその中のアプリゾーン冗長にはなりません。App Service プランの最小のインスタンス数は 1 になります。

〔 確認および作成 〕　〔 < 前へ 〕　〔 次: デプロイ > 〕

❏ Azure App Service の設定画面（続き）

○ **Webアプリケーションの名前**：名前はグローバルで一意である必要があります。
「アプリケーションの名前＋既定ドメイン名（.azurewebsites.net）」が既定のURL
になります。必要に応じて、カスタムドメインの割り当ても可能です。

290

○ **公開**：App Serviceにホストする形式を選択します。「コード」「Dockerコンテナー」
「静的Webアプリ」から選択が可能です。

○ **ランタイムスタック/OS**：アプリケーションが動作するランタイムとOSを指定
します。OSによって利用可能なランタイムが異なるため、注意が必要です。

❏ ランタイムスタック/OSの選択（ASP.NETはWindowsのみ）

❏ ランタイムスタック/OSの選択（PythonはLinuxのみ）

○ **地域**：アプリケーションがデプロイされるリージョンは、指定するApp Serviceプ
ランに依存します。

○ **App Serviceプラン/価格プラン/ゾーン冗長**：アプリケーションが動作するサー
バー構成（App Serviceプラン）を指定します。App Serviceプランの詳細は後述
します。

Azure App Serviceプラン

　Azure App Serviceでは、アプリケーションを様々なサーバー構成で動作させ
ることが可能です。App Serviceプランでは、アプリケーションで利用するコン
ピューティングリソースの定義を行います。

○ 価格レベルによって構成が異なり、利用できる機能も異なります。

○ アプリケーションの要件に応じて、サーバースペックやインスタンス数を検討する
必要があり、構築後にスケールアップやスケールアウトすることもできます。

○ PaaSの特徴である自動スケール機能を利用するには、Standard以上の価格レベル
を選ぶ必要があります。

5

コンピューティングサービス

開発・テスト向け			運用・本番向け	
共有型	占有型			独立配置型
F1 (Free)	B1/B2/B3 (Basic)	S1/S2/S3 (Standard)		I1v2/I2v2/I3v2 (Isolated)
D1 (Shared)		P1v3/P2v3/P3v3 (Premium)		

❑ App Serviceプランの種類

Azure App Service は App Service プラン上に Web Apps（Web アプリケーションの定義）を配置する構成をとっており、アプリケーションとコンピューティングリソースを分離しています。App Service プラン上では Azure Functions や Logic Apps など、Web Apps 以外のアプリケーションを動作させることも可能です。

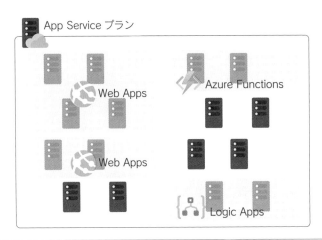

❑ App Serviceプランの構成

App Service を作成するための主な設計項目は以下の7点です。

1. サブスクリプション
2. リソースグループ
3. App Serviceプランの名前
4. OS
5. リージョン

292

6. 価格プラン

7. ゾーン冗長

❑ App Serviceプランの設定画面

○ **App Serviceプランの名前**：Azure App Serviceの名前とは別に、App Serviceプランの名前を指定します。

○ **OS**：アプリケーションが稼働する環境のOSを「Windows」と「Linux」から選択します。OSによって利用できるランタイムの種類が異なるため注意が必要です。App Serviceプランで複数のWeb Appsを動作させることは可能ですが、同一のOSであることを考慮する必要があります。

5

コンピューティングサービス

- **地域**：アプリケーションが稼働する場所を選択します。
- **価格プラン**：App Serviceのスペックや利用できる機能を定義する概念です。OSの種類に応じて選択可能な価格プランの種類が異なるため、OSとあわせて検討が必要です。

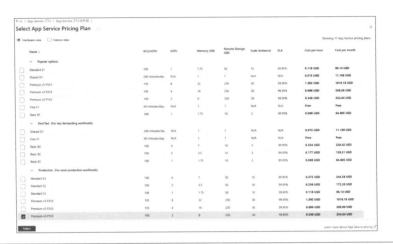

❏ App Serviceプランの設定画面（価格プランの選択）

- **ゾーン冗長**：単一の可用性ゾーンに配置するか、もしくはゾーン冗長構成として可用性ゾーンにまたがった構成にするかを選択します。

▶▶▶ **重要ポイント**

- App Service上のアプリケーションはOSとリージョンと価格プランの組み合わせで動作するため、App Serviceプランを事前に準備する必要がある。
- ランタイムにはWindowsとLinuxの両方で動作するもの、Windowsのみで動作するもの、Linuxのみで動作するものがあり、OSによって種類が異なるため、設計時に検討が必要。

Azure App Serviceのネットワーク

Azure App Serviceはプランによって利用できるネットワーク機能が異なります。ネットワークの主な機能は次の4つで、要件に従って利用する機能とプランを検討する必要があります。

○ **仮想ネットワーク統合**：App Service上のアプリケーションから仮想ネットワーク
に接続するための機能です。
○ **プライベートエンドポイント**：仮想ネットワーク上のサービスから、App Service
上のアプリケーションに接続するための機能です。
○ **アクセス制限**：優先度で順序付けした許可リストまたは拒否リストを定義します。
パブリックアクセスを拒否することで、プライベートエンドポイントからのトラフ
ィックを除くすべての受信トラフィックがブロックされます。
○ **App Service Environment（ASE）**：仮想ネットワーク上にApp Serviceを配置
可能にする機能です。

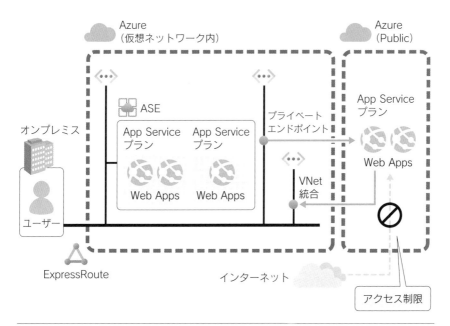

❏ Azure App Serviceのネットワーク機能

　Azure App Serviceのネットワーク機能はAzure Portalの場合、「ネットワー
ク」のメニューから設定が可能です。

❏ Azure App Serviceのネットワークの設定画面

Azure App Serviceのカスタムドメイン

　Webアプリケーションを作成すると、既定で「**azurewebsites.net**」のサブ
ドメインが割り当てられます。運用上、Webアプリケーションを公開する際に、
独自のドメイン名で公開したい場合があります。アプリケーションに独自のド
メインを割り当てる場合、次の3つの作業が必要です。

- ○ カスタムドメイン名の取得
- ○ DNSレコードの作成
- ○ カスタムドメインの有効化

App Serviceドメインを使用したアプリケーションの構成

　Webアプリケーションにカスタムドメインを割り当てる前に、カスタムドメ
インを購入する必要があります。外部のドメイン名を登録することも可能です
し、App ServiceドメインというAzureで管理するドメインを登録することも
可能です。App Serviceドメインを使用するには、App Serviceプランを有料の

価格レベルにする必要があります。

　ここでは、アプリケーションに対して、App Serviceドメインで作成したカスタムドメインを割り当てる方法を紹介していきます。

　まずは、App Serviceドメインを作成します。カスタムドメインを割り当てるアプリケーションのメニューから「カスタムドメイン」設定を選択します。

❏ Azure App Serviceの設定画面：カスタムドメインの選択

　次に、「App Serviceドメインの購入」を選択します。

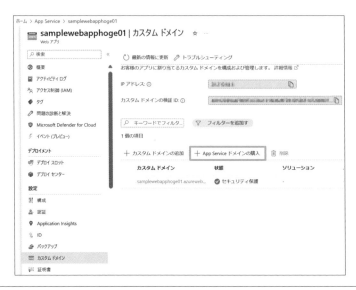

❏ Azure App Serviceの設定画面：App Serviceドメインの購入

次に、アプリケーションに割り当てるドメインの名前を指定します。App Serviceドメインでは、com、net、co.uk、org、nl、in、biz、org.uk、co.inの各トップレベルのドメインから選択可能です。

❏ App Serviceドメインの設定画面：ドメイン名の指定

次に、アプリケーションに割り当てるホスト名を指定し、作成します。

❏ アプリケーションのホスト名

ホスト名	説明
root(@)	contoso.comドメインを購入した場合はルートドメインになります。割り当てない場合は「いいえ」を選択します。
'www' サブドメイン	contoso.comドメインを購入した場合のサブドメインはwww.contoso.comになります。マップしない場合は「いいえ」を選択します。

❏ App Serviceドメインの設定画面：ホスト名の割り当て

以上で、App Serviceドメインの取得が完了です。

次に、アプリケーションに対して、作成したカスタムドメインの割り当てを行います。アプリケーションのカスタムドメインの設定から、「カスタムドメインの追加」を選択します。

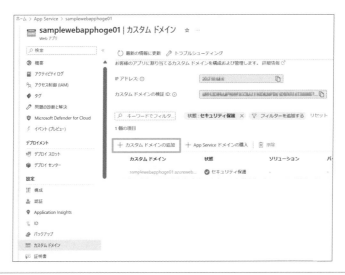

❏ Azure App Serviceの設定画面：カスタムドメインの追加

次に、以下の設定項目を指定し、「追加」を選択します。

- ○ **ドメインプロバイダー**：「App Service ドメイン」を選択します。
- ○ **TLS または SSL 証明書**：独自の証明書を利用する場合は「後で証明書を追加する」を選択します。
- ○ **TLS/SSL の種類**：「SNI SSL」（SNI バインド（無料））、または「IP ベースの SSL」（IP SSL（Standard 以上））を選択します。
- ○ **App Service ドメイン**：作成した App Service ドメインを選択します。
- ○ **ドメインの種類**：割り当てるドメインの種類を選択します。ドメインの Azure DNS レコードに A レコード、CNAME レコードが作成されます。

❏ カスタムドメイン追加の設定画面

　以上で、アプリケーションへのカスタムドメインの割り当てが完了です。これで、カスタムドメインの URL にアクセスすることが可能になります。

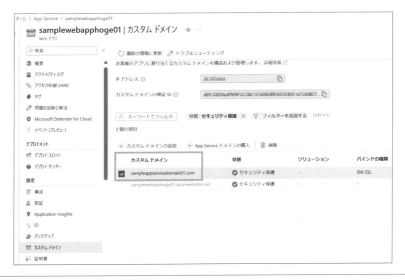

❏ カスタムドメインの設定画面

App Serviceドメインの更新

App Serviceドメインは取得時点から1年間有効です。ドメインの更新は手動で実施が可能ですし、次のように、App Serviceドメインの「ドメインの更新」メニューから、自動更新するように構成できます。

❏ App Serviceドメインの自動更新の設定画面

- App Serviceにカスタムドメインを設定するには、「カスタムドメインの取得」
  「DNSレコードの作成」「カスタムドメインの有効化」の作業が必要。

Azure App Serviceのスケーリング

　スケーリングには、「スケールアップ」と「スケールアウト」の2つの方法が
あります。スケール設定の変更はApp Serviceプランに含まれるアプリケーシ
ョンに反映され、コードを変更する必要はありません。

○ **スケールアップ**：CPU、メモリ、ディスク領域を増やしたり、専用の仮想マシン
　（VM）、ステージングスロットなどの拡張機能を追加したりします。スケールアッ
　プするには、アプリケーションが属しているApp Serviceプランの価格レベルを変
　更します。

○ **スケールアウト**：アプリケーションを実行するVMインスタンスの数を増加しま
　す。App Serviceプランの価格レベルに応じて、スケールアウトできます。インス
　タンス数のスケーリングは、手動または自動（自動スケーリング）で構成できます。
　自動スケーリングは、定義済みの規則とスケジュールに基づいて実施されます。

自動スケーリングの設定

　自動スケーリングを使用することで、アプリケーションの要求に対応できる
リソースをプロビジョニングし、過剰なプロビジョニングによる不要なコスト
が発生しないように管理できます。

　各リソースの自動スケーリングの設定内容は、Azure Monitorの設定から確
認します。「自動スケーリング」のメニューから、自動スケーリングが適用可能
なすべてのリソースを、現在の状態とともに表示します。自動スケーリングの
状態を次に示します。

○ **未構成**：自動スケーリングが構成されていません。
○ **無効**：自動スケーリングの設定が無効です。
○ **有効**：自動スケーリングの設定が有効です。

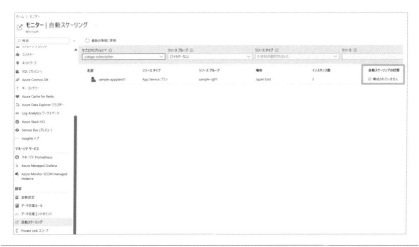

❑ Azure Monitorの設定画面：自動スケーリングの状態の確認

　では、これから自動スケーリングの設定を行っていきます。例として、CPU
使用率に基づいてWebアプリケーションを自動スケーリングさせる設定を作
成してみましょう。

1. 自動スケーリングの状態を確認した画面から、自動スケーリングさせるリソース
　 を選択します。

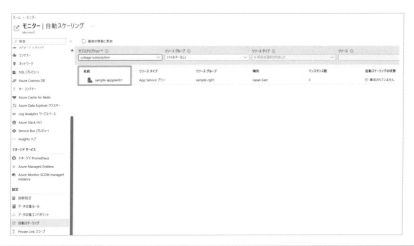

❑ Azure Monitorの設定画面：自動スケーリングするリソースの選択

2. スケーリング方法として「カスタム自動スケーリング」を選択します。

❑ 自動スケーリングの設定画面：スケーリング方法の選択

3. スケールモードとして「メトリックに基づいてスケーリングする」を選択します。

❑ 自動スケーリングの設定画面：スケーリングモードの選択

4. 「ルール」に表示されるメッセージ内の「規則を追加する」リンクを選択します。

ホーム > モニター | 自動スケーリング >

自動スケーリング設定 …
sample-appplan01 (App Service プラン)

🖫 保存 ✕ 破棄 ○ 最新の情報に更新 🔗 ログ ⟨⟩ フィードバック

リソースをスケーリングする方法を選択します

手動スケール	カスタム自動スケーリング ⦿
固定インスタンス数を維持する	任意のメトリックに基づき、任意のスケジュールに合わせてスケーリング

カスタム自動スケーリング

自動スケーリング設定の名前 *	sample-appplan01-自動スケーリング-62
リソース グループ	sample-rg01
インスタンス数	3

既定 * 　自動作成された既定のスケール条件 🖉 　　　　　　　　　⊘

削除の警告　　🛈 一番最後のルールや既定の定期的なルールを削除することはできません。代わりに、自動スケーリングを無効にすると、自動スケーリングをオフにできます。

スケール モード　　⦿ メトリックに基づいてスケーリングする ○ 特定のインスタンス数 にスケーリングする

ルール　　⚠ スケールはメトリック トリガー ルールに基づいていますが、ルールが定義されていません。ルールを作成するには、規則を追加するルールが作成されます。例: 'CPU の割合 が 70% を超えている場合にインスタンス数を 1 増やすルールを追加します。' ルールが定義されていない場合、リソースは既定の インスタンス数 に設定されます。

インスタンス の制限

最小 * 🛈	最大値 * 🛈	既定 * 🛈
3	3	3

スケジュール　　**スケーリング条件は、その他のスケーリング条件のいずれも一致しないときに実行されます**

＋ スケーリング条件を追加する

❑ 自動スケーリングの設定画面：規則の追加

5. 画面右側のコンテキストウィンドウで、スケールする条件を指定します。以下の例では、「CPU使用率が70%を超えると1インスタンス分増える」という条件になります。

スケール ルール   ×

リソース タイプ
| App Service プラン   ∨ |

リソース
| sample-appplan01   ∨ |

☑ Criteria

メトリック名前空間 *
| 標準的なメトリック   ∨ |

メトリック名
| CPU Percentage   ∨ |

1 分の時間グレイン

ディメンション名	演算子	ディメンション値	追加
Instance	= ∨	すべての値 ∨	+

ディメンションに複数の値を選択すると、自動スケーリング は、各値のメトリックを個別に評価するのではなく、選択した値全体のメトリックを集計します。

```
80%
- - - - - - - - - - - - - - - - - - - - - - - - - - - - -
60%

40%

20%

0%
              11:10                      11:15      UTC+09:00
```

CpuPercentage (平均)
| 0.35 % |

☐ インスタンス数によるメトリックの除算を有効にする ⓘ

演算子 *
| 次の値より大きい   ∨ |

スケール操作をトリガーするメトリックのしきい値 * ⓘ
| 70 |
%

期間 (分) * ⓘ
| 10 |

期間粒度 (分) ⓘ
| 1 |

時間グレインの統計 * ⓘ
| 平均   ∨ |

時間の集計 * ⓘ
| 平均   ∨ |

💺 Action

操作 *
| カウントを増やす量   ∨ |

クール ダウン (分) * ⓘ
| 5 |

インスタンス数 *
| 1   ∨ |

| 追加 |

❏ 自動スケーリングの設定画面：スケールルールの設定

　以上で、自動スケールアウトのルールが作成されました。
　別のルールを追加することも可能で、先ほどと同様にスケールインのルールを作ってみましょう。

❏ 自動スケーリングの設定画面：規則の追加

　以下の例では、「CPU使用率が20%を下回ると1インスタンス分減る」とい
う条件になります。

スケール ルール   ×

リソース タイプ   リソース
| App Service プラン   ∨ | | sample-appplan01   ∨ |

📋 Criteria

メトリック名前空間 *   メトリック名
| 標準的なメトリック   ∨ | | CPU Percentage   ∨ |

1 分の時間グレイン
| ディメンション名   演算子   ディメンション値   追加 |
| Instance | = ∨ | | すべての値   ∨ | + |

ディメンションに複数の値を選択すると、自動スケーリング は、各値のメトリックを個別に評価するのではなく、選択した値全体のメトリックを集計します。

```
 20% ┄┄┄┄┄┄┄┄┄┄┄┄┄┄┄┄┄┄┄┄┄┄┄┄┄┄┄┄┄┄┄┄┄┄┄ ▅
 15%
 10%
  5%
  0%
      11:10                11:15              UTC+09:00
```

CpuPercentage (平均)
| 0.25 % |

☐ インスタンス数によるメトリックの除算を有効にする ⓘ

演算子 *   スケール操作をトリガーするメトリックのしきい値 * ⓘ
| 次の値より小さい   ∨ | | 20   ∨ |
                                                                    %

期間 (分) * ⓘ   期間粒度 (分) ⓘ
| 10 | | 1 |

時間グレインの統計 * ⓘ   時間の集計 * ⓘ
| 平均   ∨ | | 平均   ∨ |

👥 Action

操作 *   クール ダウン (分) * ⓘ
| カウントを減らす量   ∨ | | 5 |

インスタンス数 *
| 1   ∨ |

[追加]

❑ 自動スケーリングの設定画面：スケールルールの設定

　これでスケールインのルールが作成されました。最後に、インスタンス制限の設定で最小と最大と既定の数を指定し、「保存」を選択すると、自動スケーリングの設定が正常に作成されます。

　今回の例としては、既定のインスタンスの数は3個で、CPU使用率が70%を超えると最大10個までインスタンスが追加され、CPU使用率が20%を下回るとインスタンスは最小3個まで削除される、という自動スケーリングの設定を作成しました。

❏ 自動スケーリングの設定画面：自動スケーリングの設定内容の確認

▶▶▶ **重要ポイント**

● App Serviceの自動スケールを行う場合、仮想マシンスケールセットと同様に、インスタンスの最小数と最大数、およびスケールする条件と追加/削除するインスタンスの数を設定し、起動するインスタンスの数を制御する。

アプリケーションのデプロイ

App Serviceにアプリケーションをデプロイする際に、自動デプロイまたは手動デプロイを選択します。

自動デプロイ

自動デプロイは、ユーザーへの影響を最小限に抑えて、新機能とバグ修正を高速かつ反復的なパターンでプッシュアウトするために使用されるプロセスです。Azureは、複数のソースからの自動デプロイをサポートします。

5

コンピューティングサービス

- **Azure DevOps**：Azure DevOpsにコードをプッシュし、クラウド上でビルドとテストを実行します。その後コードからリリースを生成して、最後にコードをAzure Webアプリケーションにプッシュします。
- **GitHub**：Azureでは、GitHubからの直接の自動デプロイをサポートします。自動デプロイのためにGitHubリポジトリをAzureに接続すると、GitHub上の運用ブランチにプッシュするすべての変更が自動的にデプロイされます。
- **Bitbucket**：GitHubとの類似性により、Bitbucketを使用して自動デプロイを構成できます。

手動デプロイ

手動デプロイでは、コードをAzureに手動でプッシュします。コードを手動でプッシュするには、いくつかのオプションがあります。

- **Git**：App Serviceの機能によって、リモートリポジトリとして追加できるGit URLが提供されます。リモートリポジトリにプッシュすると、アプリケーションがデプロイされます。
- **CLI**：az webapp upコマンドは、アプリケーションをパッケージ化してデプロイするコマンドラインインターフェイスの機能です。
- **Visual Studio**：Visual Studioには、デプロイプロセスを段階的に実行できるApp Serviceデプロイウィザードがあります。
- **FTP/S**：FTPまたはFTPSは、App Serviceを含む、様々なホスティング環境にコードをプッシュする従来の方法です。

デプロイスロット

Azure App Serviceでは、アプリケーションをデプロイするときに、運用スロットではなく、専用のスロットを利用できます。専用のスロットを用意することには次のメリットがあります。

- 本番環境に新しいバージョンのアプリケーションをデプロイする前に、ステージング環境にデプロイして動作確認できます。
- スワップ後に運用スロットで新しいアプリケーションに不具合があった場合でも、元のバージョンに戻せます。

○ アプリケーションでデプロイする際のダウンタイムを削減できます。スワップ前の検証が必要ない場合などに、自動スワップを構成してワークフロー全体を自動化できます。

　デプロイスロットはプランによって利用可否（Standardレベル以上で利用可）やスロット数が異なります。

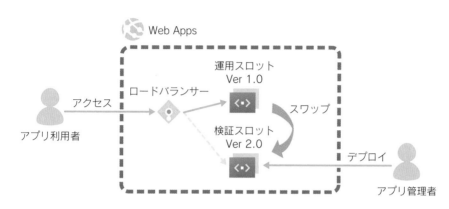

❏ デプロイスロットの仕組み

　Azure App Serviceのデプロイ時点では、スロットは1つの状態です。ここでは、スロットを追加してスワップを実行してみます。まずは、「デプロイスロット」のメニューから「スロットの追加」を選択します。

❏ デプロイスロットの設定画面

　次に、ダイアログボックスでスロット名を指定し、別のスロットからアプリケーション構成を複製するかどうかを選択します。

スロットの追加 ×

名前

staging

samplewebapphoge01-staging.azurewebsites.net

次から設定を複製:

設定を複製しない ⌄

❏ スロット追加の設定画面

スロットを追加した後は、「デプロイスロット」メニューが表示されます。既定では、新しいスロットの「トラフィック％」は0に設定され、トラフィックはすべて運用スロットにルーティングされます。その点を確認したら、次に「スワップ」を選択します。

❏ デプロイスロットの設定画面

スワップするソースとターゲットのスロットを選択します。通常、ターゲットは運用スロットになります。また、「ソースの変更」タブと「ターゲットの変更」タブを選択して、予定される構成の変更を確認し、「スワップ」を選択することで直ちにスロットをスワップできます。

❏ スワップの設定画面

▶▶ **重要ポイント**

● 新しいバージョンで問題が発生した場合に、スロットを交換することですばやく前のバージョンに戻せる。

● 複数のスロットを配置するにはStandard、Premium、Isolatedのレベルが必要で、必要に応じて App Service プランをスケールアップする。

縦書き: 5 コンピューティングサービス

5-3

Azure Kubernetes Service (AKS)

　Azure Kubernetes Service(AKS)は、Azure基盤上でKubernetesクラスターを構築、管理できるマネージドサービスです。KubernetesはOSS(オープンソースソフトウェア)のコンテナーオーケストレーションサービスで、アプリケーションやコンテナーを複数のサーバーに配置し、システムを自動構成する仕組みを提供します。

コンテナーの概要

　コンテナーは、アプリケーションの実行に必要なものを1つのイメージにまとめて、任意の環境で稼働させるための技術です。仮想マシンが物理サーバーのホストOSの上に仮想的なサーバーを作り出すのに対して、コンテナー技術はOS上で実行される各プロセスを隔離して動作させる環境を提供します。コンテナーには次のメリットがあり、主にアプリケーション開発を効率化する技術として普及しています。

○ サーバー仮想化よりもオーバーヘッドが小さく軽量
○ アプリケーションのポータビリティが高い

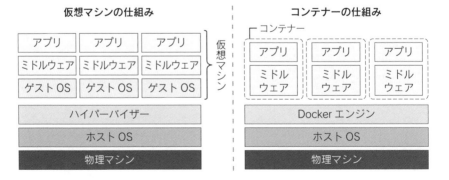

❏ 仮想マシンとコンテナーの仕組み

314

AKSの構成

　コンテナーの実行環境を提供する代表的なソフトウェアがDockerです。規模が小さい環境であればDockerだけでも問題ありませんが、実際のシステムでは、複数のサーバーにまたがってコンテナーを管理する必要があります。この課題を解決するのがオーケストレーションエンジンです。

　オーケストレーションエンジンは、アプリケーションやコンテナーを複数のサーバーに配置し、システムを自動構成する仕組みです。現在、オーケストレーションを実現するソフトウェアとしては、OSSのKubernetesがデファクトスタンダードになっています。

　AKSクラスターを使用すると、独自のカスタムKubernetesクラスターを実行する場合と比較して、複雑さや運用上のオーバーヘッドが軽減され、オープンソースのKubernetesの利点を得られます。

　Kubernetesクラスターは、ワークロードをオーケストレーションするコントロールプレーンと、ワークロードを実行するノードに分割されます。AKSクラスターを作成すると、コントロールプレーンが自動的に作成されて構成されます。コントロールプレーンには、次の主要なコンポーネントが含まれます。

❏ コントロールプレーンの主要なコンポーネント

コンポーネント	機能概要
API Server	kubectlやKubernetesダッシュボードなどの管理ツールを提供します。
etcd	Kubernetesクラスターの構成を保持する分散KVS（Key Value Store）です。
Scheduler	アプリケーションを作成するとき、またはスケーリングするときに、どのノードでワークロードを実行するかを制御します。
Controller Manager	Kubernetesクラスターの状態を監視します。

　AKSクラスターには少なくとも1つのノードがあり、ノードはKubernetesノードのコンポーネントとコンテナーランタイムを実行する仮想マシンです。

❏ ノードの主要なコンポーネント

コンポーネント	機能概要
kubelet	コントロールプレーンからの要求を、スケジュール設定に沿って処理するKubernetesエージェントです。
kube-proxy	プロキシは各ノード上でネットワークトラフィックをルーティングして、サービスとポッドのIPアドレスを管理します（ポッドは、1つまたは複数のコンテナーで構成）。
Container Runtime	コンテナー化されたアプリケーションが仮想ネットワークやストレージなどの追加リソースを実行して操作できるようにします。

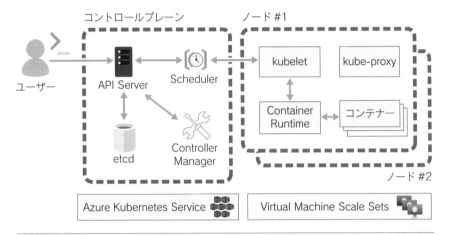

❏ AKSのアーキテクチャ

AKSを作成するための主な設計項目は以下の4点です。

1. 基本情報
2. ノードプール
3. アクセス
4. ネットワーク

316

1. 基本情報

❑ AKSの設定画面：基本情報

❑ AKSの設定画面：基本情報（続き）

- ○ **Kubernetesクラスターの名前**：Kubernetesクラスターの名前を指定します。名前は、リソースグループ内で一意である必要があります。

- ○ **Kubernetesバージョン/自動アップグレード**：デプロイ時のKubernetesのバージョンと、AKSクラスターのアップグレード方法を選択します。クラスターのアップグレードの詳細は後述します。

5 コンピューティングサービス

2. ノードプール

❑ AKSの設定画面：ノードプール

❑ AKSの設定画面：ノードプールの追加

○ **ノードサイズ**：ノードプール内のノードを構成する仮想マシンのサイズを選択します。

○ **スケーリング方法（最小ノード数、最大ノード数）**：クラスターに対して手動スケーリングまたは自動スケーリングを選択します。自動スケーリングを選択する場合は、ノード数の最小値と最大値を指定します。スケーリングの詳細は後述します。

3. アクセス

❏ AKSの設定画面：アクセス

○ **認証と認可**：Kubernetesクラスターへのアクセスを様々な方法で認証、認可、セキュリティ保護、制御できます。詳細は後述します。

4. ネットワーク

❏ AKSの設定画面：ネットワーク

○ **ネットワーク構成**：AKSクラスターをデプロイするネットワークモデルを、Kubenet と Azure CNI から選択します。ネットワークの詳細は後述します。

○ **プライベートクラスターの有効化**：プライベートクラスターを有効化すると、APIサーバーとノードプールとの間のネットワークトラフィックが、プライベートネットワークでのみ通信されるように内部IPアドレスを使用した構成となります。

AKSのスケーリング

　平日や夜間または週末など、アプリケーションの変則的な需要に対応するために、ワークロードを実行するノード数の調整が必要になる場合があります。クラスターオートスケーラーを使用することで、AKSクラスター内のノード数を自動的に増減し、コスト効率の高いクラスターの管理を構成できます。

　クラスターオートスケーラーは、リソース制約のためにスケジュールできないクラスター内のポッドを監視します。問題を検出すると、ノードプール内のノードの数を増やします。また、定期的にノードをチェックし、必要に応じてノードの数を減らします。

　AKSクラスターは、次の2つの方法でスケーリングします。

○ **クラスターオートスケーラー**：ノードの数を自動的に増やします。

○ **ポッドの水平オートスケーラー**：ポッドの数を自動的に増やします。

Azure Kubernetes Service（AKS）クラスター

❏ AKSクラスターのスケーリングの仕組み

クラスターオートスケーラー

　新規クラスターでクラスターオートスケーラーを有効化する場合は「az aks create」コマンドを使用します。作成する際に、--enable-cluster-autoscaler、--min-count、--max-countのパラメーターを指定することで、クラスターオートスケーラーを有効にした構成が可能です。次のコマンド例では、1つのノードを持つクラスターを作成する際に、クラスターオートスケーラーを有効にし、最小値を1ノード、最大値を3ノードに設定しています。

Azure CLI クラスターオートスケーラーの有効化（az aks createコマンド）

```
az aks create `
  --resource-group myResourceGroup `
  --name myAKSCluster `
  --node-count 1 `
  --vm-set-type VirtualMachineScaleSets `
  --load-balancer-sku standard `
  --enable-cluster-autoscaler `
  --min-count 1 `
  --max-count 3
```

　また、オートスケーラーのプロファイルを既定値から変更することで、クラスターオートスケーラーの詳細を構成できます。クラスターオートスケーラーを有効にする際に、異なる設定を指定しない限り、既定のプロファイルが使用されます。クラスターオートスケーラーで主に検討するプロファイルの一覧を次に示します。

❑ クラスターオートスケーラーのプロファイル

設定	説明
scan-interval	スケールアップまたはスケールダウンに関してクラスターが再評価される頻度
scale-down-delay-after-add	スケールアップ後に、スケールダウンの評価が再開されるまでの時間
scale-down-delay-after-delete	ノードの削除後に、スケールダウンの評価が再開されるまでの時間
scale-down-delay-after-failure	スケールダウンの失敗後に、スケールダウンの評価が再開されるまでの時間

設定	説明
scale-down-utilization-threshold	要求されたリソースの合計を容量で割った値として定義される、ノード利用レベル。これを下回るノードはスケールダウンの対象と見なすことができる
max-graceful-termination-sec	ノードのスケールダウンを試みるときに、クラスターオートスケーラーがポッドの終了を待機する最大秒数
expander	スケールアップで使用するノードプールexpanderの種類。指定できる値：most-pods、random、least-waste、priority
skip-nodes-with-local-storage	trueの場合、EmptyDirやHostPathなどのローカルストレージを備えたポッドがあるノードは、クラスターオートスケーラーによって削除されない
skip-nodes-with-system-pods	trueの場合、ポッドのあるノードは、クラスターオートスケーラーによってkube-systemから削除されない（DaemonSetまたはミラーポッドを除く）
max-empty-bulk-delete	同時に削除できる空ノードの最大数
max-node-provision-time	オートスケーラーがノードのプロビジョニングを待機する最大時間

ポッドの水平オートスケーラー

Kubernetesはポッドの水平自動スケーリングをサポートしており、Kubernetesクラスターのメトリックサーバーを使用して、CPU使用率などのメトリックに応じて、ポッドの数を調整します。「kubectl autoscale」コマンドまたはマニフェストファイルを使って、ポッドの水平オートスケーラーを構成できます。

▶▶▶ **重要ポイント**

- クラスターオートスケーラーでノードの数を制御し、水平オートスケーラーでポッドの数を制御する。

AKSのネットワーク

AKSクラスターを作成および管理するために、ノードおよびアプリケーションに対するネットワーク機能が提供されています。ネットワークリソースには、IPアドレス、ロードバランサー、およびイングレスコントローラーが含まれ、要件に応じて適した設計を行う必要があります。

　AKSクラスターを仮想ネットワークにデプロイする方法には次の2つがあります。

○ Azure Container Networking Interface（Azure CNI）：Azure特有のKubernetesプラグインを使用したネットワーク構成です。
○ Kubenet：Kubernetesのデフォルト仕様で、AKS既定のネットワーク構成です。

Azure CNI

　Azure CNIを使用すると、ポッドは仮想ネットワークのサブネットからIPアドレスを取得し、ポッドに対して直接アクセスできます。これらのIPアドレスは事前に計画し、ネットワーク空間全体で一意にする必要があります。各ノードには、サポートされるポッドの最大数に対する構成パラメーターがあり、ノードごとにそれと同じ数のIPアドレスが事前に予約されます。Azure CNIでは、アプリケーションの需要が増えると、IPアドレスが不足したり、さらに大きなサブネットでのクラスターの再構築が必要になったりする可能性があるため、適切に計画することが重要です。

　Azure CNIではKubenetとは異なり、同じ仮想ネットワーク内のリソースへのトラフィックは、ノードのプライマリIPにNAT処理されず、仮想ネットワークの外部に対するトラフィックは、ノードのプライマリIPアドレスでNAT処理されます。

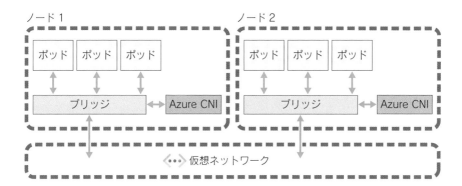

❏ Azure CNIの構成

　AKSをデプロイすると、AKSをデプロイしたリソースグループとAKSデプロイ時に自動展開されるリソースグループにそれぞれリソースが作成されます。

Azure CNIのオプションでAKSをデプロイした場合、仮想ネットワークは
AKSリソースと同じリソースグループに作成され、ノードを管理する仮想マシ
ンスケールセットやロードバランサーなどのリソースは自動展開されるリソー
スグループに作成されます。

AKSをデプロイしたリソースグループ

名前 ↑↓	種類 ↑↓
sample-aks02	Kubernetes サービス
sample-aks02group-vnet	仮想ネットワーク

AKSデプロイ時に自動展開されたリソースグループ

名前 ↑↓	種類 ↑↓
aks-agentpool-36313472-nsg	ネットワーク セキュリティ グループ
aks-agentpool-40325386-vmss	仮想マシンのスケール セット
c26546b2-df80-4d2a-96aa-9d9f0b9b4dc1	パブリック IP アドレス
kubernetes	ロード バランサー

❏ Azure CNIオプションでデプロイしたAKSのリソース構成

Kubenet

Kubenetは、AKSクラスターの既定の構成です。ノードは仮想ネットワーク
のサブネットからIPアドレスを受け取り、ポッドは仮想ネットワークのサブネ
ットとは論理的に異なるアドレス空間からIPアドレスを受け取ります。ポッド
と仮想ネットワークのリソースとの間で通信できるように、NATが構成され、
トラフィックの発信元IPアドレスは、ノードのプライマリIPアドレスに変換
されます。Kubenetは、ノードのみが仮想ネットワークからIPアドレスを取得
するため、IPアドレス空間を節約できます。

Kubenetは、ポッドが相互に直接通信できないため、複数のノードにまたがる
ポッド間の接続は、ユーザー定義ルート（UDR）とIP転送で処理されます。既
定では、UDRとIP転送の構成はAKSサービスによって作成および保守されま
すが、必要に応じて独自のルートテーブルを用意できます。

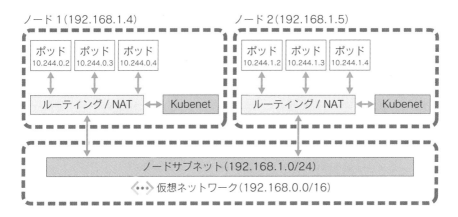

❏ Kubenetの構成

　Kubenetのオプションで AKS をデプロイした場合、仮想ネットワークは仮想マシンスケールセットやロードバランサーなどのリソースと同様に、自動展開されるリソースグループに配置されます。また、ノードの展開に応じて、UDRも自動的に設定されます。

AKS をデプロイしたリソースグループ

名前 ↑↓	種類 ↑↓
✦ sample-aks01	Kubernetes サービス

AKS デプロイ時に自動展開されたリソースグループ
（VNet はノードと同じリソースグループに展開され、展開時に UDR を自動的に設定）

名前 ↑↓	種類 ↑↓
✦ aks-agentpool-32546424-vmss	仮想マシンのスケール セット
✦ aks-agentpool-34542916-nsg	ネットワーク セキュリティ グループ
✦ aks-agentpool-34542916-routetable	ルート テーブル
✦ aks-vnet-34542916	仮想ネットワーク
✦ cd469028-99c9-4904-9342-502a6f139ca3	パブリック IP アドレス
✦ kubernetes	ロード バランサー

❏ KubenetオプションでデプロイしたAKSのリソース構成

Azure CNI と Kubenet、それぞれに長所と短所があり、要件に応じたネットワークモデルを選択する必要があります。

◎ **Azure CNI**
  - Kubenetと比較して、Azureのネットワーク機能をより多く利用できます。
  - ノードとポッドは仮想ネットワークからIPアドレスを取得するため、接続しているネットワークのAzureやオンプレミスのリソースとプライベートIPアドレスを介して直接通信できます。
  - ポッドも仮想ネットワークからIPアドレスを取得するため、より多くのIPアドレス空間を使用し、スケール時も含めたアドレス設計を計画する必要があります。

◎ **Kubenet**
  - ノードのみが仮想ネットワークからIPアドレスを取得するため、IPアドレス空間を節約できます。
  - Azure CNIと比較して、利用できるAzureのネットワーク機能が一部限定されています。
  - ノードとポッドが異なるIPサブネットに配置されるため、UDRとIP転送でポッドとノードとの間のトラフィックをルーティングします。この追加のルーティングにより、ネットワークパフォーマンスが低下する場合があります。
  - オンプレミスのネットワークへの接続または他のAzure仮想ネットワークへのピアリングが複雑になる可能性があります。

ネットワークポリシー

既定では、AKSクラスター内のすべてのポッドは制限なしにトラフィックを送受信できます。セキュリティを向上するためには、次のようなトラフィックフローを制御する規則が必要です。

◎ アプリケーションを必要なフロントエンドサービスのみに公開
◎ データベースへの接続を必要なアプリケーションからのみに限定

ネットワークポリシーはAKSで使用可能なKubernetesの機能で、ポッド間のトラフィックフローを制御できます。ユーザーは、割り当てられたラベル、名前空間、トラフィックポートなどの設定に基づいて、ポッドへのトラフィックを許可または拒否できます。ネットワークセキュリティグループはAKSノードに

適用し、ネットワークポリシーは、ポッドのトラフィックフローの制御に利用
します。

　Azureには、ネットワークポリシーを実装する2つのオプションがあります。
AKSクラスターを作成するときにオプションを選択し、クラスターの作成後は、
オプションを変更できません。

○ **Azureネットワークポリシー**：Azure独自の実装で、Azureのサポートとエンジニ
アリングチームによってサポートされます。Kubenetでは利用できません。
○ **Calicoネットワークポリシー**：オープンソースのネットワークセキュリティソリ
ューションです。

❑ Azure CNIオプションでのネットワークポリシー

ホーム > Kubernetes サービス >

Kubernetes クラスターを作成 ...

基本　ノード プール　アクセス　**ネットワーク**　統合　詳細　タグ　確認および作成

2 つのネットワーク オプション 'kubenet' と 'Azure CNI' から選択できます。

- **kubenet** ネットワーク プラグインを使用すると、既定値を使用して、クラスターの新しい VNet が作成されます。
- **Azure CNI** ネットワーク プラグインを使用すると、クラスターでは、カスタマイズ可能なアドレスで新規または既存の VNet を使用できます。アプリケーション ポッドは、VNet に直接接続されるため、VNet 機能とのネイティブ統合が可能です。

Azure Kubernetes Service のネットワークの詳細を表示します

ネットワーク構成 ⓘ　　　　　　⦿ kubenet
　　　　　　　　　　　　　　　　◯ Azure CNI

DNS 名のプレフィックス * ⓘ　　　sample-aks01-dns　　　　　　　　　　　✓

トラフィック ルーティング

ロード バランサー ⓘ　　　　　Standard

セキュリティ

プライベート クラスターの有効化 ⓘ　☐

承認された IP 範囲の設定 ⓘ　　☐

ネットワーク ポリシー ⓘ　　　⦿ なし
　　　　　　　　　　　　　　　◯ Calico
　　　　　　　　　　　　　　　◯ Azure

❑ Kubenetオプションでのネットワークポリシー

▶▶▶ 重要ポイント

- Azure CNIのほうが機能面でやや優れており、オンプレミスのネットワークなどクラスター外部との通信を管理しやすく、多くの運用環境に適している。その一方、Azure CNIはより多くのIPアドレスを消費するため、それを決め手にKubenetを選択するケースがある。
- KubenetではAzureネットワークポリシーが利用できない。

AKSの認証と認可

　AKSクラスターを管理する上でセキュリティレベルをより強固にしていくために、リソースやサービスへのアクセスを制御する方法について検討していく必要があります。このような制御がなければ、必要としないリソースやサービスへのアクセス許可がユーザーに付与されます。

Microsoft Entra統合

　Microsoft Entra統合を使ってAKSクラスターをデプロイすることで、ID管理を一元化できます。Kubernetesクラスターの開発者やアプリケーション所

有者がリソースに対するアクセス許可を定義するKubernetes RBACを作成し、Microsoft Entra IDのユーザーまたはグループに割り当てます。

Microsoft Entra統合は、次の認証フローに従います。

1. 開発者がMicrosoft Entra IDを利用して認証します。
2. Microsoft Entra IDがアクセストークンを発行します。
3. 開発者はMicrosoft Entra IDのトークンを使用して操作の実行を要求します。
4. KubernetesではMicrosoft Entra IDを利用してトークンの有効性を検証し、開発者のグループメンバーシップを取得します。
5. Kubernetes RBACとクラスターポリシーを適用します。
6. Microsoft Entra IDグループのメンバーシップの検証とKubernetes RBAC、ポリシーに基づき、開発者の要求が通過するかを決定します。

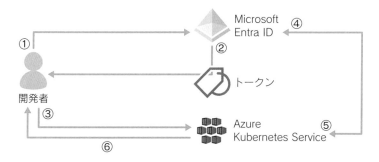

❑ Microsoft Entra統合を使用したリソースへのアクセス制御

Kubernetesのロールベースのアクセス制御（RBAC）

Kubernetes RBACを使用して、ユーザーまたはグループに付与するクラスターリソースへのアクセス許可を定義します。Microsoft Entra統合を利用して、ユーザーの状態またはグループメンバーシップの変更を自動的に更新し、クラスターリソースへのアクセス許可を最新の状態に保ちます。

Azure RBAC

Azure RBACは、Azure Resource Managerの承認システムであり、Azureリソースに対するアクセスをきめ細かく管理できます。Azure RBACでは、適用されるアクセス許可をロール定義として作成し、そのロールを特定のスコープ

に適用することで、ユーザーまたはグループにロールを割り当てます。スコープは、個々のリソース、リソースグループ、またはサブスクリプション全体に割り当てることが可能です。Kubernetes RBACとの違いを次に示します。

- **Kubernetes RBAC**：AKSクラスター内のKubernetesリソースに対して機能するように設計されています。
- **Azure RBAC**：Azureサブスクリプション内のリソースに対して機能するように設計されています。

AKSクラスターへのアクセスを管理するには、次の2つのアクセスについて検討していく必要があります。

- AKSリソースへのアクセス
- Kubernetes APIへのアクセス

Azure RBAC統合では、Microsoft Entra IDと統合されたKubernetesクラスターリソースの権限と割り当てを管理できます。Azure RBAC統合を使用すると、Kubernetes APIに対する要求は、「Microsoft Entra統合」の認証フローに従います。

この機能を使用すると、サブスクリプション間でAKSリソースへの権限をユーザーに付与するだけでなく、Kubernetes APIへのアクセスを制御する各クラスター内でもロールと権限を構成できます。

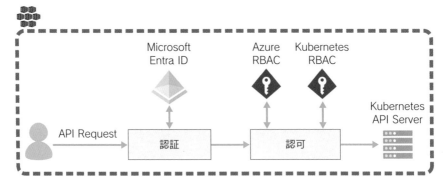

❏ Kubernetes APIへのアクセス制御

アプリケーションのデプロイ

AKSクラスターにアプリケーションをデプロイする方法として、いくつか手段があります。ここでは、ローカル環境でAzure CLIを使用した、コンテナーアプリケーションを実行する方法を紹介します。デプロイの手順は次のとおりです。

1. リソースグループの作成
2. AKSクラスターの作成
3. AKSクラスターへの接続
4. アプリケーションのデプロイ

まずはリソースグループを作成します。リソースグループを作成する際にはリージョンの指定が必要ですが、これはメタデータが格納される場所を意味します。az group createコマンドを使用して、リソースグループを作成します。

Azure CLI

```
az group create --name myResourceGroup --location japaneast
```

次にAKSクラスターを作成します。ここでは、1つのノードを含むAKSクラスターを作成します。

Azure CLI

```
az aks create -g myResourceGroup -n myAKSCluster --enable-managed-identity
↪--node-count 1
```

AKSクラスターの作成が完了すると、次にAKSクラスターに接続します。Kubernetesクラスターを管理するには、Kubernetesのコマンドラインクライアントであるkubectlを使用します。

まずは、kubectlをローカルにインストールするために、az aks install-cliコマンドを使用します。

331

```
az aks install-cli
```

次に、az aks get-credentialsコマンドを使用して、資格情報をダウンロードしてAKSクラスターに接続できるようにします。Kubernetesの構成ファイルを既定の場所から変更する場合は、--fileオプションを使用します。

```
az aks get-credentials --resource-group myResourceGroup --name myAKSCluster
```

次に、kubectl getコマンドを使用して、利用中のクラスターへの接続を確認します。このコマンドではクラスターノードが一覧化されるので、ノードの状態がReadyであることを確認してください。

```
kubectl get nodes
```

AKSクラスターが接続可能な状態であることを確認したら、最後はアプリケーションのデプロイを行います。ここでは、マニフェストファイルを使用してデプロイします。マニフェストファイルは、どのようなコンテナーイメージを実行するかを定義したもので、事前に作成しておきます。kubectl applyコマンドを使用して、構成したマニフェストファイルの名前を指定し、アプリケーションをデプロイします。

```
kubectl apply -f 〈ファイル名〉.yaml
```

以上で、AKSクラスターへのアプリケーションのデプロイは完了です。

▶▶▶ **重要ポイント**

● クライアントPCでAzure CLI、Azure PowerShellを使ってKubernetesクラスターを管理するためには、kubectlをインストールする必要がある。

AKSクラスターのアップグレード

　Kubernetesのバージョンのそれぞれの数字は、前のバージョンとの互換性を示しています。Kubernetesコミュニティでは、約4か月おきにマイナーバージョンをリリースしています。バージョン1.19以降の各バージョンのサポート期間は9か月間から1年間に延長されました。

○ **メジャーバージョン**：互換性のないAPIの更新や下位互換性が破棄されている可能性があるときに変更されます。
○ **マイナーバージョン**：マイナーリリースに対する下位互換性のある機能の更新が発生したときに変更されます。
○ **修正プログラムのバージョン**：下位互換性のあるバグ修正が行われたときに変更されます。

❏ Kubernetesのバージョン表記

AKSでのKubernetesバージョンのサポートポリシー

　AKSでは、SLOまたはSLAで有効なバージョンを一般提供（GA）バージョンとして定義し、Kubernetesの3つのGAマイナーバージョンをサポートしています。

○ AKSでリリースされた最新のGAマイナーバージョンは**N**と呼ばれます。
○ 2つ前までのマイナーバージョン（**N-2**）をサポートし、各マイナーバージョンでは最大2つの修正プログラムをサポートしています。
○ 新しいマイナーバージョンが導入された場合は、サポートされている最も古いマイナーバージョンと修正プログラムのリリースは非推奨となります。例えば、AKSで1.17.aが導入された場合に、次のバージョンのサポートが提供されます。
  ● 1.17.a、1.17.b、1.16.c、1.16.d、1.15.e、1.15.f（英字はパッチバージョン）
  ● 1.18.*をリリースすると、すべての1.15.*バージョンは30日後以降にサポート対象外

5
コンピューティングサービス

333

サポートされているAKSをアップグレードする場合、マイナーバージョンをスキップできません。例外として、サポートされていないバージョンからサポートされている最小のバージョンへのアップグレードは可能です。

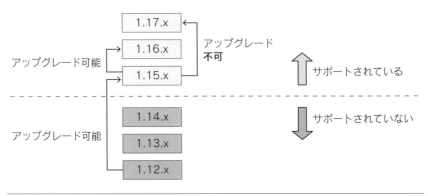

❏ アップグレードのスキップ

AKSクラスターのアップグレード方法

アップグレード方法としては、大きく次の3つがあります。

○ **手動アップグレード**：Azure PortalやAzure CLIを用いて、手動でアップグレードします。

○ **自動アップグレード**：新しいAKSノードイメージまたはクラスターバージョンが使用可能になったときに、自動的にアップグレードします。

○ **ブルーグリーンデプロイ**：古いクラスターから新しいクラスターへ切り替える方法で、アップグレードを含む変更を行うときの可用性を向上します。

✳ **手動アップグレード**

Azure Portal、またはAzure CLI、Azure PowerShellから実施可能で、アップグレードできるバージョンを確認した上で実施します。Azure CLIから実施する場合は次の手順で行います。

Azure CLI

```
$ az aks get-upgrades --resource-group Sample_Rg01 --name Sample_AksCluster01 --output table

    Name     ResourceGroup  MasterVersion  Upgrades
    -------  -------------  -------------  --------------
    default  Sample_Rg01    1.25.6         1.26.0  1.26.3

$ az aks upgrades --resource-group Sample_Rg01 --name Sample_AksCluster01 --kubernetes-version 1.26.0

$ az aks get-upgrades --resource-group Sample_Rg01 --name Sample_AksCluster01 --output table

    Name     ResourceGroup  MasterVersion  Upgrades
    -------  -------------  -------------  --------------
    default  Sample_Rg01    1.26.0         1.26.3
```

Azure Portalから実施する場合は次の画面から実行します。

❑ クラスター構成の設定画面

Kubernetes バージョンのアップグレード ⋯

クラスターを Kubernetes のより新しいバージョンにアップグレードするか、自動アップグレード設定を構成することができます。クラスターをアップグレードする場合は、コントロール プレーンのみをアップグレードするか、すべてのノード プールもアップグレードするかを選択できます。個々のノード プールをアップグレードするには、代わりに [ノード プール] メニュー項目に移動してください。

AKS クラスターのアップグレードに関する詳細を表示します ☐
Kubernetes の変更ログを表示します ☐

自動アップグレード ⓘ	無効	∨
Kubernetes バージョン ⓘ	1.26.3	∨
スコープのアップグレード ⓘ	◉ コントロール プレーン + すべてのノード プールをアップグレードする	
	○ コントロール プレーンのみをアップグレードする	

ⓘ Kubernetes は、バージョン 1.25.6 から 1.26.3 の ApiGroup からオブジェクトを削除しました。以下の ApiGroup を呼び出しているリソースがある場合、影響を回避するために、事前に新しい ApiGroup にそれらを移行してください。詳細情報 ☐

FlowSchema - flowcontrol.apiserver.k8s.io/v1beta1
HorizontalPodAutoscaler - autoscaling/v2beta2
PriorityLevelConfiguration - flowcontrol.apiserver.k8s.io/v1beta1

❏ アップグレードの実施画面

　AKSは既定で、1つの新しいバッファーノードを追加して（サージ操作）、アップグレードするように構成されます。AKSは既存のアプリケーションの切断またはドレイン前に追加ノードを作成して、古いバージョンのノードを置き換えることにより、ワークロードの中断を最小限に抑えることができます。

　最大サージ値をノードプールごとにカスタマイズすることが可能で、最大サージ値を増やすとアップグレードプロセスがより速く完了します。ただし、アップグレードプロセス中に中断が発生する可能性があります。

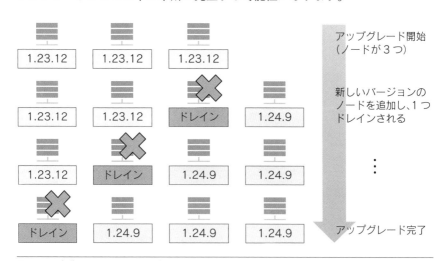

❏ アップグレードのイメージ

AKSは、最大サージ（--max-surge）に対して整数値とパーセント値を設定可能です。例えば、最大サージ値を100%とした場合はノード数が2倍になり、最速のアップグレードプロセスが提供されますが、ノードプール内のすべてのノードが同時にドレインされます。テスト環境では、このようなより大きな値を使用できますが、運用環境の場合は33%にすることをお勧めします。

✳ 自動アップグレード

自動アップグレードを有効にすることで、手動でアップグレードすることなく、クラスターを常に最新の状態に保ち、クラスターがサポートされていないバージョンに陥ることを回避できます。アップグレードのタイミングは、選択した自動アップグレードチャネルによって決まります。

❏ 自動アップグレードチャネルのオプション

チャネル	アクション	例
none	自動アップグレードを無効にして、クラスターを現行バージョンの状態で維持します。	自動アップグレードしません。
patch	サポートされる最新版のパッチが利用できるようになったときに、クラスターを自動アップグレードします。マイナーバージョンはそのまま維持されます。	クラスターでバージョン1.17.7を実行しているとき、バージョン1.17.9、1.18.4、1.18.6、1.19.1が利用できる場合、クラスターを1.17.9にアップグレードします。
stable	マイナーバージョン（N-1）でサポートされる最新のパッチリリースにクラスターを自動アップグレードします。	クラスターでバージョン1.17.7を実行しているとき、バージョン1.17.9、1.18.4、1.18.6、1.19.1が利用できる場合、クラスターを1.18.6にアップグレードします。
rapid	サポートされる最新のマイナーバージョンでサポートされる最新のパッチリリースにクラスターを自動アップグレードします。クラスターのバージョンがN-2マイナーバージョンの場合、クラスターはまずN-1マイナーバージョンでサポートされる最新のパッチバージョンにアップグレードし、その後Nマイナーバージョンにアップグレードします。	クラスターでバージョン1.17.7を実行しているとき、バージョン1.17.9、1.18.4、1.18.6、1.19.1が利用できる場合、まずはクラスターを1.18.6にアップグレードし、その後に1.19.1にアップグレードします。
node-image	ノードイメージを利用可能な最新バージョンに自動アップグレードします。	ノードイメージチャネルをオンにした場合、新しいバージョンが使用可能になるたびに、ノードイメージが自動的に更新されます。

5

コンピューティングサービス

自動アップグレードはAzure Portal、Azure CLIから設定可能で、Azure Portal
から設定する場合は以下の画面から行います。

ホーム > Kubernetes サービス > sample-aks01 | クラスター構成 >

Kubernetes バージョンのアップグレード …

クラスターを Kubernetes のより新しいバージョンにアップグレードするか、自動アップグレード設定を構成することができます。クラスターをアップグレードする場合は、コントロール プレーンのみをアップグレードするか、すべてのノード プールもアップグレードするかを選択できます。個々のノード プールをアップグレードするには、代わりに [ノード プール] メニュー項目に移動してください。

AKS クラスターのアップグレードに関する詳細を表示します ⧉
Kubernetes の変更ログを表示します ⧉

自動アップグレード ⓘ　　　　　　パッチで有効化 (推奨)　　　　　　　　　　　　　　∨

Kubernetes バージョン ⓘ　　　　**パッチで有効化 (推奨)**
　　　　　　　　　　　　　　　設定されたマイナー バージョン内の最新パッチ バージョンにクラスターを更新します。
スコープのアップグレード ⓘ

　　　　　　　　　　　　　　　安定した状態で有効化
　　　　　　　　　　　　　　　N-1 一般提供マイナー バージョンの最新パッチ バージョンにクラスターを更新します。

　　　　　　　　　　　　　　　高速で有効化
　　　　　　　　　　　　　　　最新の一般提供マイナー バージョンの最新パッチ バージョンにクラスターを更新します。

　　　　　　　　　　　　　　　ノード イメージで有効化
　　　　　　　　　　　　　　　ノード オペレーティング システムを利用可能な最新のイメージに更新しますが、Kubernetes バージョンは自動的に更新しません。

　　　　　　　　　　　　　　　無効
　　　　　　　　　　　　　　　クラスター イメージまたはノード イメージは自動的にアップグレードされません。アップグレードは手動で開始する必要があります。

❏ 自動アップグレードの設定画面：AKSクラスター＞クラスター構成

* **ブルーグリーンデプロイ**

　ブルーグリーンデプロイは、新しいクラスターを作成し、古いクラスターから新しいクラスターへ切り替える方法です。この構成はアップグレードを含む変更を行うときの可用性を向上し、新しいバージョンで検証が完了したら、ルーティング変更によって、ユーザートラフィックを切り替えます。ブルーグリーンデプロイを使用することで、現在のバージョンでの実行を続けながら、AKSクラスターの新しいバージョンをテストすることが可能です。

　ブルーグリーンデプロイにおける切り替えフローは次のとおりです。

1. 既存のクラスター（ブルー）がライブの状態で、新しいバージョンのクラスター（グリーン）をデプロイする準備をします。

2. 新しいバージョンのクラスター（グリーン）をデプロイします。

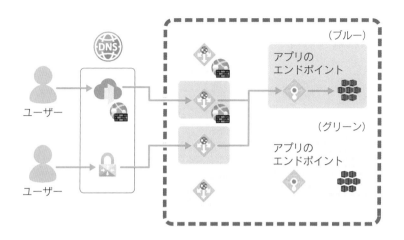

❏ ブルーグリーンデプロイの切り替えフロー：新しいバージョン（グリーン）のデプ
　ロイ

3. 新旧クラスター間（ブルー / グリーン）で、Kubernetesの状態を同期し、アプリ
　ケーションの動作やパフォーマンスの確認を行います。

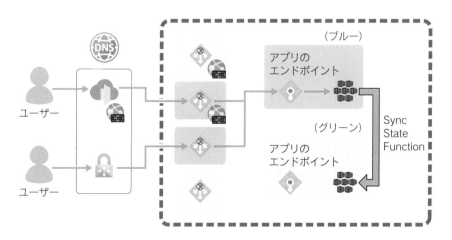

❏ ブルーグリーンデプロイの切り替えフロー：新しいバージョン（グリーン）での動
　作確認

4. 新しいクラスター (グリーン) に切り替えます。

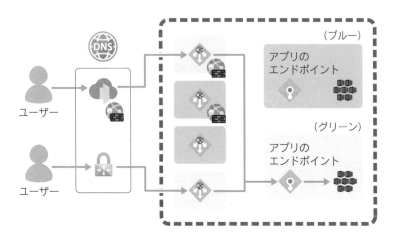

❏ ブルーグリーンデプロイの切り替えフロー：新しいバージョン (グリーン) への切り替え

▶▶▶ **重要ポイント**

● 最大サージ (--max-surge) の値で、アップグレードプロセスの速度を調整することができる。

5-4

Azure Container Instances

Azure Container Instances は、AKS と同様にコンテナーの実行環境を提供するサービスですが、構成はよりシンプルで、単一ポッドを提供するサービスになります。そのため、単体で動くアプリケーションやタスク自動化、バッチ処理など、分離されたコンテナーで実行するシナリオに適したサービスです。複数コンテナー間でのサービスの検出や自動スケーリングなど、オーケストレーション機能が必要なシナリオでは、AKS をお勧めします。

Azure Container Instancesの構成

Azure Container Instances の最上位のリソースは、コンテナーグループです。コンテナーグループは、同じホストコンピューター上にスケジュール設定されるコレクションです。コンテナーグループ内のコンテナーは、ライフサイクルやリソース、ローカルネットワーク、ストレージボリュームを共有します。これは、Kubernetes におけるポッドの概念に似ています。

次の図は、2つのコンテナーを含むマルチコンテナーグループの構成例を示しており、次の特徴があります。

○ 単一のホストコンピューター上にスケジュール設定されます。
○ 単一のパブリックIPアドレスとポートを公開し、FQDNを持つDNSラベルが割り当てられます。
○ 2つのコンテナーから構成され、片方のコンテナーはポート80でリッスンし、他方のコンテナーはポート5000でリッスンします。
○ ボリュームマウントとして2つのAzure Filesが含まれ、各コンテナーはローカルにマウントしています。

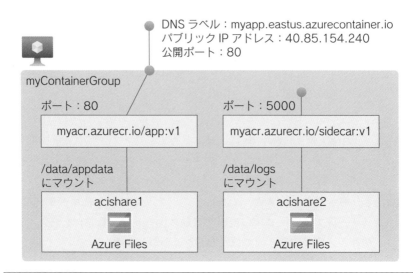

DNS ラベル：myapp.eastus.azurecontainer.io
パブリック IP アドレス：40.85.154.240
公開ポート：80

myContainerGroup

ポート：80

myacr.azurecr.io/app:v1

/data/appdata
にマウント

acishare1

Azure Files

ポート：5000

myacr.azurecr.io/sidecar:v1

/data/logs
にマウント

acishare2

Azure Files

❏ 2つのコンテナーを含むマルチコンテナーグループの構成例

　マルチコンテナーグループは、1つの機能タスクを複数のコンテナーに分割
する場合に利用します。現在、マルチコンテナーグループをサポートするのは
Linuxコンテナーで、Windowsコンテナーは1つのコンテナーインスタンスの
デプロイのみをサポートします。

▶▶▶　**重要ポイント**

● マルチコンテナーグループは、現在のところLinuxコンテナーでのみサポートさ
　れている。

リソースの割り当て

　Azure Container Instancesでは、グループに対してリソース要求を追加する
ことで、CPUやメモリなどのリソースをコンテナーグループに割り当てます。
例えば、それぞれが1CPUを要求する2つのコンテナーインスタンスを持つ1つ
のコンテナーグループを作成すると、コンテナーグループに2CPUが割り当て
られます。
　グループ内の各コンテナーインスタンスには、そのリソース要求で指定され
たリソースが割り当てられます。ただし、リソース制限プロパティを構成して

いる場合は、グループ内のコンテナーインスタンスに使用される最大リソース
が異なる場合があります。コンテナーインスタンスのリソース制限は、リソー
ス要求プロパティ以上にする必要があります。

○ リソース制限を指定しない場合、コンテナーインスタンスの最大リソース使用量は
リソース要求と同じです。

○ リソース制限を指定した場合、コンテナーインスタンスの最大リソース使用量はリ
ソース要求よりも大きくなり、設定した上限に達する可能性があります。それに応
じて、グループ内の他のコンテナーインスタンスのリソース使用量が減少する可能
性があります。コンテナーインスタンスに設定できるリソース制限の最大値は、グ
ループに割り当てられているリソース合計になります。

　例えば、グループに属する2つのコンテナーインスタンスのそれぞれに
1CPUのリソース要求を設定した場合に、あるコンテナーで実行されるワーク
ロードが他のコンテナーと比べて、多くのCPUを要求することがあります。こ
のシナリオでは、コンテナーインスタンスに対して最大2つのCPUのリソース
制限を設定できます。この構成にすると、コンテナーインスタンスには最大2つ
のCPUを使用できます。

再起動ポリシー

Azure Container Instancesではコンテナーの起動とデプロイを簡単にすばや
く行えるため、コンテナーインスタンスでのビルド、テスト、イメージレンダリ
ングなどの一度だけ実行されるタスクの実行に適しています。

Azure Container Instancesの再起動ポリシーを使用して、プロセスが完了し
たらコンテナーを停止するように設定できます。コンテナーインスタンスはコ
ンテナーの実行中に使用するコンピューティングリソースに課金が発生するた
め、この機能を活用することでコストを抑えることが可能です。

Azure Container Instancesでコンテナーグループを作成するときに、次の3
つの再起動ポリシーを指定できます。

○ **Always**：コンテナーグループ内のコンテナーを常に再起動します。これは既定の
設定で、コンテナー作成時に再起動ポリシーが指定されていない場合に適用されま
す。

5

コンピューティングサービス

343

- ○ **Never**：コンテナーグループ内のコンテナーを再起動しません。コンテナーは最大で１回実行されます。
- ○ **OnFailure**：コンテナーで実行されたプロセスが失敗した場合にのみ、コンテナーグループ内のコンテナーを再起動します。コンテナーは少なくとも１回実行されます。

▶ ▶ ▶ **重要ポイント**

- 再起動ポリシーを設定することで、コンテナーの起動状態を制御でき、コストを節約できる。

マルチコンテナーグループのデプロイ

マルチコンテナーグループのデプロイ方法はいくつかありますが、Azure Resource Manager（ARM）テンプレートは、追加のAzureサービスリソース（Azure Filesや仮想ネットワークなど）をコンテナーグループとともにデプロイするシナリオに適しています。

次に示すARMテンプレートでは、2つのコンテナー、パブリックIPアドレス、公開された2つのポートを備えるコンテナーグループが定義されます。1つ目のコンテナーでは、インターネットに接続するWebアプリケーションを実行します。2つ目のコンテナーであるサイドカーは、グループのローカルネットワーク経由でメインのWebアプリケーションにHTTP要求を送ります。

JSON ARMテンプレートを使用したマルチコンテナーグループの定義（一部抜粋）

```json
"resources": [
  {
    "name": "[parameters('containerGroupName')]",
    "type": "Microsoft.ContainerInstance/containerGroups",
    "apiVersion": "2019-12-01",
    "location": "[resourceGroup().locatioin]",
    "properties": {
      "containers" : [
        {
          "name" : "[variables('container1name')]",
          "properties": {
            "resources" : {
              "requests" : {
                "cpu" : 1,
                "memoryInGb" : 1.5
              }
            },
            "ports" : [
              {
                "port" : 80
              },
              {
                "port" : 8080
              }
            ]
          }
        },
        {
          "name" : "[variables('container2name')]",
          "properties": {
            "image" : "[variables('container2image)]",
            "resources" : {
              "requests" : {
                "cpu" : 1,
                "memoryInGb" : 1.5
              }
            }
          }
        }
      ],
```

5

コンピューティングサービス

```
      "osType" : "Linux",
      "ipAddress" : {
        "type" : "Public",
        "ports" : [
          {
            "protocol" : "tcp",
            "port" : 80
          },
          {
            "protocol" : "tcp",
            "port" : 8080
          },
        ]
      }
    }
  ],
```

❏ Azure Container Instances の containers プロパティ値

名前	説明
name	コンテナーインスタンスの名前
requests	コンテナーインスタンスのリソース要求を定義 ・CPU要求 ・メモリ要求
ipAddress	コンテナーグループのIPアドレスを定義 ・型（Private もしくは Public） ・プロトコルおよびポート
ports	コンテナーインスタンスで公開されるポート
osType	コンテナーで使用するOSの種類

5-5

Azure Automation

Azure Automation は、Azure 環境や Azure 以外のクラウドサービス、オンプレミスに対して一貫性した管理をサポートするサービスです。Azure Automation には、構成管理、Update Management、プロセスオートメーションの機能が含まれます。

○ **構成管理**：「変更履歴/インベントリ」と「Azure Automation State Configuration」の2つの機能をサポートします。Windows と Linux の仮想マシンの変更を追跡したり、指定した望ましい状態に構成して管理したりできます。

○ **Update Management**：Azure やオンプレミスの Windows と Linux に関する更新の準拠状態を可視化します。また、デプロイスケジュールを作成して、更新プログラムをインストールするように調整したり、マシンにインストールすべきでない更新プログラムをデプロイから除外したりできます。

○ **プロセスオートメーション**：管理に必要な Azure サービスやサードパーティシステムを統合し、管理タスクを自動化できます。

構成管理

Azure Automation の構成管理は、2つの機能をサポートします。

○ 変更管理とインベントリ
○ Azure Automation State Configuration

変更管理とインベントリ

Azure やオンプレミスでホストされている仮想マシンに対して変更を追跡することは、ソフトウェアで発生する問題を特定するのに役立ちます。変更履歴とインベントリで追跡する項目を次に示します。

- ○ Windowsソフトウェア
- ○ Linuxソフトウェア（パッケージ）
- ○ WindowsファイルとLinuxファイル
- ○ Windowsレジストリキー
- ○ Windowsサービス
- ○ Linuxデーモン

　変更履歴とインベントリでは、収集したデータはLog Analytics ワークスペースに格納されます。Log Analytics ワークスペースに接続されているマシンはエージェントを使用して、監視対象サーバーにインストールされているソフトウェア、Windowsサービス、Windowsのレジストリとファイル、およびLinuxデーモンの変更に関するデータを収集します。データが使用可能な状態になると、記録されたデータを使った分析が可能になります。

　例えば、WindowsとLinuxでファイルの変更を追跡することが可能で、ファイルのMD5ハッシュを使用して、前回のインベントリ以降に変更が加えられたかどうかを検出します。

Azure Automation State Configuration

　Azure Automation State Configuration は、PowerShell DSC（Desired State Configuration）のクラウドベースの実装であり、Azure Automation の一部として利用できます。この機能を使用すると、Azure とオンプレミスの仮想マシンに対して、PowerShell DSCの構成を記述、管理、およびコンパイルできます。また、DSCリソースのインポートとターゲットへの構成の割り当てをクラウドで実行できます。

　DSCは仮想マシンの拡張機能で利用できますが、Azure Automation State Configuration を選択する理由を次に示します。

- ○ **組み込みのプルサーバー**：Windows DSCと同様のプルサーバーを提供し、ターゲットノードが自動的に構成を受信し、望ましい状態に適用されます。独自のプルサーバーを設定して管理する必要はありません。
- ○ **DSC成果物の管理**：Azure PortalまたはPowerShellから、すべてのDSC構成、リソースおよびターゲットノードを管理できます。
- ○ **Azure Monitorへのレポートデータのインポート**：Azure Automation State Configurationで管理されるノードは、詳細なレポートデータを組み込みのプルサ

ーバーに送信します。そのデータをLog Analyticsワークスペースに転送することで、ノードや個々のDSCリソースのコンプライアンスステータスを確認できます。

　管理する仮想マシンの台数が多い場合は、プッシュモードよりプルモードのほうが適しており、Azure Automationはプルモードとして機能します。Azure Automation State Configurationを設定するには、DSC構成をAutomationアカウントにアップロードし、その後このアカウントを使用して仮想マシンを登録します。また、構成をコンパイルする前に、DSCプロセスで必要なすべてのPower Shellモジュールを Automationアカウントにインポートします。

　次の図は、Azure Automation State Configurationの設定内容を示しています。

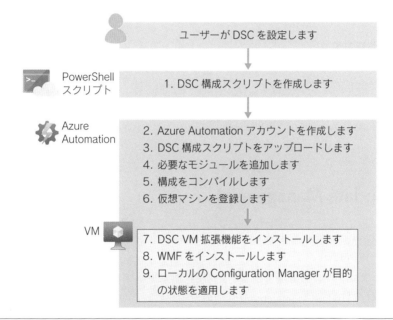

❏ Azure Automation State Configurationの設定内容

　既定では15分後に、ローカル構成マネージャー（LCM）によって、DSC構成ファイルに対する変更がないか、Azure Automationに対してポーリングします。仮想マシンでのすべての変更がDSCに記録され、構成を変更する場合はAutomationアカウントにアップロードして、仮想マシンに対して自動的に再構成できます。次の図は、VM上で必要な状態を管理するためのLCMのプロセスを示しています。

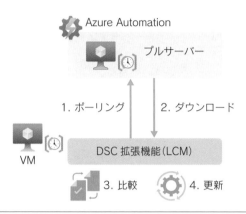

Azure Automation

プルサーバー

1. ポーリング   2. ダウンロード

DSC 拡張機能（LCM）

VM

3. 比較   4. 更新

❑ Azure Automation State Configurationの仕組み

▶ ▶ ▶ 重要ポイント

- DSCは仮想マシンの拡張機能で提供可能だが、Azure Automation State Configurationは組み込みのプルサーバーを提供する。
- Azure Automation State Configurationでは、「DSC構成スクリプトの作成」「Azure Automationでの設定」「管理対象の仮想マシンでの設定」が必要。

Update Management

Azure AutomationのUpdate Managementを使用して、Azureやオンプレミスのwindowsおよびlinux仮想マシンに対するオペレーティングシステムの更新プログラムを管理できます。利用可能な更新プログラムの状態をすばやく評価し、Update Management管理のマシンに対して、必要な更新プログラムをインストールするプロセスを管理できます。

次の図で、接続されたすべてのWindowsおよびLinux仮想マシンに対して、Update Managementによるセキュリティ更新プログラムの評価と適用を実行する方法を示します。

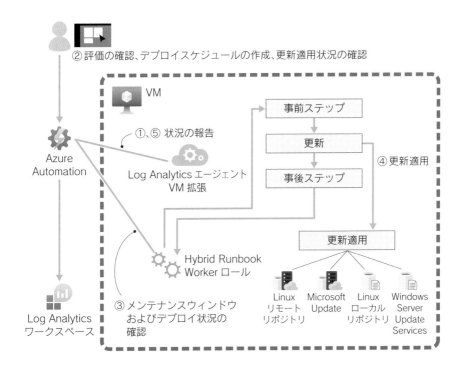

□ Azure AutomationのUpdate Managementの仕組み

Update ManagementはLog Analyticsと連携しており、管理対象のマシンから収集した更新プログラムの評価と更新プログラムのデプロイの結果がログデータとして保存されます。このデータを収集するために、Automationアカウントと Log Analyticsワークスペースがリンクされ、マシン上にLog Analyticsエージェントをインストールする必要があります。

マシンから収集した更新プログラムの評価はAzure Portalから確認できます。不足している更新プログラム、更新プログラムのデプロイ、複数のマシンの管理、スケジュールされている更新プログラムのデプロイに関する情報が表示されます。

プロセスオートメーション

Azure Automation のプロセスオートメーションは、PowerShell、PowerShell ワークフロー、グラフィカル Runbook を作成し、管理することが可能です。Runbook は、Azure Automation によって、内部で定義されたロジックに基づき実行されます。Azure Automation で Runbook を開始すると、ジョブが作成されます。

Azure Automation では、Runbook の実行中に各ジョブを実行するためのワーカーが割り当てられます。ワーカーは多数の Automation アカウントで共有されますが、異なる Automation アカウントからのジョブは互いに分離されています。どのワーカーがジョブの要求を処理するかを制御することはできません。

Azure Portal から Runbook の一覧を表示することが可能で、各 Runbook に対して開始された各ジョブの状態を表示します。Azure Automation には、ジョブのログが最大30日間保存されます。

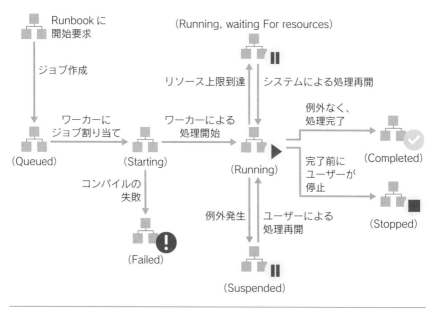

❏ Runbook ジョブのライフサイクル

Azure AutomationのRunbookをスケジュール設定することで、Runbookを指定の時刻に開始することが可能です。1回だけ実行するように構成することも、時間または日単位で繰り返すように構成することもできます。さらには、週単位、月単位、特定の曜日や日、または月の特定の日のスケジュールも指定できます。また、1つのRunbookを複数のスケジュールにリンクすることも、1つのスケジュールを複数のRunbookにリンクすることもできます。

❏ Azure Automationのスケジュール管理

▶▶▶ **重要ポイント**

● プロセスオートメーションは内部で定義したロジックに基づいてRunbookを実行できる。実行頻度をスケジューリングし、決まった時間帯にVMサイズを変更する、といった処理を実施できる。

353

5-6

その他のコンピューティングサービス

その他のコンピューティングサービスとして、Azure Container Registry、Azure Container Appsなどが挙げられます。ここではこれらについて見ていきます。

Azure Container Registry

Azure Container Registryは、OSSのDocker Registry 2.0に基づくマネージドレジストリサービスで、コンテナーイメージおよび関連する成果物を保持するコンテナーレジストリを作成し、管理します。

既存のデプロイパイプライン、またはAzure Container Registryタスクを使って、Azureにコンテナーイメージをビルドします。また、ソースコードのコミットやベースイメージの更新などのトリガーでビルドを自動化することも可能です。

Azure Container Registryから様々なターゲットにイメージをプルできます。

○ Azure Kubernetes Service(AKS)やApp Serviceなど、アプリケーションのビルドと実行をサポートしているAzureサービス

○ Azureサービス以外でも、Kubernetes、Docker Swarmなどコンテナー化されたアプリケーションを管理するサービス

Azure Container RegistryにはBasic、Standard、Premiumの3つのSKUがあります。その中でも、Premiumはストレージが最も大きく、同時実行操作数も最大で、大容量シナリオに対応できます。また、可用性ゾーンやgeoレプリケーションといった高可用性構成に対応した機能や、コンテンツの信頼やプライベートエンドポイントといったセキュリティの機能も提供しています。

❑ Azure Container Registryの作成：可用性ゾーンの有効化

❑ Azure Container Registryの作成：プライベートエンドポイントの設定

Azure Container Apps

Azure Container Apps は、AKS や Azure Container Instances と同様にコンテナーの実行環境を提供するサービスで、コンテナーに基づいたサーバーレスマイクロサービスやアプリケーションを構築できます。

Azure Container Apps の特徴を以下に示します。

- 汎用コンテナー（多くのマイクロサービスにまたがるアプリケーション）を実行するように最適化
- Kubernetes、Dapr、KEDA、envoyなどのOSSのテクノロジーを利用
- サービス検出やトラフィック分割など、Kubernetesベースのアプリケーションやマイクロサービスをサポート
- トラフィックに基づくスケーリングをサポートし、イベントソースからプルすることでイベント駆動型アプリケーションを構成
- 実行時間の長いプロセスをサポートし、バックグラウンドタスクを実行

Azure Container AppsではKubernetes APIへのアクセスは提供されないため、Kubernetes APIとコントロールプレーンにアクセスする必要がある場合はAKSを使用します。

Azure Container Instancesはコンテナーを動かすことに特化したサービスで、Azure Container Appsが提供するスケーリング、負荷分散は提供されません。Azure Container Instancesと比較すると、Azure Container Appsはより上位レイヤーまでマネージドサービスとして提供し、設定自由度が低いため、最適化されているシナリオに一致しない場合にAzure Container Instancesを使用します。

Azure Functions

Azure Functionsは、Azure上で提供されるサーバーレスコンピューティングサービスです。Azure Functionsを使用することで、イベントに応答してコードを実行することが可能です。Azure Functionsは、C#、F#、Java、JavaScript、PowerShell、Python、TypeScriptなどの言語をサポートしています。

Azure FunctionsはWeb APIの構築、データベースの変更への応答、イベントストリームやメッセージの処理など、様々なシナリオで利用されます。以下に、Azure Functionsの代表的なシナリオの例を示します。

- **ファイルのアップロードを処理**：Azure Functionsを使用して、Blob Storageのファイルを処理することが可能です。Blob Storageにトリガーを設定するオプションはいくつかありますが、Blob Storageに対する変更に基づいて、Azure Functionsを実行できます。

Blob Storage にファイルデータを　　Azure Functions が　　　　処理したデータを
アップロード　　　　　　　ファイルデータを処理　　　　システムに転送

❏ Blob Storageにアップロードされたファイルの処理

○ **リアルタイムストリームとイベント処理**：Azure Functionsでは、Event Gridなど
の待機時間の短いイベントトリガーを使用して、リアルタイムでデータを処理でき
ます。例えば、クラウドアプリケーションやIoTデバイス、ネットワークデバイス
から収集したテレメトリをAzure Functionsでリアルタイム処理し、分析ダッシュ
ボードで使用するためにCosmos DBに格納する構成を実装できます。

アプリまたはデバイスでの
データ生成

Event Hub での　　Azure Functions での　　処理したデータを　　ダッシュボードによる
データ収集　　　　リアルタイム処理　　　Cosmos DB に転送　　　データの視覚化

❏ Azure Functionsを使用したリアルタイム処理

○ **信頼性の高いメッセージングソリューション**：Azure FunctionsをAzureメッセー
ジングサービスとともに使用して、高度なイベントドリブンメッセージングソリュ
ーションを作成できます。例えば、注文処理や金融取引など瞬間的な整合性も必要
とされるシステムに使用され、一連の処理を連結する方法として、Azure Service
BusやAzure Storageキューのトリガーを使用します。

Web アプリからの注文要求

要求を Service Bus の　　Azure Functions での　　処理したデータを
キューに格納　　　　　要求処理　　　　　Cosmos DB に転送

❏ Azure Functionsを使用したメッセージングソリューション

Azure Virtual Desktop (AVD)

Azure Virtual Desktop（AVD）は、Azure上で仮想デスクトップ（VDI）環境を利用できるサービスです。AVDの利点は、VDI環境を構築するためにインフラ環境を準備する必要はあるものの、Azureがインフラ環境の管理を実施してくれる点です。

VDIソリューションをエンタープライズ規模で構築することも可能で、次の図は一般的なエンタープライズ向けのAVDアーキテクチャです。

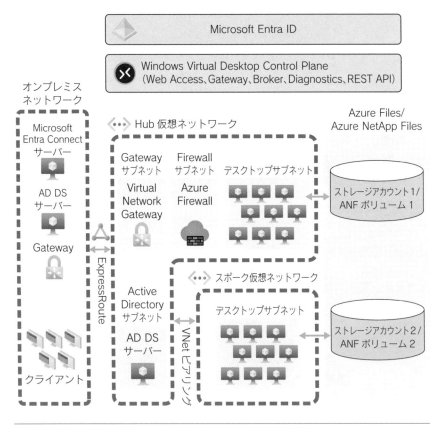

❏ エンタープライズ向けAzure Virtual Desktopのアーキテクチャ

　AVDのアーキテクチャはWindows Serverのリモートデスクトップサービスと似ていますが、インフラ環境とブローカーやゲートウェイといったコンポーネントはマイクロソフトによって管理され、顧客は自社のデスクトップホスト仮想マシン、データ、クライアントを管理します。

Azure Batch

　Azure Batch は、大規模な並列実行のバッチジョブを管理、実行するための環境を提供するサービスです。大規模な分散並列処理では、数百から数万台の計算ノードを用意し、管理する必要があります。また、実行するジョブやタスクを割り当てて制御する必要があります。

　Azure Batch を利用することで、計算ノードの管理やジョブ、タスクの割り当てなどがサービスとして提供され、自前で用意する必要はありません。

　次の図は、Azure Batch の一般的なワークフローです。

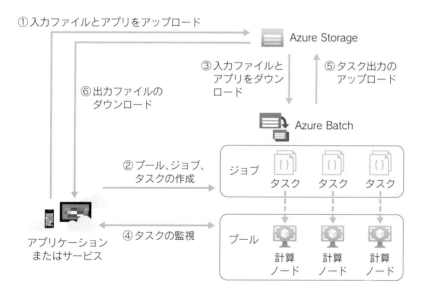

❑ Azure Batchの仕組み

1. 入力ファイルとそのファイルを処理するスクリプトをAzureストレージアカウントにアップロードします。

2. Azure Batchアカウント内の、計算ノードのBatchプールとワークロードを実行するジョブ、およびジョブ内のタスクを作成します。計算ノードはタスクを実行する仮想マシンです。
3. タスクを実行する前に、入力ファイルとスクリプトをAzure Batchにダウンロードします。
4. タスクの実行中に、Azure Batchにクエリを実行し、ジョブとタスクの進捗状況を監視します。
5. タスクが完了すると、結果データをAzure Storageにアップロードします。
6. タスクの完了で検出した場合、クライアントアプリケーションまたはサービスで出力データをダウンロードし、さらに処理できます。

Azure Logic Apps

Azure Logic Appsはコードを使用せずに、自動化されたワークフローを作成し実行できるサービスです。ビジュアルデザイナーを使用し、事前に定義済みの操作から選択することで、サービスやシステムを統合および管理するワークフローをすばやく構築できます。

Azure Logic Appsを使用して自動化できるタスクやワークロードの例を次に示します。

◎ Microsoft 365を使用して、特定のイベント（新しいファイルのアップロードなど）が発生したときに、電子メール通知をスケジュールして送信します。
◎ オンプレミスのシステムとクラウドサービス間で連携し、顧客注文を処理します。
◎ アップロードされたファイルをSFTPサーバーまたはFTPサーバーからAzure Storageに移動します。
◎ ツイートを監視し、センチメント分析を行い、確認が必要な項目についてアラートやタスクを作成します。

Azure Logic Appsを使用してワークフローを構築する際は、コネクタを使用します。コネクタは、ワークフローを開始するトリガーとタスクを実行する後続のアクションで構成します。多くのコネクタにはトリガーとアクションの両方が含まれますが、一部のコネクタはトリガーのみ、またはアクションのみを提供します。

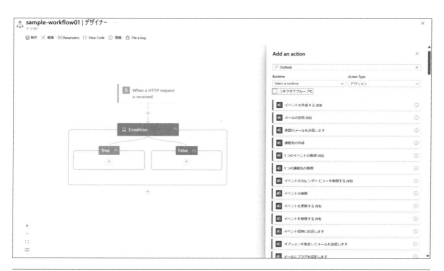

❏ Azure Logic Apps デザイナー

Column

仮想マシンの再デプロイ

　仮想マシンへのRDPやSSH接続、またアプリケーションアクセスに関するトラブルシューティングで問題が発生した場合、仮想マシンの再デプロイが有効なことがあります。再デプロイは通常の再起動と異なり、仮想マシンが稼働する物理ホストサーバーを明示的に移動させる操作で、同じ内容の仮想マシンを他の物理ホストサーバーで展開することを指します。

　AzureプラットフォームやAzureネットワークの根底にある問題が起因する場合、再デプロイを実行することで接続障害が解消されることがあります。ただし、再デプロイを行う際は以下の2点に注意が必要です。

- 一時ディスクのデータが失われます。
- 仮想マシンに関連付けられた動的なIPアドレスが更新されます。

5

コンピューティングサービス

本章のまとめ

▶▶▶ **Azure Virtual Machines**

- Azureでは、WindowsとLinuxベースの仮想マシンを利用できる。
- 仮想マシンを設計する上で、「VMサイズ」「可用性構成」「ディスク構成」「ネットワーク」が主な検討ポイントとなる。
- 可用性オプションには可用性ゾーンと可用性セットがあり、どのレベルの障害まで保護する必要があるかを要件に応じて選択する。
- 仮想マシンスケールセットの自動スケールを設定することで、仮想マシンのインスタンス数を自動で増減できる。
- 近接配置グループを使うことで、互いに物理的に近い距離で仮想マシンを配置することが可能で、性能要求の高いワークロードに適している。
- 仮想マシンの計画メンテナンスでは「セルフサービスフェーズ」と「予定メンテナンスフェーズ」のどちらかのフェーズでメンテナンスを行う。ユーザー自身がメンテナンスを実施するかどうかで選択する。
- セルフサービスフェーズでユーザー自身がメンテナンスを実施する場合は、通常の再起動とは違い、再デプロイのオペレーションが必要になる。
- 仮想マシンを再デプロイする際は、一時ディスクのデータが失われる点と動的IPアドレスが更新される点に注意が必要である。

▶▶▶ **Azure App Service**

- インフラの管理が不要なPaaSによるWebアプリケーションを構築できる。
- アプリケーションはリージョン、スペック、OSなど、サーバー構成を定義したApp Serviceプラン上で動作する。
- OSによって利用可能なランタイムが異なる点に注意が必要である。
- 仮想ネットワーク統合やプライベートエンドポイント、App Service Environment（ASE）といった、アプリケーションをプライベートネットワーク上で利用する機能を提供している。
- 仮想マシンと同様に自動スケールを設定することで、インスタンス数を自動で増減できる。
- デプロイスロットを利用することで、現状のバージョンのアプリケーションに問題が発生した際に、以前のバージョンにすばやく戻すことができる。

▶▶ Azure Kubernetes Service（AKS）

- AKSは、Azure基盤上でKubernetesクラスターを提供するマネージドサービスである。
- AKSはワークロードをオーケストレーションする「コントロールプレーン」と、ワークロードを実行する「ノード」に分割され、AKSクラスターを作成すると、コントロールプレーンが自動的に構成される。
- クラスターオートスケーラーと水平オートスケーラーを利用することで、ノードとポッドの数を制御できる。
- Microsoft Entra ID、Kubernetes RBAC、Azure RBACを利用することで、よりセキュリティを強固にし、AKSクラスターにアクセスするアプリケーションや開発者、管理者の認証を強化する。
- AKSクラスターをアップデートする方法として、単一での手動および自動アップグレードを選択することが可能である。また、ブルーグリーンデプロイを構成することで、アップデート時の可用性を高めることができる。

▶▶ Azure Container Instances

- AKSよりも構成はシンプルで、単一ポッドを提供するサービスである。単体で動くアプリケーションやタスクなど、分離されたコンテナーで動作する機能に適している。
- 再起動ポリシーを利用することで、コンテナーの起動状態を制御でき、コスト節約に役立つ。
- マルチコンテナーグループのデプロイは、現在Linuxコンテナーでのみサポートされている。

▶▶ Azure Automation

- DSCは仮想マシンの拡張機能で利用できるが、Azure Automation State Configurationは組み込みのプルサーバーを提供しており、独自に用意する必要はない。
- Runbookをスケジュール設定することで、Runbookを指定の時刻に開始することが可能になる。1回だけ実行するように構成することも、時間または日単位で繰り返すように構成することもできる。

5

コンピューティングサービス

問題1

仮想マシンについて、データセンターレベルでの障害を保護する機能を選択してください。

A. 可用性セット
B. 可用性ゾーン

 問題2

コンピューティングリソースが互いに物理的に近く配置されるように使用される論理的なグループを選択してください。

A. App Service プラン
B. 仮想マシンスケールセット
C. 近接配置グループ
D. リソースグループ

 問題3

仮想マシンの計画メンテナンスの通知を受けてから、まずは予定メンテナンスフェーズに入り、予定メンテナンスフェーズが終了した後にセルフサービスフェーズに入ります。この説明は正しいですか？

A. 正しい
B. 正しくない

 問題4

Azure App Serviceを仮想ネットワーク上に配置する機能を選択してください。

A. 仮想ネットワーク統合
B. プライベートエンドポイント
C. App Service Environment

問題5

Azure App Serviceのデプロイスロットは無料の価格レベルで利用可能です。この説明は正しいですか？

 A.　正しい
 B.　正しくない

 問題6

Azure Kubernetes Service（AKS）のスケーリング方法のうち、ノードの数を自動制御する機能を選択してください。

 A.　クラスターオートスケーラー
 B.　水平オートスケーラー

 問題7

AKSのネットワーク方式のうち、ノードとポッドをAzure仮想ネットワークのIPアドレスから取得し、オンプレミスのネットワークなどクラスター外部との通信を管理しやすい方式を選択してください。

 A.　Azure Container Networking Interface（Azure CNI）
 B.　Kubenet

 問題8

AKSで1.17.xのバージョンがリリースされた際に、アップグレードが可能なパターンを2つ選択してください。

 A.　1.15.x→1.16.x
 B.　1.15.x→1.17.x
 C.　1.12.x→1.15.x

問題9

Azure Container Instancesで現在、マルチコンテナーグループのデプロイをサポートしているものを選択してください。

A. Windowsコンテナー
B. Linuxコンテナー

 問題10

PowerShell DSCのクラウドベースの実装であり、Azure Automationの一部として利用できる機能を選択してください。

A. プロセスオートメーション
B. 変更管理とインベントリ
C. Azure Automation State Configuration
D. Update Management

章末問題の解説

✓ 解説1

解答：B. 可用性ゾーン

可用性セットは、ラック単位でマシンを分散配置して冗長構成をとり、ネットワークスイッチ、電源、ハードウェア障害から保護します。データセンターレベルの障害から保護するためには、可用性ゾーンを使用します。

✓ 解説2

解答：C. 近接配置グループ

近接配置グループは、コンピューティングリソースが互いに物理的に近く配置されるように使用される論理的なグループです。例えば、可用性セットや仮想マシンスケールセットを用いた多層アプリケーションで、仮想マシン間で短い待ち時間を要求するワークロードを構築する場合に役立ちます。

✓ 解説3

解答：B. 正しくない

仮想マシンのメンテナンス通知を受けてから、まずはセルフサービスフェーズに入り、ユーザー側でメンテナンスの実施が可能です。セルフサービスフェーズが終了した後、予定メンテナンスフェーズに入り、Azureでメンテナンスを実行します。

✓ 解説4

解答：C. App Service Environment

App Service Environment（ASE）は仮想ネットワーク上にApp Serviceを配置する機能です。仮想ネットワーク統合はApp Service上のアプリケーションから仮想ネットワークに接続するための機能で、プライベートエンドポイントは仮想ネットワーク上のサービスから、App Service上のアプリケーションに接続するための機能です。

✓ 解説5

解答：B. 正しくない

Azure App Serviceのデプロイスロットを利用することで、アプリケーションをデプロイするときに、運用スロットではなく、専用のスロットを利用することが可能です。デプロイスロットにはStandardレベル以上のプランが必要です。

✓ 解説6

解答：A. クラスターオートスケーラー

クラスターオートスケーラーはノードの数を自動制御し、水平オートスケーラーはポッドの数を自動制御します。

✓ 解説7

解答：A. Azure Container Networking Interface（Azure CNI）

　Azure CNIはKubenetと比較して、Azureのネットワーク機能をより多く利用できます。ノードとポッドは仮想ネットワークからIPアドレスを取得するため、接続しているネットワークのAzureやオンプレミスのリソースとプライベートIPアドレスを介して直接通信できます。ポッドも仮想ネットワークからIPアドレスを取得するため、より多くのIPアドレス空間を使用し、スケール時も含めたアドレス設計を計画する必要があります。

✓ 解説8

解答：A. 1.15.x → 1.16.x、C. 1.12.x → 1.15.x

　AKSでは2つ前までのマイナーバージョンをサポートしています。サポートされているAKSをアップグレードする場合、マイナーバージョンをスキップすることはできません。例外として、サポートされていないバージョンからサポートされている最小のバージョンにアップグレードすることは可能です。

✓ 解説9

解答：B. Linuxコンテナー

　現在、Windowsコンテナーではマルチコンテナーグループのデプロイをサポートしていません。

✓ 解説10

解答：C. Azure Automation State Configuration

　Azure Automation State Configurationは、PowerShell DSCの構成を記述し、望ましい状態で管理することが可能です。

第6章
ネットワークサービス

第6章では、Azureのネットワークサービスについて説明します。Azureでは、クラウド内部に構築する仮想ネットワーク（Azure Virtual Network）やオンプレミスとの接続やファイアウォール機能といった、クラウドのネットワークを構成する様々な機能が提供されています。また、ロードバランサーやDNSといった、アプリケーションのネットワークを構成するための機能もあります。

6-1

Azure Virtual Network

Azure Virtual Network（仮想ネットワーク）は、Azure内でリソースが安全に通信できる仮想のプライベートネットワークです。仮想ネットワークにより、仮想マシンなどのAzureリソースが、他のAzureリソースやインターネット、オンプレミスネットワークと安全に通信できます。仮想ネットワークは、オンプレミスで利用する従来のネットワークに似ていますが、高レベルなスケーリングや高可用性を実現するネットワークが、Azureのインフラストラクチャから提供されます。

仮想ネットワークとサブネット

仮想ネットワークでは、プライベートなネットワークを仮想的に作成できます。仮想ネットワークを作成する際には、プライベートIPアドレスのアドレス空間を指定します。仮想マシンなどのAzureリソースは、プライベートIPアドレスを使って、仮想ネットワーク内で通信します。

仮想ネットワークのアドレス空間をさらにサブネットに分割し、仮想ネットワーク内を分離できます。サブネットには、仮想マシンなどのAzureリソースを配置します。サブネットは仮想ネットワーク内に複数作成できますが、仮想ネットワークのアドレス空間に収まるIPアドレスの範囲とする必要があります。また、1つのサブネットのアドレス空間は、同じ仮想ネットワークの他のサブネットのIPアドレスの範囲と重複できません。

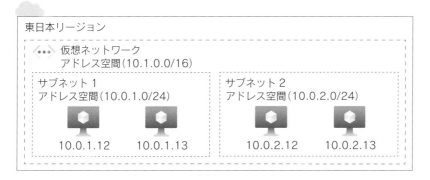

❏ 仮想ネットワークとサブネット

仮想ネットワークのアドレス空間

　仮想ネットワークには、利用者が自由にIPアドレスを指定できます。アドレス空間には、次のプライベートIPアドレスの範囲の指定が推奨されており、組織でまだ使用されていない範囲を使用します。

○ 10.0.0.0 ～ 10.255.255.255（10.0.0.0/8）
○ 172.16.0.0 ～ 172.31.255.255（172.16.0.0/12）
○ 192.168.0.0 ～ 192.168.255.255（192.168.0.0/16）

　サブネットごとに、Azureによって5つのIPアドレスが予約されており、利用者は予約されたIPアドレスを使用できません。例えば、「192.168.1.0/24」の場合、次の表のIPアドレスが予約されています。

❏ 予約IPアドレスの用途

予約IPアドレス	用途
192.168.1.0	仮想ネットワークアドレス
192.168.1.1	既定のゲートウェイ
192.168.1.2、192.168.1.3	Azure DNSをアドレス空間にマッピングさせるために使用
192.168.1.255	ネットワークブロードキャストアドレス

6
ネットワークサービス

仮想ネットワークのDNSサーバー

　仮想マシンが利用するDNSサーバーは、仮想ネットワークの「DNSサーバー」で指定します。既定では、Azure提供のDNSサーバーが指定されており、基本的なパブリックのDNSレコードを名前解決できます。Azure提供のDNSサーバーで、ユーザーが管理するDNSレコードを名前解決するためには、6-4節「Azure DNS」で説明するDNSゾーンを使用します。

❏ 仮想ネットワークのDNSサーバー設定

　また、独自で立てたDNSサーバーを利用する場合、カスタムのDNSサーバーを指定できます。例えば、仮想マシンにDNSサーバーの機能を導入して、別の仮想マシンから名前解決する場合、構築したDNSサーバーのIPアドレスを指定します。別の仮想ネットワークで構築したDNSサーバーを利用して名前解決する場合、仮想ネットワーク間でVNetピアリングを構成してネットワークの経路を確立させます。

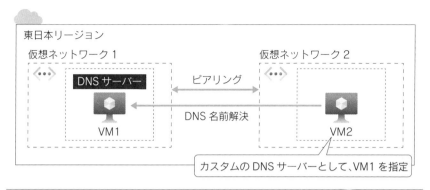

❏ 仮想ネットワークのカスタムのDNSサーバー

仮想ネットワークの作成

　仮想ネットワークを作成する場合、いくつかの基本的な設定項目の設定が必要となります。ここでは、仮想ネットワークの作成に必要な基本的な設定項目を紹介します。

○ サブスクリプション　　　　　　　　○ リージョン
○ リソースグループ　　　　　　　　　○ アドレス空間
○ 仮想ネットワークの名前　　　　　　○ サブネット、サブネットのアドレス空間

❏ 仮想ネットワークの作成：基本

- **サブスクリプション**：利用するサブスクリプションを選択します。同一サブスクリプション内のリソースはまとめて課金されます。
- **リソースグループ**：仮想ネットワークは、リソースグループ内に作成する必要があります。既存のリソースグループを選択するか、新規にリソースグループを作成します。
- **名前**：仮想ネットワークの名前を指定します。リソースグループで一意である必要があります。
- **地域**：仮想ネットワークを作成するリージョンを指定します。東日本リージョンや西日本リージョンなど、仮想ネットワークを構成したい地域を選択します。

次に仮想ネットワークに設定するIPアドレスを構成します。

❑ 仮想ネットワークの作成：IPアドレス

- **アドレス空間**：仮想ネットワークで使用するアドレス空間をCIDR（Classless Inter-Domain Routing）形式で指定します。CIDR形式では、「10.1.0.0/16」のように、プライベートネットワーク内で利用するIPアドレスを指定します。
- **サブネット名、サブネットアドレス範囲**：仮想ネットワーク内のサブネット名とサブネットのアドレス範囲を指定します。仮想ネットワーク作成時に少なくとも1つ、サブネットを作成する必要があります。また、サブネット名は、仮想ネットワークで一意である必要があります。

アドレス空間の追加

アドレス空間は、仮想ネットワークの作成後も追加できます。仮想マシンに現在のIPアドレスとは異なるアドレス空間のIPアドレスを設定したい場合、アドレス空間を追加します。

❏ 仮想ネットワークへのアドレス空間の追加

▶▶▶ **重要ポイント**

- 仮想ネットワークのアドレス空間は、作成後にも追加可能。仮想マシンのIPアドレスを既に登録されているアドレス空間と異なる値にしたい場合、仮想ネットワークにアドレス空間を追加する。

IPアドレスの指定

Azureリソースには、他のAzureリソースやオンプレミスのネットワーク、インターネットと通信するため、IPアドレスを割り当てます。割り当てるIPアドレスには、プライベートIPアドレスとパブリックIPアドレスの2種類があります。

プライベートIPアドレスは、仮想ネットワーク内やオンプレミスのネットワークと通信する場合に使用します。

パブリックIPアドレスを使用すると、Azureリソースはインターネットと通信できます。しかし、仮想マシンが直接インターネットとやり取りできることになるため、仮想マシンに対するセキュリティの脅威が発生します。そのため、パブリックIPアドレスの利用には注意が必要です。

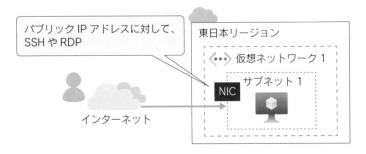

パブリック IP アドレスに対して、SSH や RDP

東日本リージョン

仮想ネットワーク 1

サブネット 1

NIC

インターネット

❏ 仮想マシンへのインターネットからのアクセス

パブリックIPアドレスの作成

Azure Portalからパブリック IP アドレスを作成できます。パブリック IP アドレスを作成するには、次の設定を行います。

❏ パブリックIPアドレスの作成

○ **名前**：パブリックIPアドレスを識別する名前を指定します。リソースグループで一意である必要があります。

○ **IPバージョン**：IPv4またはIPv6から指定してください。パブリックIPv6は、すべてのAzureリソースの種類で使用できない点に注意してください。

○ **SKU**：BasicまたはStandardから指定してください。Basic SKUのパブリックIPアドレスは今後廃止されることが告知されていますので、特別な理由がない限り、Standard SKUを使用します。

○ **可用性ゾーン**：Standard SKUのパブリックIPアドレスは可用性ゾーンをサポートしています。可用性ゾーン、非ゾーン、個別のゾーン指定のうちから指定します。Basic SKUは可用性ゾーンを使用できないため、Basic SKUの場合は非ゾーンとして作成されます。

○ **レベル**：パブリックIPアドレスをリージョン間のAzure Load Balancerで使用する場合、Globalを指定します。

○ **IPアドレスの割り当て**：静的または動的から指定します。Standard SKUの場合は、静的のみ設定できます。Basic SKUでは、IPv4の場合は静的と動的、IPv6の場合は動的のみ設定できます。ただし、静的に設定しても、パブリックIPアドレスに割り当てられる実際のIPアドレスの値は指定できません。リソースを作成するリージョンで使用可能なIPアドレスのプールからIPアドレスが割り当てられます。

  ● **静的**：リソース作成時にパブリックIPアドレスが割り当てられ、リソースが存在している間、値は変化しません。リソースが削除されたときにパブリックIPアドレスが解放されます。

  ● **動的**：リソース作成時に、パブリックIPアドレスは割り当てられません。パブリックIPアドレスをリソースに関連付けたとき、割り当てられます。また、パブリックIPアドレスは、リソースを停止すると解放されるので、次に起動すると変わる可能性があります。

パブリックIPアドレスの関連付け

パブリックIPアドレスは、仮想ネットワークのIPアドレスや、Azure Load Balancerなどに関連付けることができます。次の表に、リソースに対して関連付けられるパブリックIPアドレスの種類を整理します。

❏ パブリックIPアドレスの関連付け可否

種類	関連付け	動的IPv4	静的IPv4	動的IPv6	静的IPv6
仮想マシン	NIC	○	○	○	○
Load Balancer	フロントエンド構成	○	○	○	○
VPN Gateway	VPNゲートウェイIP構成	○	○	×	×
Application Gateway	フロントエンド構成	○	○	×	×

パブリックIPアドレスのSKU

パブリックIPアドレスには、BasicとStandardのSKUがあります。Standardは、可用性ゾーンやセキュリティ面で優れていますので、本番環境で利用する場合にはStandard SKUを選択します。また、Basic SKUからStandard SKUへはアップグレードが可能です。

❏ パブリックIPアドレスのSKU

	Basic SKU	Standard SKU
IP割り当て	IPv4の場合：動的または静的 IPv6の場合：動的	静的
可用性ゾーン	非サポート	サポート
グローバルレベル	非サポート	サポート
セキュリティ	既定で受信、送信トラフィックが許可されている	既定で受信トラフィックが拒否されている（NSGで許可する必要がある）

仮想マシンのネットワークインターフェイス（NIC）

ネットワークインターフェイス（NIC）は、仮想マシンが仮想ネットワークへ通信するためのインターフェイスです。仮想マシンには、IPアドレスを指定したNICが少なくとも1つ必要です。NICに関して、次の注意点があります。

◎ 仮想マシンのリージョンとNICが接続する仮想ネットワークのリージョンは同じにする必要があります。

◎ NICを作成する前に、事前に仮想ネットワークを作成する必要があります。

○ NICの作成後に、同一仮想ネットワーク内の別のサブネットへ変更できますが、別の仮想ネットワークへ変更できません。そのため、NICを別の仮想ネットワークへ変更するには、仮想マシンを再作成する必要があります。

仮想マシンに複数のNICを持たせて、仮想ネットワーク内の複数のサブネットに接続できます。一般的なシナリオは、フロントエンドとバックエンドの接続に異なるサブネットを使用する場合です。また、仮想マシンのサイズに応じてサポートされるNICの数が異なります。各NICは同じ仮想ネットワークのサブネットに接続されている必要があり、別の仮想ネットワークのサブネットには接続できません。

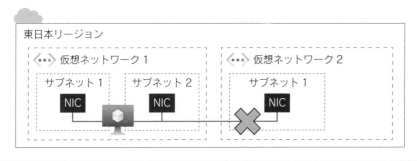

❏ 仮想マシンのネットワークインターフェイス

▶▶▶ **重要ポイント**

● 仮想マシンと仮想マシンが接続する仮想ネットワークは同じリージョンである必要がある。
● 仮想マシンのNICが接続する仮想ネットワークは変更できない。変更するには仮想マシンの再作成が必要である。

6

ネットワークサービス

6-2

ネットワークセキュリティグループ

　ネットワークセキュリティグループ（NSG）は、仮想ネットワークのサブネット、または仮想マシンのNICに設定して、ネットワークのフィルタ処理ができます。送受信のネットワークトラフィックに対して、送信元IPアドレス、送信先IPアドレス、ポート、プロトコルで、許可または拒否するセキュリティ規則を設定できます。

NSGの関連付け

　NSGはサブネット、または仮想マシンのNICに関連付けて、流れる通信のフィルタ処理を行います。セキュリティ規則の管理を簡略化するために、個々のNICではなく、サブネットにNSGを関連付けることが推奨されています。なお、1つのNSGを複数のサブネット、複数のNICに関連付けることができるので、同一のフィルタ処理の内容であれば、同一のNSGを関連付けて管理を簡単にできます。ただし、NSGのリージョンと関連付ける仮想ネットワークのサブネットやNICのリージョンは同じである必要があります。

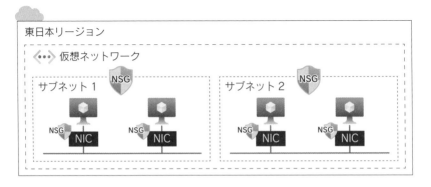

❏ ネットワークセキュリティグループ

▶▶ **重要ポイント**

● NSGと、NSGを関連付ける仮想ネットワークやNICは同じリージョンである必要があるが、リソースグループは別でも問題ない。

セキュリティ規則

Azureでは、受信トラフィックと送信トラフィックで、NSGにいくつかの既定のセキュリティ規則が作成されます。既定の規則として、DenyAllInboundトラフィックとAllowInternetOutboundトラフィックなどがあり、既定のセキュリティ規則は削除できません。

既定のセキュリティ規則に加えて、次の条件を指定した規則を作成することで、サブネットやNICを流れるトラフィックを制御できます。

○ 名前
○ 優先度
○ ポート
○ プロトコル（任意、TCP、UDP）
○ ソース（任意、IPアドレス、サービスタグ）
○ 宛先（任意、IPアドレス、サービスタグ）
○ アクション（Allow、Deny）

サービスタグ

サービスタグは、AzureサービスのIPアドレスプレフィックスのグループを表します。サービスタグに含まれるIPアドレスプレフィックスはマイクロソフトが管理するため、Azureサービスのアドレスが変わると自動的にサービスタグが更新されます。Azureサービスのアドレスは頻繁に更新されるため、手動での更新運用を最小限とするには、Azureサービスのソースや宛先の設定では個別のIPアドレスではなく、サービスタグを利用します。

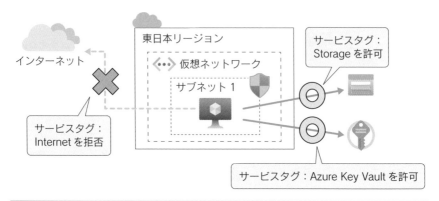

❏ サービスタグ

❏ サービスタグの例

タグ	目的
AppService	Azure App Serviceで使用します。Webアプリケーションと関数アプリケーションに対して、送信セキュリティ規則で推奨されています。
AzureCloud	すべてのAzure CloudのパブリックIPアドレスで使用します。
AzureKeyVault	Azure Key Vaultで使用します。AzureKeyVault.<Region>を使用すると指定のリージョンに限定できます。
AzureLoadBalancer	Azure Load Balancerの正常性プローブ送信元用IPアドレスで使用します。正常性プローブのトラフィックのみが含まれ、バックエンドリソースへの実際のトラフィックは含みません。
Internet	インターネットのIPアドレス空間で使用します。
Sql	Azure SQL Database、Azure Database for MySQL、Azure Database for PostgreSQL、Azure Database for MariaDB、Azure Synapse Analyticsで使用します。
VirtualNetwork	仮想ネットワークのアドレス空間（仮想ネットワークに対して定義されているIPアドレスの範囲）、すべての接続されたオンプレミスのアドレス空間、ピアリングされた仮想ネットワーク、仮想ネットワークゲートウェイに接続された仮想ネットワーク、ホストの仮想IPアドレス、およびUDRで使用されるIPアドレスで使用します。

▶ ▶ ▶ 重要ポイント

● AzureサービスのIPアドレスの手動の更新運用を最小限とするためには、個別のIPアドレスではなく、サービスタグを利用する。

既定のセキュリティ規則

受信トラフィックの既定のセキュリティ規則は3つ定義されています。この規則では、仮想ネットワークとAzure Load Balancerからのトラフィックを除く、すべてのトラフィックが拒否されます。

送信トラフィックの既定のセキュリティ規則は3つ定義されています。この規則では、インターネットと仮想ネットワークへの送信トラフィックのみが許可されています。

優先度 ↑↓	名前 ↑↓	ポート ↑↓	プロトコル ↑↓	ソース ↑↓	宛先 ↑↓	アクション ↑↓	
∨ 受信セキュリティ規則							
65000	AllowVnetInBound	任意	任意	VirtualNetwork	VirtualNetwork	✓ Allow	
65001	AllowAzureLoadBalanc…	任意	任意	AzureLoadBalancer	任意	✓ Allow	
65500	DenyAllInBound	任意	任意	任意	任意	✗ Deny	
∨ 送信セキュリティ規則							
65000	AllowVnetOutBound	任意	任意	VirtualNetwork	VirtualNetwork	✓ Allow	
65001	AllowInternetOutBound	任意	任意	任意	Internet	✓ Allow	
65500	DenyAllOutBound	任意	任意	任意	任意	✗ Deny	

❏ 既定のセキュリティ規則

セキュリティ規則の優先度

各セキュリティ規則には優先度を指定します。処理はこの優先度に従って行われます。セキュリティ規則の優先度の値が小さい規則から適用されます。既定のセキュリティ規則を無効にするためには、優先度の値が小さい別の規則を作成して、オーバーライドします。

例えば、Webサーバー（ポート80）とDNSサーバー（ポート53）がインストールされている仮想マシンのNICに、次のような受信トラフィック規則のNSGが関連付けられていると想定してください。

優先度 ↑↓	名前 ↑↓	ポート ↑↓	プロトコル ↑↓	ソース ↑↓	宛先 ↑↓	アクション ↑↓
∨ 受信セキュリティ規則						
100	⚠ Rule1	50-60	任意	任意	任意	✗ Deny
400	Rule2	50-500	任意	任意	任意	✓ Allow
65000	AllowVnetInBound	任意	任意	VirtualNetwork	VirtualNetwork	✓ Allow
65001	AllowAzureLoadBal…	任意	任意	AzureLoadBalancer	任意	✓ Allow
65500	DenyAllInBound	任意	任意	任意	任意	✗ Deny

❏ NSGの例

この場合、インターネット側からのアクセスでは、次の結果となります。

○ **仮想マシンのWebサーバーへのHTTPアクセス**
  ● Rule1の「ソース：Any（任意）、ポート：50-60」は、ポート番号80に合致しないため、この拒否ルールは適用されません。
  ● Rule2の「ソース：Any（任意）、ポート：50-500」は、ポート番号80に合致するため、この許可ルールが適用されて、接続できます。
○ **仮想マシンのDNSサーバーへのDNSアクセス**：Rule1の「ソース：Any（任意）、ポート：50-60」は、ポート番号の53に合致するため、この拒否ルールは適用されて、接続できません。

DNSサーバーでのアクセスではRule2のルールも合致していますが、Rule1の優先度のほうが小さい値のため、Rule1が優先される動作となります。そのため、Rule1を削除すると、DNSサーバーへの接続が可能となります。

▶▶▶ **重要ポイント**
  ● NSGには既定のセキュリティ規則があり、これらを無効にするためには、優先度の値がより小さい別のセキュリティ規則を作成して、オーバーライドする。

NSGの有効な規則

NICやサブネットに設定したNSGと、NSGに定義されたセキュリティ規則は、決められた条件に沿って処理されます。

○ 受信トラフィックの場合、まず関連付けられているサブネットのNSGが処理され、その後、NICに関連付けられているNSGが処理されます。
○ 送信トラフィックは順番が逆になり、まずNICに関連付けられているNSGが処理され、その後、サブネットに関連付けられているNSGが処理されます。
○ サブネット内のトラフィックでは、サブネットに関連付けられているNSGが処理されます。既定では、同じサブネット内の仮想マシンは相互に通信ができます。サブネット内のトラフィックを禁止するには、サブネットのNSGでトラフィックを拒否するセキュリティを作成します。

　次の図のように、サブネットとNICの両方に別のNSGが関連付けられていると想定してください。

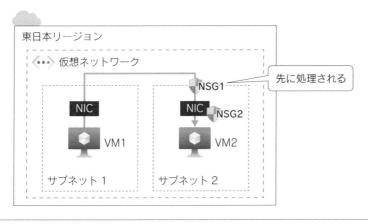

❏ NSGの有効な規則：受信トラフィック

　受信トラフィックの場合には、サブネットのNSG1が先に処理されるので、サブネットのNSG1でVM1からVM2宛の通信が拒否されていると、VM1からVM2へ接続できません。その際には、NICのNSG2は処理されません。ただし、サブネットのNSG1で許可されている場合には、NICのNSG2が処理されます。

　受信トラフィックを許可する場合には、NIC、サブネットのそれぞれのNSGで許可する必要があります。拒否する場合には、NIC、サブネットのいずれかまたは両方で拒否する必要があります。

　送信トラフィックの場合には、NICのNSG2が先に処理されるので、NICのNSG2でVM2からVM1宛の通信が拒否されていると、VM2からVM1へ接続できません。その際には、サブネットのNSG1は処理されません。ただし、NICのNSG2で許可されている場合には、サブネットのNSG1が処理されます。

6

ネットワークサービス

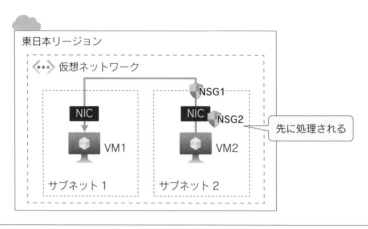

東日本リージョン

仮想ネットワーク

NSG1

NIC   NIC   NSG2

VM1   VM2   先に処理される

サブネット 1   サブネット 2

❏ NSGの有効な規則：送信トラフィック

送信トラフィックを許可する場合には、NIC、サブネットのそれぞれのNSG
で許可する必要があります。拒否する場合には、NIC、サブネットのいずれかま
たは両方で拒否する必要があります。

NSGの設定

NSGを作成するために必要な情報を入力します。ここでは、サブスクリプシ
ョン、リソースグループ、名前、作成するリージョンを選択し、作成します。

ホーム > ネットワーク セキュリティ グループ >

ネットワーク セキュリティ グループの作成 ...

基本　タグ　確認および作成

プロジェクトの詳細

サブスクリプション *　　　　　　　　Visual Studio Enterprise サブスクリプション

└── リソース グループ *

新規作成

インスタンスの詳細

名前 *

地域 *　　　　　　　　　　　　　　Japan East

❏ NSGの作成：基本

NSGを作成した後には、NSGの構成画面から、受信セキュリティ規則、送信
セキュリティ規則を追加できるようになります。サブネットやNICを流れるト

ラフィックを制御するために、ソースや宛先ネットワークやプロトコルのアクション（許可／拒否）を指定し、追加します。

❑ 受信セキュリティ規則の作成

サブネットとNSGの関連付けを行うためには、左メニューの「サブネット」を選択します。事前に作成した仮想ネットワークとサブネットを選択して、関連付けを行います。

❑ サブネットとNSGの関連付け

アプリケーションセキュリティグループ（ASG）

　アプリケーションセキュリティグループ（ASG）を実装すると、仮想マシンを利用用途に合わせて論理的にグループ化して、NSGを定義できます。ASGを利用することで、明示的なIPアドレスを管理することなく、セキュリティ規則に利用できます。

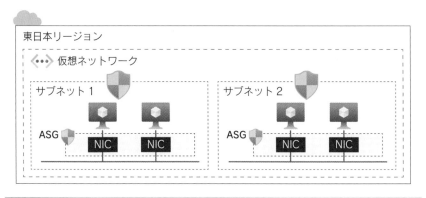

❑ アプリケーションセキュリティグループ（ASG）

6-3

Azure Firewall

Azure Firewall は、仮想ネットワーク上で動作するクラウドベースのファイアウォールサービスです。Azure Firewall を利用して、オンプレミスやインターネットとの通信を制御できます。高可用性とスケーラビリティに優れており、仮想ネットワークを流れるトラフィックの通信ポリシーを一元的に管理できます。

Azure Firewallの構成

Azure Firewallは、次の図のように、ハブスポークネットワークトポロジーを実装してデプロイすることがお勧めです。ハブに各システムで共有するオンプレミスネットワークへの通信を中継する機能として Azure Firewall をデプロイし、スポークとオンプレミスの通信を強制的に Azure Firewall経由にさせます。

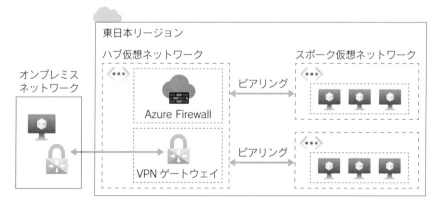

❏ Azure Firewallの構成

デプロイできる仮想ネットワーク

Azure Firewall は、仮想ネットワークのサブネットにデプロイしますが、デプロイできる仮想ネットワークには制限事項があるので注意してください。

- ○ Azure Firewallのリソースグループは、デプロイする仮想ネットワークのリソースグループと同じにする必要があります。
- ○ Azure Firewallのリージョンは、デプロイする仮想ネットワークのリージョンと同じにする必要があります。

Azure Firewall規則

Azure Firewallは、既定ではすべてのトラフィックが拒否されます。特定の仮想マシンやサービスのトラフィックを許可するには、許可する規則を定義します。Azure Firewallの規則には、DNAT（宛先ネットワークアドレス変換）規則、ネットワーク規則、アプリケーション規則の3種類があります。

DNAT規則

DNAT規則では、Azure FirewallのパブリックIPアドレスとポートを、プライベートIPアドレスとポートに変換するDNATが構成できます。SSHやRDP、非HTTPアプリケーションをインターネットに公開し、インターネットからアクセスする場合に利用できます。

DNAT規則だけではトラフィックは許可されないため、そのトラフィックを許可するネットワーク規則が必要になります。

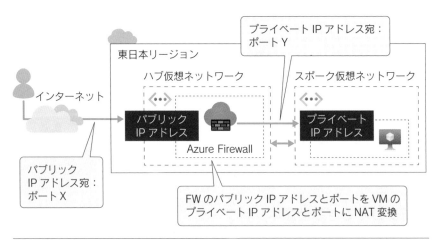

❑ Azure FirewallのDNAT規則

ネットワーク規則

HTTP/Sではないプロトコル（RDPやSSHなど）のトラフィックを許可するには**ネットワーク規則**を設定します。ネットワーク規則では、送信元アドレス、送信先アドレス、プロトコル、宛先ポートを指定して、許可するトラフィックを指定します。

アプリケーション規則

Azure Firewallを経由して仮想ネットワークからインターネットにアクセスする場合に、HTTP/Sのトラフィックを許可するには**アプリケーション規則**を設定します。アプリケーション規則では、アクセスしたいサイトの完全修飾ドメイン名（FQDN）を定義して、仮想ネットワークから特定のサイトのみにアクセスさせる制御ができます。

Azure Firewall規則の処理順序

Azure Firewallにトラフィックが通過する際に、トラフィックが検査され、許可されているか判断します。次の順序で検査、処理します。

1. ネットワーク規則
2. アプリケーション規則

許可する規則が見つかった場合、残りのネットワーク規則やアプリケーション規則は検査されません。また、トラフィックが許可されると、DNAT規則を確認して、該当する定義がある場合にはDNATを処理します。

Azure Firewallの設定

Azure Firewallを作成するときには、いくつかの基本的な設定項目の設定が必要となります。ここで、基本的な設定項目を紹介します。

1. サブスクリプション
2. リソースグループ
3. Azure Firewallの名前
4. 可用性ゾーン

5. SKU
6. ファイアウォールポリシー
7. 仮想ネットワーク / サブネット / パブリック IP アドレス
8. 強制トンネリング

　まずは Azure Firewall の作成を行います。サブスクリプション、リソースグループ、名前、作成するリージョンを選択します。Azure Firewall は可用性ゾーンをサポートしているので、可用性ゾーンを設定することでリージョン内で複数のデータセンターに構成し、可用性を高められます。

❏ Azure Firewall の作成①

　次に、Azure Firewall の SKU や仮想ネットワークの指定を行います。

❏ Azure Firewallの作成②

○ **ファイアウォールSKU**：Basic、Standard、Premiumの3種類からビジネスシナリ
オに合ったSKUを選択します。各SKUの特徴は次のとおりです。

- **Standard SKU**では、脅威インテリジェンス、DNSプロキシ、カスタムDNS、
  Webカテゴリなどのエンタープライズ機能がサポートされています。最大スル
  ープットは、30Gbpsまでサポートされています。

- **Premium SKU**は、セキュリティ要求の高いアプリケーションを保護する場合
  に選択します。マルウェアやTLS検査などの高度な脅威保護機能がサポートさ
  れています。最大スループットは、100Gbpsまでサポートされています。

- **Basic SKU**は、最大スループットが250Mbpまでであるため、小規模な環境を
  保護する場合に選択します。

○ **ファイアウォール管理**：ファイアウォールポリシーまたはファイアウォール規則
（クラシック）から選択します。ファイアフォールポリシーは、DNAT規則やネッ
トワーク規則、アプリケーション規則といった、Azure Firewallの設定を複数の

Azure Firewallにわたって使用できるリソースです。ファイアウォール規則（クラシック）は古い構成であり、ファイアウォールポリシーの使用が推奨されています。SKUがBasic、Premiumの場合は、ファイアウォール規則（クラシック）の利用はサポートされていません。

◯ **仮想ネットワークの選択**：Azure Firewallをデプロイする仮想ネットワークを指定します。仮想ネットワークを新規作成するか、既存の仮想ネットワークを指定します。既存の仮想ネットワークを指定する場合、**AzureFirewallSubnet**という名前のサブネットを事前に作成する必要があります。

◯ **パブリックIPアドレス**：Azure Firewallでは、インターネットとの接続のために、少なくとも1つ、IPv4の静的パブリックIPアドレスを構成します。仮想ネットワークからインターネットへ接続するときのSNAT（ソースネットワークアドレス変換）や、インターネットから仮想ネットワークへ接続するときのDNAT（宛先ネットワークアドレス変換）で使われます。Azure Firewallでは、Standard SKUのパブリックIPアドレスがサポートされており、Basic SKUのパブリックIPアドレスはサポートされません。

◯ **強制トンネリング**：インターネット宛を含めたすべてのトラフィックをオンプレミスネットワークや他ネットワークにルーティングさせる場合に指定します。

次にファイアウォールポリシーの設定を行います。DNAT規則、ネットワーク規則、アプリケーション規則のそれぞれの設定値を説明します。

❏ DNAT規則の作成

◯ **名前**：規則の名前を指定します。

◯ **ソースの種類**：送信元の種類として、IPアドレス、またはIPグループを指定します。

◯ **ソース**：送信元のネットワークアドレスをIPアドレスまたはCIDRブロックの形式で指定します。*（アスタリスク）で、すべてのネットワークも指定できます。

- ○ **プロトコル**：TCPまたはUDPのプロトコルを指定します。
- ○ **宛先ポート**：Azure Firewallが受け付けるTCPまたはUDPプロトコルのポートを指定します。
- ○ **宛先（ファイアウォールのパブリックIPアドレス）**：Azure FirewallのパブリックIPアドレスを指定します。
- ○ **翻訳されたタイプ**：宛先となる仮想マシンなどのネットワークアドレスのタイプをIPアドレスまたはFQDNから指定します。
- ○ **翻訳されたアドレスまたはFQDN**：宛先となる仮想マシンなどのネットワークアドレスをIPアドレスまたはFQDNで指定します。
- ○ **変換されたポート**：宛先となる仮想マシンが受信するトラフィックのポートを指定します。

□ ネットワーク規則の作成

- ○ **名前**：規則の名前を指定します。
- ○ **ソースの種類**：送信元の種類として、IPアドレス、またはIPグループを指定します。
- ○ **ソース（送信元アドレス）**：送信元のネットワークアドレスをIPアドレスまたはCIDRブロックの形式で指定します。
- ○ **プロトコル**：TCP、UDP、ICMP（pingとtraceroute）、Anyのプロトコルを指定します。
- ○ **宛先ポート**：宛先ポート番号を指定します。
- ○ **Destination Type（宛先の種類）**：宛先の種類をIPアドレス、サービスタグ、FQDN、IPグループから指定します。
- ○ **ターゲット**：宛先の種類に応じて、IPアドレスやサービスタグを指定します。

6
ネットワークサービス

❏ アプリケーション規則の作成

○ **名前**：規則の名前を指定します。

○ **ソースの種類**：送信元の種類として、IPアドレス、またはIPグループを指定します。

○ **ソース（送信元アドレス）**：送信元のネットワークアドレスをIPアドレスまたは
CIDRブロックの形式で指定します。

○ **プロトコル**：HTTP、HTTPS、またはWebサーバーがリッスンしているプロトコル
を指定します。

○ **Destination Type（宛先の種類）**：FQDN、FQDNタグ、Webカテゴリから選択
します。

　● FQDNタグは、既知のマイクロソフトサービスに関連付けられているFQDNの
グループを表します。例えば、Windows Update、App Service Environment、
Azure Backupなどがあります。

　● Webカテゴリは、Webサイトやソーシャルメディアのアンサイトなどの
Webサイトカテゴリを表します。責任、高帯域幅、ビジネス利用、生産性の低下、
一般的なネットサーフィンで分類されています。

○ **ターゲット**：宛先の種類に応じて、FQDNやWebカテゴリを指定します。

6-4

Azure DNS

Azure DNSは、AzureでDNSドメインをホストし、DNSドメインの名前解決を提供するサービスです。Azure Portalからカスタムの DNSドメインを構成し、Azure DNSゾーンを作成することでDNSレコードの管理ができます。

また、Azure DNSでは、パブリックなDNSドメインに加えて、プライベートネットワーク内でのDNSレコード管理を提供するプライベートDNSゾーンもサポートされています。

Azureのドメイン名

Azureでは、初期ドメインとカスタムドメインが利用できます。Azureサブスクリプションを作成するとMicrosoft Entra Domain Servicesのドメインが自動的に作成されます。初期のドメイン名は、<Domain Name>の後に、「**.onmicrosoft.com**」が続く形式となります。一般的にはカスタムドメインを登録して、利用者が使い慣れたドメイン名を使用してドメインにアクセスできるよう構成します。

カスタムドメインの登録

カスタムドメインを登録するには、Azure PortalのMicrosoft Entra IDより、「カスタムドメイン」の追加を行います。カスタムドメイン名には「contoso.com」のような組織で利用しているドメイン名を入力します。ドメイン名はグローバルに一意である必要があります。

❑ カスタムドメインの登録

　カスタムドメインの登録を完了するためには、カスタムドメインを所有して
いる必要があります。カスタムドメインの有効性の検証プロセスがあり、所有
している DNS ドメインに有効性確認用の DNS レコードを追加します。次の画
面のように DNS レコードの種類は、MX レコードか TXT レコードとなります。

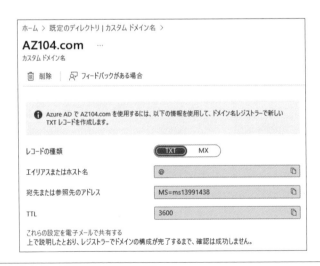

❑ カスタムドメインの有効性の確認画面

Azureでは、DNSレコードの存在をDNSドメインに照会します。Azureがカスタムドメイン名のDNSレコードを確認すると、Microsoft Entra IDのサブスクリプションに新しいカスタムドメイン名が追加されます。

▶▶▶　**重要ポイント**

● カスタムドメインの有効性の検証プロセスでは、所有しているDNSドメインにMXレコードかTXTレコードを追加する。

Azure DNSゾーン

Azure DNSゾーンは、特定のドメインのDNSレコードをホストするために使用します。例えば、ドメイン「contoso.com」に「mail.contoso.com」や「www.contoso.com」など複数のDNSレコードを作成できます。

Azure DNSゾーンは、Azure Portalから作成できます。DNSゾーンを作成するときには、DNSゾーンのサブスクリプション、リソースグループ、DNSゾーンの名前を指定します。

□ DNSゾーンの作成

DNSゾーンの特性

DNSゾーンには重要な特性があるので注意してください。

◎ DNSゾーンの名前は、リソースグループ内で一意にする必要があります。
◎ 複数のDNSゾーンで同じ名前にする場合、各DNSゾーンには異なるDNSネーム
サーバーアドレスが割り当てられます。
◎ 所有していないドメインでも、Azure DNS内にDNSゾーンを作成できます。ただ
し、DNSドメインをDNSゾーンに委任するためには、ドメインを所有する必要が
あります。

DNSドメインの委任

DNSドメインに対するDNSクエリをAzure DNSに到達させるには、ドメイ
ンを親ドメインからAzure DNSに委任する必要があります。所有しているドメ
インをAzure DNSに委任するプロセスを説明します。

1. **DNSネームサーバーを識別する**：まずは、DNSゾーンに割り当てられたDNSネ
ームサーバーを識別する必要があります。DNSネームサーバーはAzure Portal
から確認できます。作成したDNSゾーンの「概要」から4つのDNSネームサーバ
ーが割り当てられていることを確認します。

❏ DNSネームサーバーの識別

2. **親ドメインを更新する**：所有しているドメインのレジストラーで親ドメイン情報
の更新を行います。レジストラーは、インターネットドメイン名を提供できる企
業です。所有していない場合、利用者は希望するインターネットドメイン名をレ

ジストラーから購入します。その上で、レジストラーに登録されている既存のNS
レコードを、識別したDNSゾーンのDNSネームサーバーに変更します。

DNSレコードセットの追加

　DNSレコードセットは、個々のDNSレコードとは異なり、DNSゾーン内の
レコードのコレクションを表します。

　例えば、ドメインに関連付けられているIPアドレスを識別するため、Aレコ
ードのセットを作成するとします。Aレコードを作成するには、TTL（Time to
Live）とIPアドレスを指定します。TTLの値には、各レコードがクライアント
端末でキャッシュされる期間を指定します。

　DNSレコードセット内のすべてのDNSレコードは、名前とレコードの種類
を同じにする必要があります。同じ名前で異なるIPアドレスのDNSレコード
を複数束ねたものがDNSレコードセットとなります。

□ レコードセットの追加画面

6
ネットワークサービス

プライベートDNSゾーン

Azureプライベート DNS ゾーンは、独自のカスタムドメイン名を使って作成します。DNS ゾーンに DNS レコードをホストすることで、仮想ネットワーク内や仮想ネットワーク間で、仮想マシンなどのIPアドレスの名前解決ができます。これにより、利用者は独自に DNS サーバーを構築する必要がなくなり、DNSの管理負荷を軽減できます。

Azure プライベート DNS ゾーンでは、A、AAAA、CNAME、MX、PTR、SOA、SRV、TXTなど、一般的な DNS レコードがすべてサポートされています。

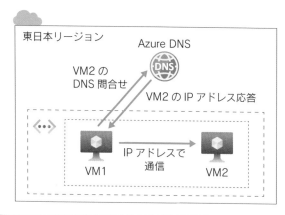

❑ プライベートDNSゾーン

プライベートDNSゾーンの作成

プライベート DNS ゾーンを作成すると、Azure では DNS ゾーンをグローバルで利用できるリソースとして管理します。プライベート DNS ゾーンは、個別の仮想ネットワークやリージョンに依存しないリソースとなるので、同じプライベート DNS ゾーンを、異なるリージョンの複数の仮想ネットワークから利用できます。

プライベート DNS ゾーンは、Azure Portal から作成します。DNS ゾーンを作成するときには、DNS ゾーンのサブスクリプション、リソースグループ、DNSゾーンの名前を指定します。

402

□ プライベートDNSゾーンの作成

　仮想ネットワークからプライベートDNSゾーンを利用するには、仮想ネットワークリンクを設定します。対象のプライベートDNSゾーンの左メニューから「仮想ネットワークリンク」を選択し、追加します。

□ 仮想ネットワークリンクの作成

- **リンク名**：仮想ネットワークリンクの名前を指定します。
- **仮想ネットワーク**：プライベートDNSゾーンとリンクする仮想ネットワークを指定します。なお、自動登録が有効な状態で仮想ネットワークがリンクできるプライベートDNSゾーンは1つまでです。
- **DNSレコードの自動登録**：自動登録を有効にするには、仮想ネットワークリンクの作成時、「自動登録を有効にする」のチェックボックスをオンにします。自動登録機能では、仮想ネットワークに配置されている仮想マシンごとに、AレコードとPTRレコードが作成されます。仮想マシンが削除されると、関連付けられているDNSレコードもプライベートDNSゾーンから削除されます。

▶▶▶ 重要ポイント

- プライベートDNSゾーンで名前解決するためには、仮想ネットワークリンクを設定する。
- 仮想ネットワークリンクでDNSゾーンの自動登録を有効にすると、仮想ネットワークに配置した仮想マシンのDNSレコードが自動で作られる。

6-5

Azure Virtual Networkピアリング

Azure Virtual Network ピアリング（VNet ピアリング）を使うと、同じリージョンや異なるリージョン間の仮想ネットワークを接続し、仮想ネットワーク内の仮想マシンなどのリソース間を通信できるようになります。

VNetピアリング

VNet ピアリングには、リージョンとグローバルの2種類があります。**リージョンVNet ピアリング**では、同一のリージョン内の仮想ネットワーク同士を接続し、**グローバルVNet ピアリング**では異なるリージョン間の仮想ネットワーク同士を接続します。ピアリングを行うと、仮想ネットワーク間に配置されている仮想マシンなどのAzure リソース間で通信できるようになります。ただし、ピアリングは推移的には動作しませんので、次の図のケースでVNet1 とVNet2、VNet1 とVNet3 では通信できますが、VNet2 とVNet3 では通信できません。

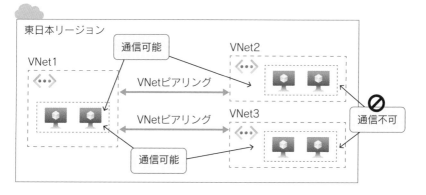

❑ VNet ピアリング

ピアリングする仮想ネットワークのアドレス空間

ピアリングする2つの仮想ネットワークで、アドレス空間を重複できません。もし、ピアリングした2つの仮想ネットワークでアドレス空間が重複している場合には、どちらかのIPアドレス空間を修正する必要があります。

また、ピアリングしている仮想ネットワークにアドレス空間を追加するには、アドレス空間を追加した後に仮想ネットワークピアリングを更新する必要があります。または、一度ピアリングを削除した後に、仮想ネットワークにアドレス空間を追加して、再度ピアリングを設定します。

▶ ▶ ▶ **重要ポイント**

- VNetピアリングを行うと、仮想ネットワーク間に配置されている仮想マシンなどのAzureリソース間で通信できる。ただし、ピアリングは推移的には動作しない。
- ピアリングする2つの仮想ネットワークで、アドレス空間を重複できないので、設計の段階でIPアドレス空間に重複がないか確認が必要。

ゲートウェイの転送

VNetピアリングの設定である**ゲートウェイの転送**を有効にすると、ピアリング先の仮想ネットワーク内にあるVPNゲートウェイを利用して、オンプレミスネットワークと通信できます。この場合には、ピアリング元の仮想ネットワークにはVPNゲートウェイをデプロイする必要がありません。

次の図で考えてみてください。VNet1とハブVNet間のVNetピアリングでは、ゲートウェイの転送が有効になっているため、ハブVNetで構成されているVPNゲートウェイを利用して、オンプレミスへ通信できます。一方、VNet2ではゲートウェイの転送が無効になっているため、オンプレミスネットワークへ通信できません。

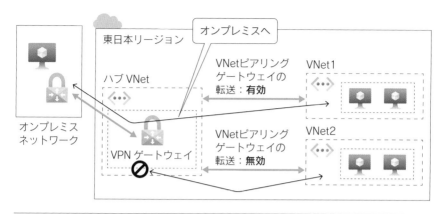

❏ ゲートウェイの転送

VNetピアリングの作成

　VNet ピアリングを作成するには、Network Contributor ロールまたは Classic Network Contributor ロールの権限が必要になります。ピアリングを作成するには、事前に2つの仮想ネットワークを作成します。作成した仮想ネットワークからピアリング先の仮想ネットワーク（リモートネットワーク）を指定して、ピアリングを作成します。

　VNet ピアリングを作成するときには、事前に作成した仮想ネットワークの左メニューから「ピアリング」を選択して作成します。まずは、1つ目の仮想ネットワークからピアリング先の仮想ネットワーク（リモート仮想ネットワーク）へVNet ピアリングを設定します。

6

ネットワークサービス

ホーム > 仮想ネットワーク > Vnet01-AZ104 | ピアリング >

ピアリングの追加 …

Vnet01-AZ104

ℹ️ ピアリングが機能するためには、2 つのピアリング リンクを作成する必要があります。リモート仮想ネットワークを選択すると、Azure で両方のピアリング グ リンクが作成されます。

この仮想ネットワーク

ピアリング リンク名 *

[   ]

リモート仮想ネットワークへのトラフィック ⓘ
◉ 許可 (既定)
○ リモート仮想ネットワークへのトラフィックをすべてブロックする

リモート仮想ネットワークから転送されたトラフィック ⓘ
◉ 許可 (既定)
○ リモート仮想ネットワークの外部から来ているトラフィックをブロックする

仮想ネットワーク ゲートウェイまたはルート サーバー ⓘ
○ この仮想ネットワークのゲートウェイまたはルート サーバーを使用する
○ リモート仮想ネットワークのゲートウェイまたはルート サーバーを使用する
◉ なし (既定)

❑ VNet ピアリングの追加①

○ **ピアリングリンク名**：1つ目の仮想ネットワークのピアリングの名前を指定します。仮想ネットワーク内で一意とする必要があります。

○ **リモート仮想ネットワークへのトラフィック**：リモート仮想ネットワークへのトラフィック制御の方法を指定します。

  ● **許可**：ピアリング先の仮想ネットワークへの通信を許可します。

  ● **ブロック**：ピアリング先の仮想ネットワークへの通信をすべてブロックします。

○ **リモート仮想ネットワークから転送されたトラフィック**：リモート仮想ネットワークから発信されたトラフィック制御の方法を指定します。

  ● **許可**：ピアリング先の仮想ネットワークからの通信を許可します。

  ● **ブロック**：ピアリング先の仮想ネットワークからの通信をすべてブロックします。

○ **仮想ネットワークゲートウェイまたはルートサーバー**：VNet ピアリングで VPN ゲートウェイの転送を使用するか指定します。使用する場合、ピアリング元の仮想ネットワークとリモート仮想ネットワークのどちらのゲートウェイを使用するか指定します。

リモート仮想ネットワーク
ピアリング リンク名 *

仮想ネットワークのデプロイ モデル ⓘ
◉ Resource Manager
○ クラシック

☐ リソース ID を知っている ⓘ

サブスクリプション * ⓘ
Visual Studio Enterprise サブスクリプション ⌄

仮想ネットワーク *
⌄

リモート仮想ネットワークへのトラフィック ⓘ
◉ 許可 (既定)
○ リモート仮想ネットワークへのトラフィックをすべてブロックする

リモート仮想ネットワークから転送されたトラフィック ⓘ
◉ 許可 (既定)
○ リモート仮想ネットワークの外部から来ているトラフィックをブロックする

仮想ネットワーク ゲートウェイまたはルート サーバー ⓘ
○ この仮想ネットワークのゲートウェイまたはルート サーバーを使用する
○ リモート仮想ネットワークのゲートウェイまたはルート サーバーを使用する
◉ なし (既定)

❏ VNetピアリングの追加②

次に、ピアリング先の仮想ネットワークのVNetピアリングを設定します。この設定は、1つ目の仮想ネットワークのパラメーターと同じとなります。

❏ VNetピアリングの状態

作成が完了した後、仮想ネットワークのピアリングの状態が「接続済み」であることを確認します。もし、作成後にピアリングのステータスが、接続にならない場合には、ピアリングを一度削除して、再作成を試してください。

▶▶▶ **重要ポイント**

● ピアリングの作成後に、ステータスが接続にならない場合がある。その場合には、ピアリングを一度削除して、再作成を試す。

6-6

Azure VPN Gateway

Azure VPN Gateway（VPNゲートウェイ）は、Azure仮想ネットワークとオンプレミスネットワーク間をインターネット経由で暗号化されたVPN（Virtual Private Network）接続の構成に使用します。また、VPNゲートウェイは、Azure仮想ネットワーク間で、マイクロソフトネットワークを介したトラフィックを暗号化するためにも使用します。

❏ Azure VPN Gatewayの種類

種類	シナリオ
サイト間VPN（S2S）	オンプレミスのネットワークをAzure仮想ネットワークに接続する
ポイント対サイトVPN（P2S）	個々のデバイスをAzure仮想ネットワークに接続する
VNet対VNet	Azure仮想ネットワークとAzure仮想ネットワークを接続する

サイト間VPN接続

サイト間VPN接続（S2S VPN接続）では、オンプレミスネットワークとAzure仮想ネットワーク間をVPN接続します。インターネットでの通信を暗号化されたVPN接続にすることで、オンプレミスネットワークから、Azureリソースを安全に利用できます。

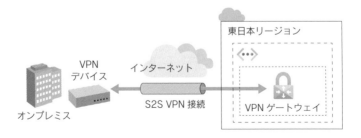

❏ サイト間VPN接続（S2S VPN接続）

S2S VPN接続の設定

S2S VPN接続は、次の手順に沿って実装します。

�1. 仮想ネットワークにゲートウェイサブネットを作成する

VPNゲートウェイをデプロイする仮想ネットワークには、**GatewaySubnet**という名前のゲートウェイ用の専用サブネットが必要になります。VPNゲートウェイをデプロイする前にサブネットを作成してください。サブネット作成にあたって、考慮事項があります。

○ **ゲートウェイサブネットのサイズ**：ゲートウェイサブネットのサイズとしては、/28または/27のCIDRブロックの使用が推奨されています。ただし、ExpressRoute/VPNゲートウェイが共存する構成の場合、単一のゲートウェイの構成よりも大きいゲートウェイサブネットが必要となるため、/27より大きいゲートウェイサブネットを作成する必要があります。

○ **別のリソースのデプロイ**：VPNゲートウェイを作成すると、ゲートウェイ仮想マシンがゲートウェイサブネットにデプロイされます。仮想マシンなど、他のリソースをゲートウェイサブネットにデプロイできません。

○ **NSGは利用できない**：ゲートウェイサブネットにNSGを関連付けできません。

✱2. VPNゲートウェイを作成する

VPNゲートウェイを作成するときには、いくつかの基本的な設定項目の設定が必要となります。ここで、基本的な設定項目を紹介します。

○ サブスクリプション
○ リソースグループ
○ VPNゲートウェイの名前
○ ゲートウェイの種類、VPNの種類
○ SKU、世代
○ 仮想ネットワーク
○ パブリックIPアドレス
○ 可用性ゾーン、アクティブ/アクティブ構成
○ BGPの構成

6
ネットワークサービス

ホーム > 仮想ネットワーク ゲートウェイ >

仮想ネットワーク ゲートウェイの作成 ...

基本　タグ　確認および作成

Azure では、さまざまな VPN ゲートウェイ オプションを構成するための計画と設計ガイドを提供しています。　詳細情報 ☐

プロジェクトの詳細

デプロイされているリソースとコストを管理するサブスクリプションを選択します。フォルダーのようなリソース グループを使用して、すべてのリソースを整理し、管理します。☐

サブスクリプション *	Visual Studio Enterprise サブスクリプション
リソース グループ ⓘ	リソース グループを取得するための仮想ネットワークを選択します

インスタンスの詳細

名前 *	
地域 *	Japan East
ゲートウェイの種類 * ⓘ	⦿ VPN　◯ ExpressRoute
VPN の種類 * ⓘ	⦿ ルート ベース　◯ ポリシー ベース
SKU * ⓘ	VpnGw2AZ
世代 ⓘ	Generation2
仮想ネットワーク * ⓘ	
	仮想ネットワークの作成

ⓘ 現在選択されているサブスクリプションおよびリージョン内の仮想ネットワークのみが一覧表示されます。

❏ VPNゲートウェイの作成①

○ **サブスクリプション**：利用するサブスクリプションを選択します。

○ **リソースグループ**：VPNゲートウェイは、リソースグループ内に作成する必要があります。VPNゲートウェイをデプロイする仮想ネットワークと同じリソースグループである必要があります。

○ **名前**：VPNゲートウェイの名前を指定します。リソースグループで一意である必要があります。

○ **地域**：VPNゲートウェイを作成するリージョンを指定します。

○ **ゲートウェイの種類**：作成するゲートウェイの種類として、VPNまたはExpressRouteを選択します。S2S VPN接続の場合は、VPNを選択します。

○ **VPNの種類**：作成するVPNの種類として、ルートベースまたはポリシーベースを選択します。VPNデバイスの製造元とモデル、およびVPN接続の構成に応じて選択します。

　● **ルートベース**：一般的なVPNゲートウェイです。S2S VPN接続、P2S VPN接続や、VNet対VNet接続のシナリオで利用できます。ExpressRouteと共存する場合、またはIKEv2プロトコルを使用する場合は、ルートベースを選択します。

　● **ポリシーベース**：IKEv1プロトコルのみがサポートされます。

○ **SKU**：VPNゲートウェイのSKUを選択します。使用できるVPNトンネルの数、合計スループット、ゾーン冗長の利用可否が異なるため、ビジネスシナリオに沿って選択します。

○ **世代**：ゲートウェイの世代では、Generation1またはGeneration2から選択します。Generation2はGeneration1よりもパフォーマンスが向上しているため、通常はGeneration2を指定します。

❏ VPNゲートウェイのSKU Generation1

	S2S VPN接続/VNet-to-VNetトンネル	P2S VPN接続IKEv2/OpenVPN接続	スループットベンチマーク
Basic	最大10	未サポート	100 Mbps
VpnGw1/Az	最大30	最大250	650 Mbps
VpnGw2/Az	最大30	最大500	1.0 Gbps
VPNGw3/Az	最大30	最大1000	1.25 Gbps

❏ VPNゲートウェイのSKU Generation2

	S2S VPN接続/VNet-to-VNetトンネル	P2S VPN接続IKEv2/OpenVPN接続	スループットベンチマーク
VpnGw2/Az	最大30	最大500	1.25 Gbps
VPNGw3/Az	最大30	最大1000	2.5 Gbps
VPNGw4/Az	最大100	最大5000	5.0 Gbps
VPNGw5/Az	最大100	最大10000	10.0 Gbps

○ **仮想ネットワーク**：VPNゲートウェイをデプロイする仮想ネットワークを選択します。

❏ VPNゲートウェイの作成②

- **パブリックIPアドレス**：VPNゲートウェイに割り当てられるパブリックIPアドレスを新規作成するか、既存のものを使用するかを選択します。パブリックIPアドレスは動的である必要があります。
- **可用性ゾーン**：一部のSKUは可用性ゾーンをサポートしています。可用性ゾーンを設定することで、リージョン内で複数のデータセンターに構成し、可用性を高められます。
- **アクティブ/アクティブモードの有効化**：アクティブ/アクティブモードで作成する場合、この設定を有効にします。
- **BGPの構成**：VPNデバイスとの構成でBGP（Border Gateway Protocol）を利用する場合、有効にします。

✳ 3. ローカルネットワークゲートウェイを作成する

　ローカルネットワークゲートウェイは、オンプレミスのVPNデバイスを表すリソースです。S2S VPN接続では、ローカルネットワークゲートウェイリソースが必要ですので、各パラメーターの設定を説明します。

❏ ローカルネットワークゲートウェイの作成

- **サブスクリプション**：利用するサブスクリプションを選択します。
- **リソースグループ**：ローカルネットワークゲートウェイのリソースグループを選択します。

414

○ **名前**：ローカルネットワークゲートウェイの名前を指定します。リソースグループで一意である必要があります。

○ **地域**：ローカルネットワークゲートウェイを作成するリージョンを指定します。

○ **エンドポイント、IPアドレス/FQDN**：オンプレミスVPNデバイスのパブリックIPアドレスまたはFQDNを指定します。

○ **アドレス空間**：VPNゲートウェイを介して、オンプレミスVPNデバイスにルーティングするオンプレミスネットワークのIPアドレスプレフィックスを指定します。

✳ 4. オンプレミスでVPNデバイスを構成する

　オンプレミスで利用するVPNデバイスとして、マイクロソフトは検証済みのデバイスのリストを公開しています。使用するVPNデバイスがリストにある場合、デバイス構成ガイドを参照して、VPNデバイスの構成を行います。

📖 検証済みの VPN デバイスとデバイス構成ガイド

URL https://learn.microsoft.com/ja-jp/azure/vpn-gateway/
vpn-gateway-about-vpn-devices#devicetable

✳ 5. VPN接続を構成する

　最後に、オンプレミスVPNデバイスとVPNゲートウェイ間の接続を確立する設定を行います。

　まずはAzure Portalから接続リソースの作成を行います。基本の項目では、サブスクリプション、リソースグループ、名前、作成するリージョンを選択します。接続の種類では「サイト対サイト（IPsec）」を指定します。

❏ VPN接続の作成：基本

次にVPN接続に関する詳細設定として、ここまで作成してきたVPNゲートウェイとオンプレミスゲートウェイの紐づけと、それに伴う設定を行います。

❏ VPN接続の作成：設定

○ **共有キー**：ローカルのオンプレミスVPNデバイスと共有するキーを指定します。VPNデバイスで設定した値と一致させる必要があります。

○ **IKEプロトコル**：暗号化のプロトコルを指定します。IKEv1接続は、Basic SKUに対してのみ許可され、IKEv2接続はBasic SKU以外のすべてのSKUに対して許可されています。

○ **AzureプライベートIPアドレスを使用する**：AzureプライベートIPを使用してIPsec VPN接続を確立する場合に有効にします。

○ **BGPを有効にする**：オンプレミスVPNデバイスとの経路情報のやり取りに、BGPを使用する場合に有効にします。

○ **カスタムBGPアドレスを有効にする**：BGPを使用する際に、カスタムのBGPアドレスを使用する場合に有効にします。

○ **IPsecおよびIKEポリシー**：ポリシーをカスタマイズする場合に選択します。

S2S VPN接続の高可用性設計

　VPNゲートウェイの単一のインスタンスに障害が発生した場合、または単一のオンプレミスのVPNデバイスに障害が発生した場合に、通信切断を短くするための高可用性設計について説明します。

　オンプレミスVPNデバイスとAzureのVPNゲートウェイでアクティブ/アクティブの構成にすることが最も信頼性の高い構成です。アクティブ/アクティブ構成のVPNゲートウェイを作成し、2つのVPNデバイスに対して2つのローカルネットワークゲートウェイと2つの接続を作成します。Azure仮想ネットワークとオンプレミスネットワークとの間に4つのIPsecトンネルがあるフルメッシュの構成になり、通信は4つのトンネルで分散されます。

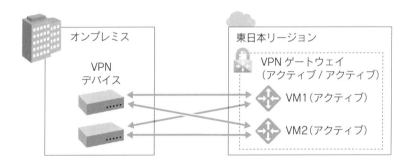

❑ サイト間VPN接続（S2S VPN接続）の高可用性設計

▶▶▶　**重要ポイント**

- S2S VPN接続は、ゲートウェイサブネットの作成、VPNゲートウェイの作成、ローカルネットワークゲートウェイの作成、VPN接続の順に設定する。
- VPNゲートウェイに設定するパブリックIPアドレスは動的にする必要がある。

ポイント対サイトVPN接続

　個々のコンピューターから、インターネット経由で暗号化されたVPN接続を使ってAzure仮想ネットワークへ接続する構成が、**ポイント対サイトVPN接続（P2S VPN接続）**です。例えば、リモートワークなどで、自宅や外出先から、Azure仮想ネットワークに構築したシステムへ安全に接続できます。

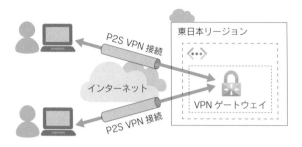

❏ ポイント対サイトVPN接続（P2S VPN接続）

P2S VPN接続の認証

　P2S VPN接続を確立する際に、ユーザーは認証を受ける必要があります。次の表にある種類の認証がサポートされています。

❏ P2S VPN接続の認証の種類

種類	説明
証明書の認証	デバイス上にあるクライアント証明書が、接続するユーザーの認証に使用されます。クライアント証明書は信頼されたルート証明書から生成され、各クライアントコンピューターにインストールする必要があります。公的な証明機関を使ったルート証明書を使用することも、自己署名証明書の使用もできます。
Microsoft Entra認証	Microsoft Entra認証では、Microsoft Entra ID資格情報を使用して、Azureに接続します。
Active Directoryドメイン認証	オンプレミスのADサーバーのドメインを使用してAzureに接続します。ADサーバーと統合するRADIUSサーバーが必要となります。

P2S VPN接続におけるゲートウェイの種類

　P2S VPN接続では、ポリシーベースのVPNゲートウェイはサポートされていません。そのため現在のところ、ポリシーベースのVPNゲートウェイがある場合には、ルートベースのVPNゲートウェイを別途作成する必要があります。

VNet対VNet接続

　仮想ネットワーク同士は、VNetピアリングで接続できますが、VPNゲートウェイの**VNet対VNet接続**でも接続できます。IPsec/IKE VPNトンネルを介して接続する必要がある場合に利用します。

6-7

Azure ExpressRouteと
Azure Virtual WAN

Azure ExpressRoute は、オンプレミスネットワークと Azure 仮想ネットワーク間を専用線接続するサービスです。高いセキュリティと安定した帯域が求められるネットワーク環境で利用します。

Azure Virtual WAN を使用すると、Azure を介して、オンプレミス拠点や仮想ネットワークを相互に接続するネットワーク環境を構築できます。ルーティング、セキュリティなど、様々な機能をまとめて1つのインターフェイスで管理できます。

Azure ExpressRoute

Azure ExpressRoute は、パブリックなインターネットを経由せず、接続プロバイダーが提供する専用線接続を経由します。これにより、インターネット経由の一般的な接続に比べて、安全性と信頼性が高く、待機時間も一定しているため高速に利用できます。ExpressRoute は、Azure だけでなく、Microsoft 365 などのマイクロソフトクラウドサービスへの接続にも利用できます。

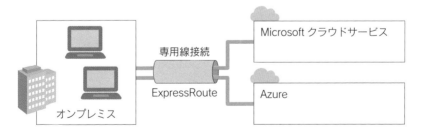

❏ Azure ExpressRoute

ExpressRouteの構成

ExpressRoute回線では、プライマリ回線とセカンダリ回線がアクティブ/アクティブモードで動作します。この場合、ネットワークフローごとのトラフィ

ックの負荷がExpressRoute接続間で分散されます。また、ExpressRoute回線の構成をアクティブ/パッシブモードで強制することもできますが、アクティブ接続で障害が発生した場合、通信断が発生する可能性があります。

ExpressRouteでは、BGPを使用して、オンプレミスネットワークとAzure内の仮想ネットワーク間でルート交換を行い、ネットワークルーティングを構成します。ExpressRouteゲートウェイが、ルート交換とネットワークルーティングの機能を持ちます。

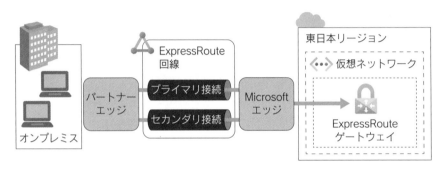

❏ Azure ExpressRouteの構成

ExpressRouteゲートウェイのSKU

ExpressRouteゲートウェイのSKUは次の表のとおりです。選択するSKUが上位になるほど、ゲートウェイに割り当てられるCPUやネットワーク帯域が増え、高いネットワーク性能を出すことができます。

❏ ExpressRouteゲートウェイのSKU

	Standard SKU/ ERGw1AZ	High Performance SKU/ERGw2AZ	Ultra Performance SKU/ERGw3AZ
VPNゲートウェイとの共存	はい	はい	はい
FastPath	いいえ	いいえ	はい
回線接続の接続数	4	8	16
推定パフォーマンス：1秒あたりのメガビット数	1,000	2,000	10,000

ExpressRouteゲートウェイで可用性ゾーンを構成する場合、次のSKUを選択します。ExpressRouteゲートウェイのインスタンスが異なる可用性ゾーンに配置され、ゾーンレベルでの障害から保護し、可用性を高められます。

○ ERGw1AZ
○ ERGw2AZ
○ ERGw3AZ

FastPath機能

FastPath機能を使用すると、オンプレミスから仮想ネットワークへ通信する際にExpressRouteゲートウェイを経由させない（バイパスする）構成が可能です。この機能を利用する場合、Ultra Performance、またはERGw3AZのSKUを使用します。

▶▶ **重要ポイント**

● ExpressRouteゲートウェイのFastPath機能は、Ultra Performance、または
ERGw3AZのSKUでのみ利用できる。

ExpressRouteとサイト間VPN接続の共存

ExpressRouteの障害発生時のフェイルオーバー先として、サイト間VPN接続を構成できます。この構成では、同じ仮想ネットワークに2つのゲートウェイが必要となります。

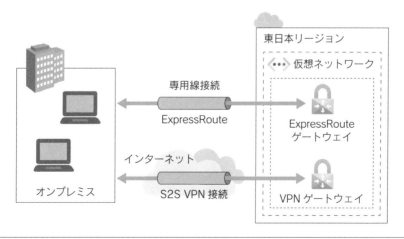

❑ Azure ExpressRouteとサイト間（S2S）VPN接続の並存

共存構成には制限事項があるため、注意してください。

- ○ VPNゲートウェイの種類は、ルートベースのみがサポートされています。
- ○ VPNゲートウェイでは、Basic SKUはサポートされていません。
- ○ ExpressRouteとS2S VPN接続間をトランジットルーティングする場合、VPNゲートウェイでBGPを利用して、AS番号を65515に設定する必要があります。
- ○ ゲートウェイサブネットは、/27またはそれより短いプレフィックス（/26、/25など）にする必要があります。

既にExpressRouteによりオンプレミスネットワークと仮想ネットワークが接続されている場合に、追加でサイト間VPN接続を構成するための手順は次のとおりです。基本的には、新規にサイト間VPN接続を作成する場合と同じですが、ExpressRouteを作成した際に既にゲートウェイサブネットは作成されているため、作成は不要です。また、Basic SKUのVPNゲートウェイは使用できないので、注意が必要です。

1. SKUが、Basic以外のVPNゲートウェイを作成する
2. ローカルネットワークゲートウェイを作成する
3. 接続を作成する

Azure Virtual WAN

Azure Virtual WANを使用すると、Azureバックボーンを使って、オンプレミス拠点や仮想ネットワークを相互に接続するネットワーク環境を構築できます。Virtual WANは、S2S VPN、P2S VPN、ExpressRoute、Azure Firewallといった Azure ネットワークサービスを1つの操作インターフェイスにまとめたものです。

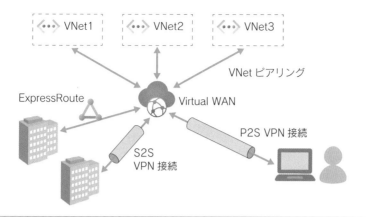

❏ Azure Virtual WAN

Virtual WANの作成手順

　Virtual WANを使って、Site1 と Site2 という独立したオンプレミスネットワークの間を相互に接続するシナリオを想定してください。今回のシナリオでは、各オンプレミスネットワークと Virtual WANの間には、S2S VPN接続を用います。

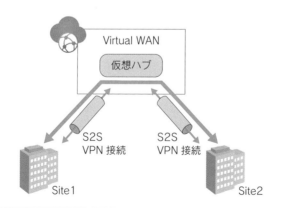

❏ Virtual WAN のサイト間の接続

✳ 1. Virtual WANを作成する

　まずは Virtual WAN の作成を行います。サブスクリプション、リソースグループ、名前、作成するリージョンを選択します。種類は、Basic と Standard の2つから選択できますので、ビジネスシナリオに沿って選択します。

- **Basic**：S2S VPN接続のみが使用できます。
- **Standard**：S2S VPN接続に加えて、ExpressRouteとP2S VPN接続を使用できます。また、仮想ハブを通して転送するS2S VPN、ハブ間、VNet間の接続で構成できます。

ホーム > 仮想 WAN >

WAN の作成　…

基本　確認および作成

仮想 WAN リソースは、Azure ネットワークの仮想オーバーレイを表し、複数のリソースのコレクションです。　詳細を表示 ⎘

プロジェクトの詳細

サブスクリプション *　　　　　　　Visual Studio Enterprise サブスクリプション

リソース グループ *　　　　　　　AZ104
　　　　　　　　　　　　　　　　　新規作成

仮想 WAN の詳細

地域 *　　　　　　　　　　　　　Japan East

名前 *　　　　　　　　　　　　　AZ104-virtualWAN

種類 ⓘ　　　　　　　　　　　　　Standard

❏ Azure Virtual WANの作成

✳ 2. 仮想ハブ、サイト対サイトのゲートウェイを作成する

　Virtual WANを作成した後は、Virtual WANで利用する仮想ハブ、および仮想ハブに配置するサイト対サイトのゲートウェイを作成します。仮想ハブはVirtual WANで利用する仮想ネットワークで、ExpressRouteやS2S VPN接続のゲートウェイを作成します。ここでも、サブスクリプションやリソースグループ、地域、名前を指定します。その他の設定値は次のとおりです。

- **ハブのプライベートアドレス空間**：CIDR表記で仮想ハブに利用するプライベートIPアドレス範囲を指定します。
- **仮想ハブの容量**：スループットとサポートされるVM数をメニューから選択します。
- **ハブのルーティングの優先順位**：同一のルートを複数の接続先から学習した場合、優先するルーティング先をExpressRoute、VPN、ASパスから選択します。

```
ホーム > 仮想 WAN > AZ104-virtualWAN | ハブ >

仮想ハブを作成する　…

基本　サイト対サイト　ポイント対サイト　ExpressRoute　タグ　確認および作成

仮想ハブは、Microsoft が管理する仮想ネットワークです。ハブには、オンプレミスのネットワーク (vpnsite) からの接続を有効にするためのさまざま
なサービス エンドポイントが含まれています。詳細を表示 ↗

プロジェクトの詳細

ハブは、vWAN と同じサブスクリプションとリソース グループに作成されます。↗

サブスクリプション            Visual Studio Enterprise サブスクリプション      ∨
  └── リソース グループ        AZ104                                     ∨

仮想ハブの詳細

地域 *                       Japan East                                ∨
名前 *                       [                                         ]
ハブ プライベート アドレス空間 * ⓘ  例: 10.0.0.0/16
仮想ハブの容量 * ⓘ            [                                         ]∨
ハブ ルーティングの優先順位 * ⓘ  ExpressRoute                             ∨
```

❏ 仮想ハブの作成：基本

　次に、仮想ハブ内のサイト対サイトのゲートウェイ（VPNゲートウェイ）を
設定します。

○ **AS番号**：AS番号は、固定（65515）となり変更できません。

○ **ゲートウェイスケールユニット**：VPNゲートウェイで使用する合計スループット
を選択します。

○ **ルーティングの優先順位**：Azureとインターネットの間のルーティングの優先順位
を指定します。

ホーム > 仮想 WAN > AZ104-virtualWAN | ハブ >

仮想ハブを作成する   …

基本   **サイト対サイト**   ポイント対サイト   ExpressRoute   タグ   確認および作成
─

VPN サイトに接続する前にサイト対サイト (VPN ゲートウェイ) を有効にする必要があります。これはハブの作成後にも行えますが、今すぐ行うほう
が時間を節約でき、後でサービスが中断されるリスクが軽減されます。 詳細を表示 ☐

サイト対サイト (VPN ゲートウェイ) を作成します   (**はい**   いいえ)
か?

AS 番号 ⓘ   65515

ゲートウェイ スケール ユニット * ⓘ

ルーティングの優先順位 ⓘ   ⦿ Microsoft ネットワーク ◯ インターネット

❏ 仮想ハブの作成：サイト対サイト

✳ 3. VPNサイトを作成する

次にVPNサイトを作成します。VPNサイトは、オンプレミスネットワーク側
を指定する設定となります。

○ **デバイスベンダー**：オンプレミス VPN デバイスのベンダーを入力します。
○ **プライベートアドレス空間**：BGP が構成されていない場合に、オンプレミス側のア
ドレス空間を入力します。

ホーム > VirtualWanDeployment | 概要 > AZ104-virtualWAN | VPN サイト >

VPN サイトの作成   …

基本   リンク   確認および作成
─
プロジェクトの詳細

サブスクリプション   Visual Studio Enterprise サブスクリプション

└── リソース グループ *   AZ104

インスタンスの詳細

地域 *   Japan East

名前 *

デバイス ベンダー *

プライベート アドレス空間

192.168.0.0/24   …

❏ VPNサイトの作成

✳ 4. VPNサイトを仮想ハブに接続する

　作成したVPNサイトを仮想ハブに接続します。仮想ハブのページから、作成
したVPNサイトのチェックボックスにチェックを入れて「VPNサイトの接続」
を選択します。VPNサイトの接続では、IPsec VPNに関する設定を行います。

- ○ **事前共有キー**：オンプレミスVPNデバイスと共有するキーを指定します。VPNデ
  バイスで設定した値と一致させる必要があります。
- ○ **プロトコル**：暗号化のプロトコルをIKEv1 またはIKEv2 から指定します。
- ○ **IPsec**：ポリシーをカスタマイズする場合に選択します。
- ○ **既定のルートを伝達する**：デフォルトルートを伝達する場合に有効にします。

❏ VPNサイトの接続

6-8

ネットワークルーティングと
エンドポイント

　管理者はネットワークルーティングを考慮して、トラフィックの経路を制御します。Azure仮想ネットワークでは、ルートテーブル、サービスエンドポイント、プライベートエンドポイントといった機能を使って、仮想マシンやPaaSへの通信経路を制御します。

システムルートとユーザー定義ルート

　Azure仮想ネットワークではシステムルートが自動的に作成され、仮想ネットワークのサブネットに割り当てられます。システムルートには既定のルートが登録されますが、ユーザーが独自にルートを定義して、オーバーライドできます。また、システムルートはサブネット単位で作成されるため、同一の仮想ネットワークのサブネットごとに別の通信経路にするような実装が可能です。

既定のシステムルート

　仮想ネットワークが作成されると、サブネットごとに、次の表に示す既定のシステムルートが自動的に作成されます。各ルートには、アドレスプレフィックスとネクストホップの種類が含まれています。サブネットに配置されたAzureリソースから、ルートのアドレスプレフィックスに含まれるIPアドレス宛に送信するときに、そのプレフィックスを含むシステムルートが使用されます。

❏ 既定のシステムルート

アドレスプレフィックス	ネクストホップの種類
仮想ネットワークのアドレス	仮想ネットワーク
0.0.0.0/0	インターネット

アドレスプレフィックス	ネクストホップの種類
プライベート予約アドレス 0.0.0.0/0 10.0.0.0/8 172.16.0.0/12	なし
100.64.0.0/10	なし
ピアリング先の仮想ネットワークのアドレス	VNet ピアリング
BGPでオンプレミスからアドバタイズされたアドレス	仮想ネットワークゲートウェイ
サービスエンドポイントを有効にしたサービスのアドレス	サービスエンドポイント

ユーザー定義ルート (UDR)

ユーザー定義ルート (UDR) を利用すると、既定のシステムルートをオーバーライドすることや、サブネットのシステムルートにルートを追加することができます。UDRでは、トラフィックのネクストホップを選択して通信経路を制御します。ネクストホップは次のいずれかをターゲットにできます。

○ 仮想ネットワークゲートウェイ
○ 仮想ネットワーク
○ インターネット
○ ネットワーク仮想アプライアンス (NVA)

例えば次の図のように、スポーク仮想ネットワークのVMからハブ仮想ネットワークのVMに、Azure Firewallを経由して通信させると想定してください。

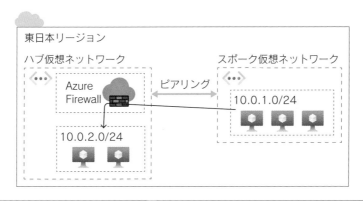

❏ ユーザー定義ルート (UDR)

UDRを設定しない場合、それぞれの仮想ネットワークの既定のシステムルートは次表のとおりとなります。VNetピアリングのシステムルートがあるため、Azure Firewallを経由せずに通信されます。

❏ スポーク仮想ネットワークサブネットのルートテーブル

ルート種別	アドレスプレフィックス	ネクストホップの種類
既定のシステムルート	10.0.1.0/24	仮想ネットワーク
既定のシステムルート	0.0.0.0/0	インターネット
既定のシステムルート	100.64.0.0/10	なし
既定のシステムルート	10.0.2.0/24	VNetピアリング

そのため、それぞれの仮想ネットワークのサブネットのUDRで、宛先ネットワークのアドレスプレフィックスは、ネクストホップにネットワーク仮想アプライアンスとしてAzure Firewallを指定します。この指定により、Azure Firewallを経由して通信させることが可能になります。

❏ スポーク仮想ネットワークサブネットのルートテーブル

ルート種別	アドレスプレフィックス	ネクストホップの種類
既定のシステムルート	10.0.1.0/24	仮想ネットワーク
既定のシステムルート	0.0.0.0/0	インターネット
既定のシステムルート	100.64.0.0/10	なし
ユーザー定義ルート	10.0.2.0/24	ネットワーク仮想アプライアンス（Azure Firewall）

UDRの設定

UDRを設定するには、ルートテーブルのリソースを作成し、ルートテーブル内にUDRを設定します。ルートテーブルでは、サブスクリプション、リソースグループ、リージョン、名前を指定します。「ゲートウェイのルートを伝達する」の設定では、ルートテーブルにVPNゲートウェイやExpressRouteゲートウェイから伝達されてきたオンプレミスのルートを登録するか、しないかを指定できます。

❏ ルートテーブルの作成

次に、作成したルートテーブルにルートの追加を行います。

❏ ルートの追加

○ **ルート名**：UDRの名前を指定します。ルートテーブルで一意である必要があります。

○ **宛先の種類**：IPアドレス、またはサービスタグから指定します。

○ **ネクストホップの種類**：宛先アドレス向けのトラフィックのネクストホップを次のいずれかから指定します。

- 仮想ネットワークゲートウェイ
- 仮想ネットワーク
- インターネット
- 仮想アプライアンス

サブネットとルートテーブルの関連付けを行うためには、作成したルートテーブルの左メニューの「サブネット」を選択します。事前に作成した仮想ネットワークとサブネットを選択して、関連付けを行います。

❏ サブネットとルートテーブルの関連付け

- Azureの仮想ネットワークでは、既定のルートテーブルとして、システムルートが定義されている。
- 既定のルーティングではなく、ネットワーク仮想アプライアンス（NVA）やAzure Firewallを経由させるルーティングとする場合には、ルートテーブルのUDRを利用。

サービスエンドポイント

　サービスエンドポイントを使用すると、Azureサービスに対して、インターネット経由のアクセスを制限し、仮想ネットワークからの通信のみに制限できます。サービスエンドポイントの対象であるPaaSは仮想ネットワーク外にあり、既定ではインターネットからパブリックIPでの接続を受け付けます。サービスエンドポイントを使用すると、仮想マシンにパブリックIPアドレスを設定することなく、プライベートIPアドレスを使ってPaaSへ接続できます。

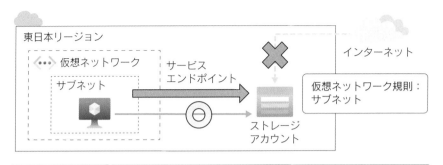

❏ サービスエンドポイント

　サービスエンドポイントは、利用するAzureリソースの種類ごとに作成します。例えば、1つの仮想ネットワークにある2つのストレージアカウントへ接続したい場合には、1つのサービスエンドポイントを作成します。

サービスエンドポイントの設定

　サービスエンドポイントの追加を行うためには、仮想ネットワークの左メニューの「サービスエンドポイント」を選択します。サービスとサブネットを選択して、サービスエンドポイントを追加します。

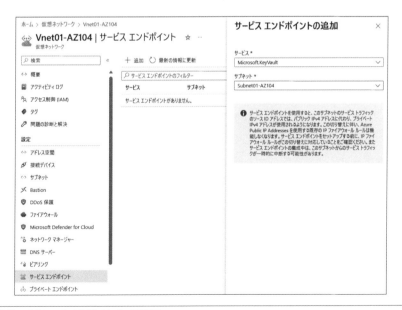

❏ サービスエンドポイントの追加

サービスエンドポイントが利用できる主なAzureサービスは次のとおりです。

- ○ Azure Storage
- ○ Azure SQL Database と Azure SQL Data Warehouse
- ○ Azure Database for PostgreSQL と Azure Database for MySQL
- ○ Azure Cosmos DB
- ○ Azure Key Vault
- ○ Azure Service Bus と Azure Event Hubs

▶▶▶ **重要ポイント**

- サービスエンドポイントを使うと、Azureサービスに対して、インターネット経由のアクセスを制限し、仮想ネットワークからの通信のみを許可できる。
- サービスエンドポイントは、利用するAzureリソースの種類ごとに作成する。

Private Linkとプライベートエンドポイント

Azure Private Link を使用すると、仮想ネットワークのプライベートエンドポイント経由で、PaaS（Azure StorageやSQL Databaseなど）とのプライベート接続が可能になります。PaaSをパブリックインターネットへ公開する必要がなくなるため、エンドポイント間でのセキュリティが確保されることや、PaaSに対するインターネットからの脅威を抑えることができます。

サービスエンドポイントは仮想ネットワークのサブネットに対して適用するため、ExpressRouteやVPNで接続されたオンプレミスのリソースからは利用できません。一方プライベートエンドポイントでは、プライベートエンドポイントのIPアドレスへ通信可能であれば、オンプレミスのリソースからも利用できます。

プライベートエンドポイントは仮想ネットワーク内に配置するので、プライベートIPアドレスが設定されます。プライベートリンクはAzureリソース単位で設定するので、設定されていないAzureリソースへはプライベートエンドポイント経由では接続させない構成となります。

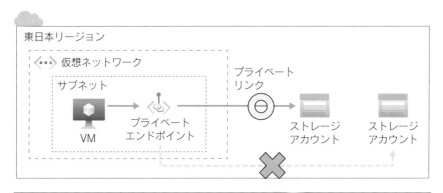

❏ プライベートリンクとプライベートエンドポイント

プライベートエンドポイントの設定

　プライベートエンドポイントを作成するためには、Azure Portalのプライベートエンドポイントからリソースを作成します。サブスクリプション、リソースグループ、名前、作成するリージョンなどを選択します。

ホーム > Private Link センター | プライベート エンドポイント >

プライベート エンドポイントを作成する　⋯

①基本　②リソース　③仮想ネットワーク　④DNS　⑤タグ　⑥確認および作成

プライベート エンドポイントを使用して、サービスまたはリソースにプライベートに接続します。プライベート エンドポイントが存在するリージョンは仮想ネットワークと同じでなければなりませんが、接続しようとしているプライベート リンク リソースのリージョンとは異なっていても構いません。 詳細情報

プロジェクトの詳細

サブスクリプション * ⓘ	Visual Studio Enterprise サブスクリプション ⌄
└ リソース グループ * ⓘ	⌄
	新規作成

インスタンスの詳細

名前 *	
ネットワーク インターフェイス名 *	
地域 *	Japan East ⌄

❏ プライベートエンドポイントの作成：基本

○ **サブスクリプション**：利用するサブスクリプションを選択します。同一サブスクリプション内のリソースはまとめて課金されます。

○ **リソースグループ**：既存のリソースグループを新規作成します。

6
ネットワークサービス

- **名前**：プライベートエンドポイントの名前を指定します。リソースグループで一意である必要があります。
- **ネットワークインターフェイス名**：プライベートエンドポイントのNICの名前を指定します。
- **地域**：作成するリージョンを指定します。

次にプライベートエンドポイントを設定するAzureリソースを構成します。

ホーム > Private Link センター | プライベート エンドポイント >

プライベート エンドポイントを作成する …

✓ 基本　❷ リソース　③ 仮想ネットワーク　④ DNS　⑤ タグ　⑥ 確認および作成

Private Link には、プライベート リンク サービス、SQL サーバー、Azure ストレージ アカウントなど、さまざまな Azure リソースのプライベート エンドポイントを作成するためのオプションが用意されています。このプライベート エンドポイントを使用して接続するリソースを選択してください。 詳細情報

接続方法 ⓘ	◉ マイ ディレクトリ内の Azure リソースに接続します。
	○ リソース ID またはエイリアスを使って Azure リソースに接続します。
サブスクリプション * ⓘ	Visual Studio Enterprise サブスクリプション ∨
リソースの種類 * ⓘ	リソースの種類を選択する ∨
リソース ⓘ	リソースの種類の選択を待機しています ∨

❏ プライベートエンドポイントの作成：リソース

- **接続方法**：Azureリソースをディレクトリ内から選択するか、リソースIDから選択するかを指定します。
- **サブスクリプション**：接続するAzureリソースのサブスクリプションを選択します。
- **リソースの種類**：接続するAzureリソースの種類（Storage AccountやKey Vaultなど）を指定します。
- **リソース**：接続するAzureリソースのリソース名を選択します。

次にプライベートエンドポイントを配置する仮想ネットワークを構成します。

❏ プライベートエンドポイントの作成：仮想ネットワーク

○ **仮想ネットワーク**：プライベートエンドポイントを配置する仮想ネットワークを
選択します。

○ **サブネット**：プライベートエンドポイントを配置するサブネットを選択します。

○ **プライベートエンドポイントのネットワークポリシー**：ネットワークポリシーを
有効にすると、プライベートエンドポイントに対するNSGとユーザー定義ルート
が有効になります。この設定は、サブネット内のすべてのプライベートエンドポイ
ントに影響します。

○ **プライベートIP構成**：IPアドレスを固定にする場合、静的に割り当てます。

○ **アプリケーションセキュリティグループ**：プライベートエンドポイントをアプリ
ケーションセキュリティグループで一元管理する場合に選択します。

　最後にプライベートエンドポイントのDNSを構成します。プライベートエン
ドポイントを利用するAzureリソースには、Azure DNSに既にパブリックエン
ドポイント用のDNSレコードが存在する場合があります。プライベートエンド
ポイントを使用するには、DNSレコードをオーバーライドする必要がありま
す。そのために、プライベートDNSゾーンと統合して管理を容易にします。

プライベート エンドポイントを作成する ...

✓ 基本　　✓ リソース　　✓ 仮想ネットワーク　　**④ DNS**　　⑤ タグ　　⑥ 確認および作成

プライベート DNS 統合

プライベート エンドポイントとプライベートに接続するには、DNS レコードが必要です。プライベート エンドポイントをプライベート DNS ゾーンと統合することをお勧めします。また、独自の DNS サーバーを利用したり、仮想マシン上のホスト ファイルを使用して DNS レコードを作成したりすることもできます。 詳細情報

プライベート DNS ゾーンと統合する　　　◉ はい　○ いいえ

構成名	サブスクリプション	リソース グループ	プライベート DNS ゾーン
privatelink-blob-core-win...	Visual Studio Enterpr... ∨	AZ104　　　∨	(新規) privatelink.blob.co...

❑ プライベートエンドポイントの作成：DNS

▶ ▶ ▷ **重要ポイント**

- プライベートエンドポイントを使用すると、PaaS（Azure Storage や SQL Database など）への仮想ネットワーク経由のプライベート接続が可能になる。

6-9

Azure Load Balancer

Azure Load Balancerは、受信トラフィックをバックエンドの仮想マシンやAzureリソースへ負荷分散させるサービスです。レイヤー4(トランスポートレイヤー)で動作するため、TCP/UDPの通信を負荷分散したい場合に利用します。

Azure Load Balancerには、パブリックロードバランサーと内部ロードバランサーの2種類があります。

パブリックロードバランサー

パブリックロードバランサーは、インターネットからの通信の負荷を、仮想ネットワークに配置したバックエンドインスタンスに分散させる場合に利用できます。

例えば、複数の仮想マシンに構築したWebサーバーへ接続する場合、クライアントは、インターネット経由でWebサーバーへ接続します。パブリックロードバランサーは、クライアントからの通信を中継して、負荷分散規則に従って、バックエンドの仮想マシンへ通信を分散させます。

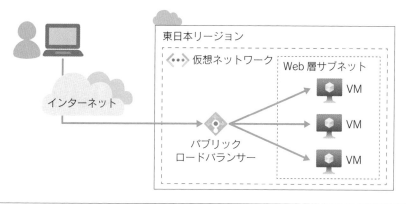

❑ パブリックロードバランサー

パブリックロードバランサーでは、フロントエンドにパブリックIPアドレスが必要になります。パブリックIPアドレスリソースとロードバランサーリソースのSKUは一致させる必要があり、StandardとBasicを混在させることはできません。

▶▶▶ **重要ポイント**
- パブリックロードバランサーは、インターネットからの通信の負荷を分散させる場合に利用する。
- パブリックロードバランサーのパブリックIPアドレスとロードバランサーのSKUは一致させる必要がある。

内部ロードバランサー

内部ロードバランサーは、仮想ネットワーク内で通信負荷を分散させる場合に使用します。

例えば、仮想マシンに構築したSQLサーバーが複数台あり、Webサーバーからの通信負荷をそれらに分散させたい場合に利用します。Webサーバーは内部ロードバランサーへデータベース要求を送り、内部ロードバランサーはバックエンドのSQLサーバーへ要求を分散させます。

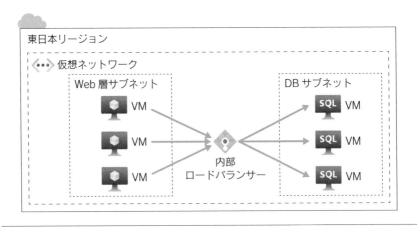

❑ 内部ロードバランサー

Azure Load BalancerのSKU

Azure Load Balancerには、Basic、Standard、Gatewayの3つのSKUが提供されています。Standard SKUでは、Basic SKUよりも機能が増えており、細かな設定が可能になり、Basic SKUからStandard SKUへはアップグレードが可能になります。Gateway SKUは、サードパーティのネットワーク仮想アプライアンス（NVA）を高性能、高可用性で構成する場合に利用します。

BasicとStandardの主な違いは次のとおりです。

❏ ロードバランサーのSKU

	Standard SKU	Basic SKU
正常性プローブ	HTTPS、HTTP、TCP	HTTP、TCP
可用性ゾーン	受信、送信通信用のゾーン冗長、ゾーンフロントエンド	使用不可
複数のフロントエンド	受信および送信	受信のみ
バックエンドプールエンドポイント	単一の仮想ネットワーク内の任意の仮想マシンまたは仮想マシンスケールセット	単一の可用性セットまたは仮想マシンスケールセット内の仮想マシン
セキュリティ	NSGで許可されている場合、受信は拒否されている 仮想ネットワークから内部ロードバランサーへの通信は許可されている	既定では通信制限なし
SLA	99.99%	なし
高可用性ポート	内部ロードバランサーで使用可能	使用不可

Azure Load Balancerの設定

Azure Load Balancerを作成するときには、いくつかの基本的な設定項目の設定が必要となります。ここで、基本的な設定項目を紹介します。

1. サブスクリプション
2. リソースグループ
3. Azure Load Balancerの名前
4. SKU/種類/レベル

5. フロンドエンドIP構成

6. バックエンドプール

7. インバウンドNAT規則

8. 正常性プローブ

　まずはAzure Load Balancerの作成を行います。サブスクリプション、リソースグループ、名前、作成するリージョンなどを選択します。

ホーム > 負荷分散 | ロード バランサー >

ロード バランサーの作成 …

基本　　フロントエンド IP 構成　　バックエンド プール　　インバウンド規則　　送信規則　　タグ　　確認および作成

Azure Load Balancer は、正常な仮想マシン インスタンス間で着信トラフィックを分散する、第 4 層のロード バランサーです。ハッシュベースの分散アルゴリズムを使用します。既定では、5 つの組 (ソース IP、ソース ポート、接続先 IP、接続先ポート、プロトコルの種類) のハッシュを使用して、使用可能なサーバーにトラフィックをマップします。インターネットに接続してパブリック IP アドレスでアクセスできるようにすることや、内部に配置して仮想ネットワークからのみアクセスできるようにすることができます。また、ネットワーク アドレス変換 (NAT) を使用して、パブリック IP アドレスとプライベート IP アドレス間でトラフィックをルーティングすることもできます。 詳細。

プロジェクトの詳細

サブスクリプション *　　Visual Studio Enterprise サブスクリプション

└─ リソース グループ *
新規作成

インスタンスの詳細

名前 *

地域 *　　Japan East

SKU * ⓘ　　◉ Standard
　　　　　　○ ゲートウェイ
　　　　　　○ Basic

種類 * ⓘ　　○ パブリック
　　　　　　◉ 内部

レベル *　　◉ 地域
　　　　　　○ グローバル

❏ Azure Load Balancerの作成：基本

　次にAzure Load Balancerへのクライアントからのアクセス先であるフロントエンドIPを構成します。内部ロードバランサーでは、ロードバランサーを配置する仮想ネットワーク、サブネットを指定します。また、フロントエンドのIPアドレスに対して、必要に応じて可用性ゾーンの設定をします。

❑ Azure Load Balancerの作成：フロントエンドIP構成

　次にAzure Load Balancerからの通信を分散するバックエンドプールを構成します。バックエンドプールには、負荷分散する仮想マシンがある仮想ネットワークを指定します。仮想ネットワーク内の仮想マシンをNIC、またはIPアドレスのどちらで指定するかを決め、バックエンドプールへインスタンスを追加します。

❑ Azure Load Balancerの作成：バックエンドプール

　負荷分散規則では、バックエンドプールの仮想マシンへ負荷分散させる規則を設定します。各規則によって、フロントエンドのIPアドレスとポートの組み合わせが、バックエンドのIPアドレスとポートの一連の組み合わせにマッピングされます。

ロード バランサーの作成 ...

基本　フロントエンド IP 構成　バックエンド プール

負荷分散規則

負荷分散ルールでは、選択した IP アドレスとポートの組み合わせ
では、正常性プローブを使用して、トラフィックを受信する資格の

╋ 負荷分散規則の追加

名前 ↑↓　　　　　　フロントエンド IP 構成 ↑↓　　ノ

開始するには規則を追加してください

◀ ▬▬▬▬▬▬▬▬▬▬▬▬

インバウンド NAT 規則

インバウンド NAT 規則では、選択した IP アドレスとの組み

╋ インバウンド NAT 規則の追加

名前 ↑↓　　　　　　フロントエンド IP 構成 ↑↓

開始するには規則を追加してください

負荷分散規則の追加
AZ104-lb　　　　　　　　　　　　　　　　　　　✕

負荷分散ルールでは、選択した IP アドレスとポートの組み合わせに送信される着信トラフィックを、バックエンド プール インスタンスのグループ全体に分散します。正常性プローブが正常と見なすバックエンド インスタンスのみが、新しいトラフィックを受信します。

名前 *	負荷分散規則名
IP バージョン *	⦿ IPv4
	◯ IPv6
フロントエンド IP アドレス * ⓘ	▾
バックエンド プール * ⓘ	既存のバックエンド プールはありません ▾
高可用性ポート ⓘ	☐
プロトコル	⦿ TCP
	◯ UDP
ポート *	
バックエンド ポート * ⓘ	
正常性プローブ * ⓘ	既存のプローブはありません ▾
	新規作成
セッション永続化 ⓘ	なし ▾
アイドル タイムアウト (分) * ⓘ	4
TCP リセットを有効にする	☐
フローティング IP を有効にする ⓘ	☐

❑ Azure Load Balancer の作成：負荷分散規則の追加

　負荷分散規則を構成するには、フロントエンドやバックエンド プールを指定するとともに次の設定値を指定します。

◎ **高可用性ポート**：高可用性（HA）ポートは負荷分散規則の一種であり、内部 Standard ロードバランサーのすべてのポートに到着するトラフィックを簡単に負荷分散できます。HA ポート負荷分散規則は、仮想ネットワーク内のネットワーク仮想アプライアンス（NVA）の高可用性と拡張性のシナリオで利用し、多数のポートを負荷分散する必要がある場合に活用します。HA ポートは、内部ロードバランサー、かつ Standard SKU で利用可能です。

◎ **セッション永続化**：Web サービスへのアクセスをクライアントごとに同じ Web サーバーで処理するためには、セッション永続化を有効にします。セッション永続化の項目では、設定なし、クライアント IP、クライアント IP とプロトコルの 3 種類から指定します。

◎ **アイドルタイムアウト（分）**：クライアントに依存せずにキープアライブメッセージを送信するため、TCP セッションを継続する時間を指定します。

○ **TCPリセットを有効にする**：TCPリセットを有効にすると、Azure Load Balancer
がアイドルタイムアウト時に双方向TCPリセットパケットを送ります。これによ
り、接続がタイムアウトしたことをアプリケーションのエンドポイントに通知させ
ることができ、新しい接続を素早く確立できます。

インバウンドNAT規則を構成すると、Azure Load Balancerの特定のポート
番号宛の通信をバックエンドの特定のインスタンスへポート転送ができるよう
になります。例えばクライアントからバックエンドの仮想マシンにRDPしたい
場合などに有効です。

ホーム ＞ 負荷分散 | ロード バランサー ＞ AZ104-LB | インバウンド NAT 規則 ＞

インバウンド NAT 規則の追加 …
AZ104-LB

ⓘ インバウンド NAT 規則では、選択した IP アドレスとポートの組み合わせに送信される着信トラフィックを特定の仮想マシンに転送します。

名前 *	インバウンド NAT 規則名
種類 ⓘ	⦿ Azure 仮想マシン ／ ◯ バックエンド プール
ターゲット仮想マシン	なし ⌄
フロントエンド IP アドレス * ⓘ	⌄
フロントエンド ポート *	
サービス タグ *	Custom ⌄
バックエンド ポート *	
プロトコル	⦿ TCP ／ ◯ UDP
TCP リセットを有効にする ⓘ	☐
アイドル タイムアウト (分) * ⓘ	4
フローティング IP を有効にする ⓘ	☐

❏ Azure Load Balancerの作成：インバウンドNAT規則

Azure Load Balancerを作成できたら、**正常性プローブ**を作成します。正常性
プローブは、アプリケーションの状態を監視する機能です。正常性プローブで
は、正常性チェックの応答結果に基づき、自動でバックエンドインスタンスへ
の要求のルーティングを停止します。ある仮想マシンが正常性チェックの応答

を返さない場合、Azure Load Balancerは異常と判断して、その仮想マシンへの新しい要求の送信を停止させます。

次の図は、正常性プローブの作成画面です。

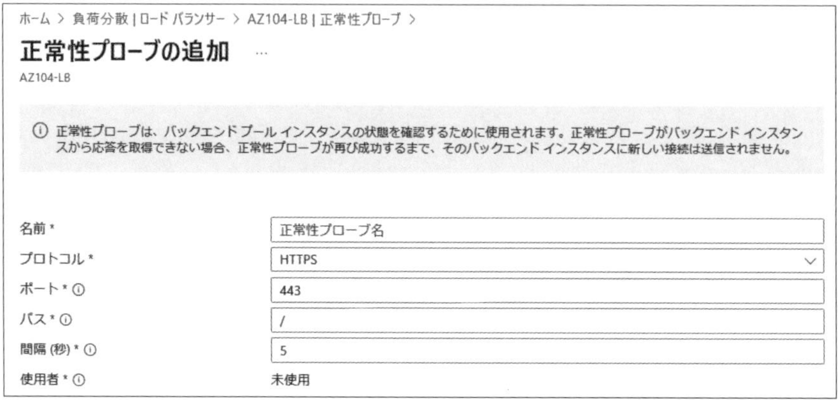

❏ 正常性プローブの作成

正常性プローブを構成するには、次の設定値を指定します。

◯ **プロトコル**：バックエンドプールインスタンスへ通信する際のプロトコルです。TCP、HTTP、HTTPSの3種類から選択できます。

◯ **ポート**：仮想マシンの正常性をチェックする際の宛先ポートです。仮想マシンでは、このポートが空いている必要があります。

◯ **パス**：HTTP/HTTPSの場合、正常性チェックを行うパスを指定します。指定されたパスにHTTP GETを発行します。

◯ **間隔(秒)**：正常性チェックの実行間隔です。

▶▶▶ **重要ポイント**

- Webサービスへのアクセスをクライアントごとに同じWebサーバーで処理するためには、セッション永続化を有効にする。

446

6-10

Azure Application Gateway

Azure Application Gateway は、Web アプリケーションへの HTTP/HTTPS 通信用のロードバランサーです。Application Gateway では、URI パスやホストヘッダーなど、HTTP 要求の属性に基づいてルーティングを決定できます。例えば、URL パスに応じてルーティングできるため、/images の URL への要求には、画像用に構成されたサーバーへルーティングし、それ以外は通常のWebサーバーへルーティングさせる制御ができます。

Azure Application Gatewayのルーティング

クライアントは、Application Gateway の IP アドレスまたは DNS 名を指定して、Web アプリケーションに要求します。Application Gateway では、受けた要求をルーティング規則に応じて、バックエンドプール内の Web サーバーへ転送します。

Application Gateway には、2種類のトラフィックのルーティング方法があります。

パスベースのルーティング

パスベースのルーティングでは、異なる URL パスの要求を異なるバックエンドサーバーのプールに送信できます。例えば、/video/ パスへの要求を映像ストリーミング用に用意したサーバーのバックエンドプールに転送して、/images/パスへの要求は、画像検索用に用意したサーバーのプールに転送できます。

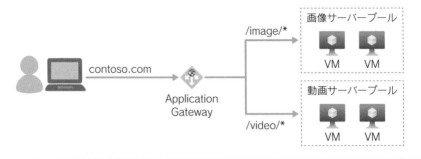

❏ パスベースのルーティング

マルチサイトのルーティング

　マルチサイトのルーティングでは、同じApplication Gatewayのインスタンス上に複数のWebアプリケーションを構成できます。この構成では、Application GatewayのIPアドレスに対して、複数のDNS名（CNAME）を登録します。要求を受けたApplication Gatewayは、各WebアプリケーションのURLに応じて、通信をWebサーバーへルーティングします。

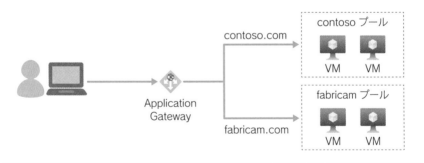

❏ マルチサイトのルーティング

Azure Application Gatewayの構成要素

　Azure Application Gatewayは複数の構成要素を組み合わせて、Webサーバーのバックエンドプールにルーティングすることや、Webサーバーの正常性の監視を行います。構成要素としては、フロントエンドIPアドレス、バックエンドプール、ルーティング規則、正常性プローブ、リスナーがあります。ファイアウ

オールもオプションで実装できます。

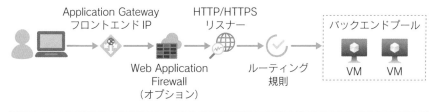

Application Gateway
フロントエンド IP

HTTP/HTTPS
リスナー

バックエンドプール

Web Application
Firewall
（オプション）

ルーティング
規則

VM　　VM

❏ Application Gatewayの構成要素

Azure Application Gatewayの設定

　Azure Application Gatewayを作成するときには、いくつかの基本的な設定項目の設定が必要となります。ここで、基本的な設定項目を紹介します。

1. サブスクリプション
2. リソースグループ
3. Application Gatewayの名前
4. リージョン
5. レベル
6. 自動スケール/可用性ゾーン
7. HTTP2
8. 仮想ネットワーク
9. フロントエンドIPアドレス
10. バックエンドプール
11. ルーティング規則
12. 正常性プローブ
13. Web Application Firewall

　まずはAzure Application Gatewayの作成を行います。サブスクリプション、リソースグループ、名前、作成するリージョンなどを選択します。

6

ネットワークサービス

アプリケーション ゲートウェイの作成 …

① 基本 ② フロントエンド ③ バックエンド ④ 構成 ⑤ タグ ⑥ 確認および作成

アプリケーション ゲートウェイは、Web アプリケーションのトラフィックを管理できる Web トラフィック ロード バランサーです。 アプリケーション ゲートウェ イの詳細 ☑

プロジェクトの詳細

デプロイされているリソースとコストを管理するサブスクリプションを選択します。フォルダーのようなリソース グループを使用して、すべてのリソースを整理 し、管理します。 ☑

サブスクリプション * ⓘ	Visual Studio Enterprise サブスクリプション ⌄
└── リソース グループ * ⓘ	⌄
	新規作成

インスタンスの詳細

ゲートウェイ名 *	
地域 *	Japan East ⌄
レベル ⓘ	Standard V2 ⌄
自動スケール	⦿ はい ◯ いいえ
最小インスタンス数 * ⓘ	0
最大インスタンス数	10
可用性ゾーン ⓘ	なし ⌄
HTTP2 ⓘ	◯ 無効 ⦿ 有効

仮想ネットワークの構成

仮想ネットワーク * ⓘ	⌄
	新規作成

❏ Azure Application Gateway の作成：基本

◎ **レベル**：Standard V2、Standard、WAF V2、WAF の4種類から選択します。WAF を利用する場合には、WAF V2 または WAF から選択します。Standard V2 は、 Standard よりもパフォーマンスが強化され、自動スケールダウン、ゾーン冗長など の機能が追加されています。

◎ **自動スケール**：通信状況に応じて、自動的にインスタンスの数を増減させたい場合 に有効にします。自動的に増減させる際の、最大・最小インスタンス数もあわせて 指定します。

◎ **可用性ゾーン**：可用性ゾーンがサポートされているので、ビジネスシナリオに応じ て有効にします。

◎ **HTTP2**：HTTP2 プロトコルのサポートを、リスナーに接続するクライアントのみ に提供する場合に有効にします。

　次にフロントエンドのIPアドレスを設定します。クライアントからの要求はフロントエンドIPアドレスで受信します。フロントエンドIPアドレスとしては、パブリックIPアドレスとプライベートIPアドレスの両方が利用可能で、両方を同時に持つことも可能です。

❑ Azure Application Gatewayの作成：フロントエンド

　次にバックエンドプールを設定します。バックエンドプールは、複数のWebサーバーをまとめたプールです。プールを構成する際には、各Webサーバーの IPアドレスを指定します。

❑ Azure Application Gatewayの作成：バックエンド

　ルーティング規則では、リスナーとバックエンドターゲットを設定します。リスナーには、プロトコル、ポート、IPアドレスを指定して、通信を受け付けます。リスナーの種類では、ルーティングの方式としてBasic（パスベース）またはマルチサイトから選択します。

6
ネットワークサービス

❑ Azure Application Gatewayの作成：リスナー

　リスナーは、ルーティング規則に応じて、バックエンドターゲットへルーティングを行います。バックエンドターゲットでは、先に作成したバックエンドプールから、ルーティングを行うターゲットを指定します。また、指定したルーティング種類に応じて、ルーティングさせるバックエンドプールを設定します。

❑ Azure Application Gatewayの作成：バックエンドターゲット

　正常性プローブを利用することで、負荷分散に使用するバックエンドプール内のサーバーを決定します。正常性プローブからWebサーバーへ要求を行い、正常なHTTP応答がWebサーバーから応答されない場合は異常と判断します。

　Application Gatewayでは、Azure Web Application Firewall（WAF）を有効にして、リスナーに到着する前に要求を処理できます。WAFでは、一般的な脅威として、SQLインジェクションやクロスサイトスクリプティングなどをチェックし、Webアプリケーションを一元的に保護します。

6-11
その他のネットワークサービス

ここでは、Azureで提供されているその他のネットワークサービスをまとめて紹介します。

Azure Bastion

Azure Bastion は、Webブラウザーを使って、仮想ネットワーク上の仮想マシンに接続するサービスです。仮想ネットワーク内にデプロイするフルマネージドのPaaSなので、簡単に仮想マシンへSSH/RDPできる環境を用意できます。Bastionを使うと、仮想マシンにパブリックIPアドレスを設定する必要がないため、インターネットにRDPやSSHを公開せずにセキュアに仮想マシンの運用が行えます。

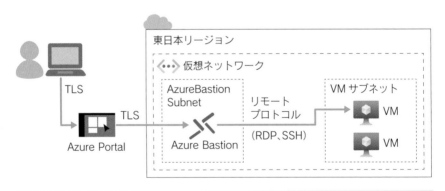

❏ Azure Bastion

また、ピアリング先の仮想ネットワークでBastionがデプロイされていれば、ピアリング元の仮想ネットワークに配置されている仮想マシンへも接続できます。そのため、すべての仮想ネットワークにBastionをデプロイする必要はなく、Bastionの数を削減できます。リージョンVNetピアリング、グローバルVNetピアリングの両方で動作します。

Bastionのサブネット

Bastionは仮想ネットワークのサブネットに配置します。その際には次の注意点があります。

○ サブネットの名前は、**AzureBastionSubnet**にします。
○ サブネットのサイズは、**/26以上**にします。
○ サブネットは、Bastionリソースと同じリソースグループにします。
○ サブネットには他のリソースを含めることはできません。

次に示すARMテンプレートでは、Bastionが使用可能な仮想ネットワークを展開するための内容を定義しています。アドレス空間が10.0.0.0/24のVNet1という名前の仮想ネットワークに2つのサブネット（AzureBastionSubnetとSubnet2）を作成しています。Bastionを使用可能にするため、AzureBastionSubnetという名前のサブネットで指定するアドレス空間のプレフィックスは/26で指定しています。

`JSON` Bastionを使用する仮想ネットワークの定義（一部抜粋）

```
{
  "type": "Microsoft.Network/virtualNetworks",
  "name": "VNet1",
  "apiVersion": "2023-04-01",
  "location": "japaneast",
  "properties": {
    "addressSpace": {
      "addressPrefixes": ["10.0.0.0/24"]
    },
    "subnets": [
      {
        "name": "AzureBastionSubnet",
        "properties": {
          "addressPrefix": "10.0.0.0/26"
        }
      },
      {
        "name": "Subnet2",
        "properties": {
          "addressPrefix": "10.0.128.0/26"
```

```
                }
            }
        ]
    }
}
```

Bastionのホストスケーリング

　Bastion の SKU には、Standard SKU と Basic SKU の 2 種類があり、Standard SKU では、Bastion ホストのスケーリングやファイルのアップロード、ダウンロードなど、Basic SKU よりも利用できる機能が増えます。Bastion ホストのスケーリングに関して、Basic SKU では 2 つのインスタンスで固定ですが、Standard SKU では 2 から 50 の間でインスタンス数を指定できます。個々のインスタンスに複数のセッションを利用できるので、接続する仮想マシンが多い場合には Standard SKU を選択してください。

ネイティブクライアント機能

　Bastion のネイティブクライアント機能を利用すると、Web ブラウザーを使った Azure Portal 経由ではなく、ローカルコンピューターのネイティブクライアント（RDP または SSH）を使って仮想ネットワーク内の仮想マシンへ接続できます。

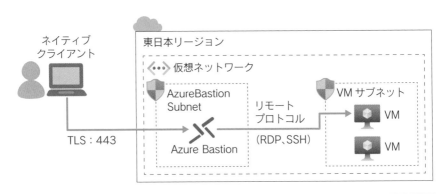

❏ Azure Bastion ネイティブクライアント機能

　ネイティブクライアント機能を利用するためには Standard SKU が必要になるため、Bastion を作成する際には Standard SKU を指定します。

❏ Azure Bastion ネイティブクライアントのSKU

作成時の詳細設定では、「ネイティブクライアントサポート」にチェックを
入れます。

❏ Azure Bastion ネイティブクライアントの詳細設定

作成後に仮想マシンに接続する際には、az network bastion コマンドを使用
して、ネイティブクライアントから接続します。az login を使用してAzureアカ
ウントにサインインした後に、次のコマンドを環境に合わせて変更して実行し
ます（下記はRDPの例です）。

Azure CLI

```
az network bastion rdp --name "<BastionName>" --resource-group
"<ResourceGroupName>" --target-resource-id "<VMResourceId>"
```

コマンドを実行すると、仮想マシンの資格情報の入力が求められます。ここ
でサインインに成功すると、ローカルコンピューター上のリモートデスクトッ
プ経由で仮想マシンに接続できます。

Azure Traffic Manager

Azure Traffic Managerは、インターネットに公開するWebアプリケーションへのトラフィックを世界各国のAzureリージョン全体に分散できるサービスです。Traffic ManagerはDNSベースの負荷分散サービスであり、ドメインレベルで負荷分散が行われます。

Azure Front Door

Azure Front Doorは、コンテンツ配信ネットワーク（CDN）、グローバルロードバランサー、Web Application Firewall（WAF）の機能を持ち、世界中のユーザーとWebアプリケーションとの間で、高速、高可用性、高セキュリティなコンテンツ配信を提供するサービスです。

Azureには複数の負荷分散サービスがありますが、サービスを選択する際には、グローバル/リージョンか、トラフィックがHTTP/HTTPSかの観点でビジネスニーズに応じて決定します。

❏ Azureの負荷分散サービス

サービス	グローバル/リージョン	推奨トラフィック
Azure Front Door	グローバル	HTTP/HTTPS
Traffic Manager	グローバル	非HTTP/HTTPS
Application Gateway	リージョン	HTTP/HTTPS
Azure Load Balancer	リージョン	非HTTP/HTTPS

本章のまとめ

▶▶▶ Azure Virtual Network

- Azure Virtual Network（仮想ネットワーク）はAzure上に隔離されたプライベートなネットワーク環境を作成できる。
- 仮想ネットワークの中では、IPアドレス空間をサブネットで分割し、仮想マシンなどのAzureリソースを配置する。
- 仮想ネットワークに配置する仮想マシンには、少なくともNIC（ネットワークインターフェイス）が1つ必要である。

▶▶▶ ネットワークセキュリティグループ

- ネットワークセキュリティグループ（NSG）では、仮想ネットワークのサブネット、または仮想マシンのNICに設定して、ネットワークのフィルタ処理を行う。
- 送受信のネットワークトラフィックに対して、送信元、送信先、ポート、プロトコルで、許可または拒否するセキュリティ規則を設定する。

▶▶▶ Azure Firewall

- Azure Firewallは、仮想ネットワーク上で動作するクラウドベースのファイアウォールサービスである。
- Azure Firewallを使用すると、オンプレミスとAzure仮想ネットワーク間や、仮想ネットワーク間、仮想ネットワークとインターネット間の通信を、特定のIPアドレスやポートで許可、拒否するといったフィルタリングを実装可能。

▶▶▶ Azure DNS

- Azure DNSは、Azure上でドメインのDNSレコードをホストするサービスであり、DNSレコードの名前解決を提供する。
- Azure DNSには、パブリックドメインのレコードをホストするパブリックDNSゾーンと、仮想ネットワークにおける仮想マシンなどのAzureリソースのレコードを管理するプライベートDNSゾーンの2種類があり、用途に応じて使い分ける。

6

ネットワークサービス

▶▶▶ Azure Virtual Network ピアリング

- Azure Virtual Networkピアリング（VNetピアリング）を使うと、同じリージョ
ンや異なるリージョンの間の仮想ネットワークを接続し、仮想ネットワーク内の
仮想マシンなどのリソース間を通信できる。
- ピアリングのゲートウェイの転送を有効にすると、ピアリング先の仮想ネットワー
クの仮想ネットワークゲートウェイ（VPNゲートウェイまたはExpressRoute
ゲートウェイ）を使用して、オンプレミスのネットワークへ通信可能になる。

▶▶▶ Azure VPN Gateway

- Azure VPN Gateway（VPNゲートウェイ）は、仮想ネットワークとオンプレミ
スネットワーク間をインターネット経由で暗号化されたVPN接続の構成に使用
する。
- VPNゲートウェイには、サイト間VPN接続、ポイント対サイトVPN接続、VNet
対VNet接続の3種類があり、用途によって使い分ける。

▶▶▶ Azure ExpressRoute と Virtual WAN

- Azure ExpressRouteは、オンプレミスネットワークとAzure仮想ネットワーク
間をセキュアに専用線で接続するサービスである。
- Azure Virtual WANは、Azureを介して拠点間を相互に接続するネットワークサ
ービスで、ルーティング、セキュリティなど、様々な機能をまとめて1つのインタ
ーフェイスで管理できる。

▶▶▶ ネットワークルーティングとエンドポイント

- 管理者は、仮想ネットワークのネットワークルーティングを考慮して、仮想ネッ
トワークを流れるトラフィック経路を設計する。
- サービスエンドポイントを使用すると、重要なAzureサービスリソースへのアク
セスを仮想ネットワークからのみに限定できる。
- Azure Private Linkを使用すると、仮想ネットワークのプライベートエンドポイ
ント経由でPaaS（Azure StorageやSQL Databaseなど）とのプライベート接続
が可能になる。

▶▶ Azure Load Balancer

- Azure Load Balancerは、受信トラフィックをバックエンドの仮想マシンやAzureリソースへ負荷分散させるサービスである。レイヤー4 (トランスポートレイヤー) で動作するため、TCP/UDPの通信を負荷分散したい場合に利用する。

▶▶ Azure Application Gateway

- Azure Application Gatewayは、WebアプリケーションへのHTTP/HTTPS通信用のロードバランサーである。Application Gatewayでは、URIパスやホストヘッダーなど、HTTP要求の属性に基づいてルーティングを決定できる。

章末問題

問題1

仮想マシンがVNet1に接続しています。仮想マシンをVNet2に接続したい場合の適切な解決策を選択してください。

- A. 仮想マシンに追加のNICを作成する
- B. 仮想マシンのNICをVNet2に変更する
- C. 仮想マシンを再作成する

問題2

Azure上の仮想マシンへインターネットから接続するために必要なリソースを選択してください。

- A. プライベートIP
- B. パブリックIP
- C. Azure DNS
- D. Azure ExpressRoute

6

ネットワークサービス

問題3

　あなたは、特定の仮想マシンにリモートデスクトップ接続をする必要があります。仮想マシンにリモートデスクトップ接続のポート番号3389の通信許可をする場合に確認すべき設定を選択してください。

　A. ネットワークセキュリティグループ（NSG）
　B. Azure Virtual Network
　C. Azure ExpressRoute
　D. Azure VPN接続

 問題4

　あなたの会社は、Azure Firewallを仮想ネットワークにデプロイしています。Azure Firewallに設定できるパブリックIPアドレスをすべて選択してください。

　A. Standard SKUの静的パブリックIPアドレス（IPv4）
　B. Basic SKUの動的パブリックIPアドレス（IPv4）
　C. Basic SKUの静的パブリックIPアドレス（IPv4）
　D. Standard SKUの動的パブリックIPアドレス（IPv6）

 問題5

　あなたは、カスタムドメインをMicrosoft Entra IDにホストしたいと考えています。カスタムドメインを検証するために利用できるDNSレコードを選択してください。

　A. Aレコード
　B. SRVレコード
　C. MXレコード
　D. NSレコード

 問題6

　あなたは、10.0.0.0/16のアドレス空間を設定したVNet1という名前の仮想ネットワークと、10.0.1.0/24のアドレス空間を設定したVNet2という名前の仮想ネットワークを作成しました。VNet1とVNet2を接続するVNetピアリングを作成するために、最初に実施する手順を選択してください。

A. VNet1のアドレス空間を変更する

B. VNet1にゲートウェイサブネットを追加する

C. VNet1とVNet2にサブネットを作成する

D. VNet2にサービスエンドポイントを作成する

 問題7

あなたは、コンピューター1から、VNet1という名前の仮想ネットワークにポイント対サイトVPN接続をしています。ポイント対サイトVPN接続には、自己署名証明書を使用しています。別のコンピューター2からVNet1へポイント対サイトVPN接続するために、VPNクライアント構成パッケージをダウンロードしてインストールしました。ポイント対サイトVPN接続するために最初に実施する手順を選択してください。

A. コンピューター2で、IPsec Policy AgentサービスのスタートアップタイプをAutomaticにする

B. コンピューター1からクライアント証明書をエクスポートして、コンピューター2へ証明書をインストールする

C. Microsoft Entra IDの認証ポリシーを変更する

D. コンピューター2をMicrosoft Entra IDに参加させる

 問題8

ExpressRouteを使用してオンプレミスデータセンターとAzure仮想ネットワークを接続する予定です。ExpressRouteゲートウェイをデプロイする必要がありますが、次の要件を満たすにはどのSKUを導入すべきか選択してください。

○ 最大10Gbpsのトラフィック

○ 可用性ゾーン

○ FastPath

A. ERGw1AZ

B. ERGw2AZ

C. ERGw3AZ

D. Ultra Performance SKU

問題9

あなたは、VNet1という名前の仮想ネットワークとFirewall1という名前のAzure Firewallを作成しました。VNet1からのアウトバウンド通信をすべてFirewall1で管理したいと考えています。最初に実施する手順を選択してください。

A. ネットワークセキュリティグループ（NSG）を作成する

B. ルートテーブルを作成する

C. Azure Network Watcherを作成する

D. VNet1にサブネットを作成する

 問題10

あなたは、仮想マシンの負荷分散サービスを提供するLB1という名前のAzure Load Balancerを作成しました。クライアントがリクエストごとに同じ仮想マシンへ振り分けするために構成する設定を選択してください。

A. 正常性プローブ

B. セッション永続化

C. TCPリセット

D. フローティングIP

章末問題の解説

✓ 解説1

解答：C. 仮想マシンを再作成する

　仮想マシンのNICが接続する仮想ネットワークは変更できません。変更するためには仮想マシンの再作成が必要です。

✓ 解説2

解答：A. パブリックIP

　インターネットから仮想マシンにアクセスするためには、仮想マシンにパブリックIPをアタッチします。パブリックIPアドレスは、Azure側で自動的に振られます。

✓ 解説3

解答：A. ネットワークセキュリティグループ（NSG）

　NSGの受信セキュリティ規則にリモートデスクトップ接続のためのプロトコルを許可することで、リモートデスクトップ接続が可能となります。

✓ 解説4

解答：A. Standard SKUの静的パブリックIPアドレス（IPv4）

　Azure Firewallでは、IPv4の静的パブリックIPアドレスを構成する必要があります。Standard SKUのパブリックIPアドレスがサポートされます。Basic SKUのパブリックIPアドレスはサポートされません。

✓ 解説5

解答：C. MXレコード

　カスタムドメインの検証には、MXレコードとTXTレコードが利用できます。

✓ 解説6

解答：A. VNet1のアドレス空間を変更する。

　VNetピアリングでは、ピアリングするVNetとアドレス空間を重複させることはできません。そのため、VNet1のアドレス空間を重複しないように修正します。

✓ 解説7

解答：B. コンピューター1からクライアント証明書をエクスポートして、コンピューター2へ証明書をインストールする。

　自己署名証明書を利用しているため、クライアント証明書をコンピューター2にインストールする必要があります。コンピューター1にクライアント証明書があるため、エクスポートします。

解答：**C**. ERGw3AZ

FastPath がサポートされている SKU は、ERGw3AZ か Ultra Performance SKU となります。可用性ゾーンの利用も要件にあるため、ERGw3AZ が正解となります。

解答：**B**. ルートテーブルを作成する。

VNet1 からのアウトバウンド通信を強制的に Azure Firewall へ向けるため、ルートテーブルの Azure リソースを作成します。ルートテーブルではユーザー定義ルートを作成できるため、宛先ネットワークのネクストホップを Azure Firewall に設定します。

解答：**B**. セッション永続化

Web サービスへのアクセスをクライアントごとに同じ Web サーバーで処理するためには、セッション永続化を有効にします。

第 7 章

Azure リソースの
監視と管理

第7章では、Azureリソースの監視と管理について解説します。
Azure上にリソースを構築した後のバックアップの方法・仕組みや
Azureリソースの監視方法・検知通知方法について取り上げます。

7-1

Azure Backup

　クラウド上で様々なデータが利用されるようになり、扱われるデータ量は増えつつあります。そこには、重要なデータも数多く含まれているでしょう。オペレーションミスによるデータ消去や、ウィルス感染によるデータ破壊などの原因で、データが消失するリスクはクラウドになっても変わりません。これらの原因を絶対的に防ぐことはできないため、データが消失したときのためにバックアップが必要となります。Azureでその仕組みを提供しているのがAzure Backupサービスです。

Azure Backupの概要

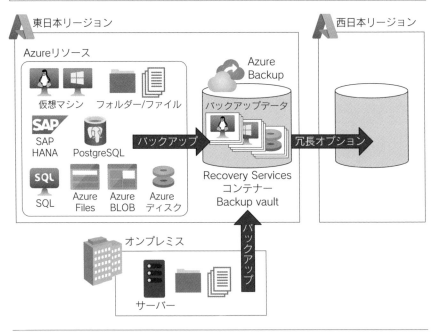

❏ Azure Backupサービスの概要

　Azure Backupサービスは Azure上の仮想マシンのデータやデーターベースだけでなく、オンプレミスのデータも Azureにバックアップできるマネージドサービスです。Azure Backupサービスはバックアップを取得したデータを Recovery Servicesコンテナー（Recovery Services vault）もしくは Backup vault という Azureのストレージに保存・管理します。なお、バックアップする種類によっては、仮想マシンにエージェントをインストールする必要があります。

　バックアップできるデータの概要は以下のとおりです。

❏ バックアップできるデータの概要

種類	手法	説明
仮想マシン	全体バックアップ	Windows VM、Linux VMのシステム全体をスナップショットでバックアップします。
	フォルダー・ファイル単位	Microsoft Azure Recovery Services（MARS）エージェントを使用すると、フォルダー・ファイル単位でバックアップを取得することも可能です。
	仮想マシン上で実行されているデータベース（SQL、PostgreSQL、SAP HANA）	仮想マシン（Azure VM）上で実行されている SQLサーバーをバックアップすることが可能です。データベースの完全・差分・ログの全種類のバックアップに対応しています。
ディスク	Azureディスク	OSまたはデータディスクのスナップショットを取得できます。実行中の仮想マシンにアタッチされていなくても取得できます。
ストレージ	Azureファイル共有	Azureファイル共有を Azure Backupサービスでバックアップできます。
	Azure BLOB	Azure BLOBを Azure Backupサービスでバックアップできます。
オンプレミス	オンプレミス上のサーバー	Microsoft Azure Recovery Services（MARS）エージェントを利用し、Recovery Servicesコンテナーにバックアップします。オンプレミスにバックアップサーバーを構築する必要はありません。

仮想マシンバックアップの整合性

　仮想マシンのバックアップについては、最初に仮想マシンに拡張機能がインストールされます。拡張機能は Windows、Linuxそれぞれにインストールされます。稼働中の仮想マシンのバックアップを取得するタイミングでアプリケーション・ファイルの不整合が発生しないように、Azureでは以下のような整合性対策がなされます。

❏ 仮想マシンバックアップ時の整合性対策

整合性	OS	説明
アプリケーション	Windows	Windowsのボリュームシャドウコピーサービス (VSS) と連携して仮想マシンのアプリケーション整合性スナップショットを取得します。VSSはスナップショットの機能です。アプリケーションをオフラインにしなくても、データの整合性を保ってバックアップできます。
	Linux	Linuxの場合は、スナップショットの作成前後にアプリケーションや、I/Oを停止する事前・事後スクリプトを実行し、アプリケーションの整合性を持たせます。
ファイルシステム整合性	Windows Linux	VSSや事前・事後スクリプトが失敗した、または構成されていない場合にOSの起動までを保証したファイルのスナップショットを作成します。アプリケーションレベルでの整合性は保証されていません。
クラッシュ整合性	Windows Linux	仮想マシンがシャットダウンしたときにクラッシュ整合性スナップショットを取得します。仮想マシンのクラッシュ、シャットダウン時にディスクに書き込まれていなかったメモリ内のデータはすべて失われます。

クラッシュ整合性 1	アプリケーション整合性 2	ファイル システム整合... 0	
作成時刻 ↑↓		整合性	回復の種類
2023/7/2 14:32:02		クラッシュ整合性	スナップショット
2023/7/2 14:15:53		アプリケーション整合性	スナップショットと Vault-Standard
2023/7/2 10:31:21		アプリケーション整合性	スナップショットと Vault-Standard

クラッシュ整合性 1	アプリケーション整合性 0	ファイル システム整合... 2	
作成時刻 ↑↓		整合性	回復の種類
2023/7/2 14:07:41		クラッシュ整合性	スナップショットと Vault-Standard
2023/7/2 13:57:48		ファイル システム整合性	スナップショットと Vault-Standard
2023/7/2 10:31:04		ファイル システム整合性	スナップショットと Vault-Standard

❏ 仮想マシンのバックアップ整合性

▶▶▶ **重要ポイント**

● 最初にバックアップするときに、バックアップ拡張機能が仮想マシンにインストールされる。

Recovery Servicesコンテナー

Azure BackupサービスはRecovery Servicesコンテナー（Recovery Services vault）という、データを格納するAzureのストレージエンティティにバックアップを取得します。このRecovery Servicesコンテナーにはデータのコピーや仮想マシンの構成要素を保存します。

Recovery Servicesコンテナーの作成

Azure Backupサービスを利用するためにまずは、Recovery ServicesコンテナーをAzure Portalから作成します。

❑ Recovery Servicesコンテナーの作成

❑ Recovery Servicesコンテナーの作成：ネットワーク

7

Azureリソースの監視と管理

471

作成時の主な設定項目を以下に示します。

◯ **リージョン**：Recovery Servicesコンテナーのメタデータを格納する場所を選択します。**データソースと同じリージョン**にする必要があります。

◯ **ネットワーク**：パブリックアクセスを許可すると、インターネット経由でRecovery Servicesコンテナーにアクセスできます。機密情報などを保存する場合は、パブリックアクセスを拒否した上でプライベートアクセスを許可し、プライベートエンドポイント接続にします。

▶▶▶ **重要ポイント**

- Azure Backupサービスでは、データを格納するRecovery Servicesコンテナーを作成する必要がある。
- Recovery Servicesコンテナーは、仮想マシンなど、バックアップするデータソースと同じリージョンに作成する必要がある。

バックアップ構成

　Recovery Servicesコンテナーを作成したら、バックアップの構成設定をします。仮想マシンの構成設定例として、ストレージレプリケーション設定をローカル冗長、ゾーン冗長、Geo冗長から選択します。

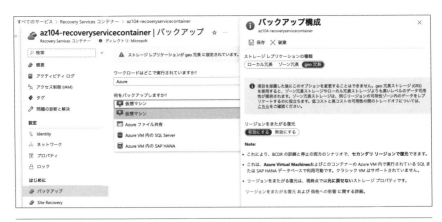

❑ バックアップ構成

選択できる、ストレージレプリケーションの設定は以下のとおりです。

❏ ストレージレプリケーションの設定

レプリケーション設定	説明
ローカル冗長（LRS）	作成したリージョンの1つの物理的な場所内で、データを同期的に3回コピー
ゾーン冗長（ZRS）	作成したリージョンの3つの可用性ゾーン間でデータを同期的にコピー
Geo冗長（GRS）	LRSを使用して、作成したリージョンの1つの物理的な場所内で、データを同期的に3回コピーします。その後、セカンダリリージョン内の1つの物理的な場所にデータが非同期にレプリケート

　セカンダリリージョンで仮想マシンを復元する場合は、リージョンをまたがる復元オプションを有効にします。これは例えば、東日本リージョンに仮想マシンとそのバックアップ先であるRecovery Servicesコンテナーを作成したとします。このとき、東日本リージョンで問題が発生して利用できなくなった場合、Recovery Servicesコンテナーも東日本リージョンで作成しているため、バックアップデータから仮想マシンを復元することができません。しかしリージョンをまたがる復元オプションが有効になっていれば、東日本リージョンが利用できなくなったときでも、西日本リージョンで仮想マシンを復元できます。

❏ リージョンをまたがる復元オプション

　リージョンをまたがる復元オプションで復元できるリソースは以下のとおりです。

○ 仮想マシン
○ 仮想マシン上で実行しているSQLデータベース
○ 仮想マシン上で実行しているSAP HANAデータベース

7

Azureリソースの監視と管理

ホーム > Recovery Services コンテナー > az104-recoveryservicecontainer | バックアップ >

バックアップの構成 ...
az104-recoveryservicecontainer

ポリシーのサブタイプ *
- ⦿ Standard
  - ✓ 1 日 1 回のバックアップ
  - ✓ 1 から 5 日間の運用レベル
  - ✓ コンテナー層
  - ZRS 回復性があるスナップショット層
  - 信頼された Azure VM のサポート
- ○ Enhanced
  - ✓ 1 日あたり複数のバックアップ
  - ✓ 1 から 30 日間の運用レベル
  - ✓ コンテナー層
  - ZRS 回復性があるスナップショット層
  - 信頼された Azure VM のサポート

バックアップ ポリシー * ⓘ
| DefaultPolicy   ⌄ |
新しいポリシーを作成する

ⓘ 一覧には、選択したポリシー サブタイプに関連するポリシーが含まれています。詳細情報。

ポリシーの詳細

完全バックアップ

バックアップの頻度
Daily の 6:30 PM UTC

インスタント復元
2 日間インスタント回復スナップショットを保持します

毎日のバックアップ ポイントの保有期間
毎日 6:30 PM に作成されるバックアップを 30 日間保有します

仮想マシン

名前	リソース グループ
Linux	AZ104-RG
Windows	AZ104-RG

❏ バックアップ構成：バックアップポリシーのタイプ

バックアップの構成として、バックアップポリシーのタイプを選択する必要
があります。別の Recovery Services コンテナーで保護されていない仮想マシン
を同一のバックアップ構成として設定できます。

バックアップポリシーの対応として、Standard（標準）と Enhanced（拡張）の
2 つのタイプがあります。

❏ バックアップポリシー

タイプ	補足	Standard（標準）	Enhanced（拡張）
1 日バックアップ回数	—	1 日 1 回	1 日複数回
インスタント復元	スナップショットをローカルに保持する日数。バックアップと復元の時間が短縮できる	1 日から 5 日間	1 日から 30 日間
ゾーン冗長（ZRS）	—	×	サポート
トラステッド起動の仮想マシン	セキュリティ機能を構成した仮想マシンのバックアップ	×	サポート

▌バックアップポリシー

バックアップポリシーは、バックアップを定期的に取得するバックアップス
ケジュール設定です。バックアップの構成を完了したら、バックアップポリシ
ーを作成します。バックアップの頻度として「毎日」もしくは「毎週」から選択
でき、時間は30分単位で指定できます。バックアップポイントの間隔は既定で
毎日取得するようになっています。

❑ バックアップポリシー

バックアップの構成で指定した仮想マシンを対象としていれば、毎日23:00
のタイミングですべての仮想マシンをバックアップすることができます。

またバックアップポリシーの追加構成として、例えば4月1日23:00にバック
アップされたバックアップポイントは10年間保持することができます。また、
毎月1日23:00にバックアップされたバックアップポイントは36か月保存する
ポリシーを追加で設定できます。

このようにAzureのマネージドのバックアップサービスで柔軟にバックアッ
プの計画ができます。

ポリシーの変更 —
DefaultPolicy

☴ 関連付けられた項目　🗑 削除

ℹ️ 復旧ポイントは、バックアップポリシーを使用してコンテナーアーカイブ層に自動的に移動できます。詳細情報。

バックアップスケジュール

| 頻度 * | 時刻 * | タイムゾーン * |
| 毎日 ∨ | 23:00 ∨ | (UTC+09:00) 大阪、札幌、東京 ∨ |

インスタント復元 ℹ️

インスタント旧復元スナップショットの保有期間　2　∨　日 ℹ️

保持期間の範囲

☑ 毎日のバックアップ ポイントの保有期間
タイミング　　　対象
23:00 ∨　　　30　　日

☑ 毎週のバックアップ ポイントの保有期間
オン *　　　タイミング　　対象
日曜日 ∨　　23:00 ∨　　10　　週

☑ 毎月のバックアップ ポイントの保有期間
○ 週ベース ● 日ベース
オン *　　　タイミング　　対象
1 ∨　　　23:00 ∨　　36　　月

☑ 毎年のバックアップ ポイントの保有期間
○ 週ベース ● 日ベース
入力 *　　オン *　　タイミング　　対象
4月 ∨　　1 ∨　　23:00 ∨　　10　　年

❑ バックアップポリシーの追加構成

オンデマンドバックアップ

　バックアップポリシーで定期的に取得するバックアップと、任意のタイミングで取得する**オンデマンドバックアップ**が用意されています。

バックアップの復元

　仮想マシンの復元の種類としては以下が用意されています。

❑ 仮想マシンの復元の種類

復元の種類	説明
新しい仮想マシンを作成する	復元ポイントから仮想マシンの名前、リソースグループ、ネットワークなどを指定して作成します。
ディスクを復元する	新しい仮想マシンで使用できる仮想マシンディスクを復元します。
既存のものを置き換える	ディスクを復元し、既存で稼働している仮想マシンのディスクを置き換えます。
セカンダリリージョンに復元する	仮想マシンのペアリージョンとなっているセカンダリリージョンに復元します。
クロスサブスクリプションに復元する	作成した仮想マシンとは違うサブスクリプションに復元します。
クロスゾーンに復元する	作成した仮想マシンとは別の利用可能なゾーンに復元します。

ここでは、代表的な仮想マシンの復元方法およびファイルの回復方法を説明します。

仮想マシンの復元

仮想マシンは、バックアップした仮想マシンの復元ポイントを選んでリストアできます。Azure Portalから対象のRecovery Servicesコンテナーを選択し、バックアップアイテムから復元する仮想マシンを選択し、「VMの復元」を選択します。

❏ 仮想マシンの復元

「VMの復元」を選択すると、取得済みの復元ポイントが選択できます。

❏ 仮想マシンの復元：復元ポイントの選択

復元ポイントを選択したら、復元させる仮想マシンの情報を入力します。

- ○ 復元の種類：新しい仮想マシンを作成する
- ○ 仮想マシン名
- ○ リソースグループ
- ○ 仮想ネットワーク
- ○ サブネット
- ○ ステージングの場所：既存ストレージアカウントの選択

❏ 仮想マシンの復元実行

ファイルの回復

　ファイルの回復は、バックアップからファイルやフォルダーをリストアすることで行います。リストアできるのは、Recovery Servicesコンテナーに取得した仮想マシンのファイル・フォルダーのみです。

　Azure Portalから対象のRecovery Servicesコンテナーを選択し、バックアップアイテムから復元する仮想マシンを選択して、「ファイルの回復」を選択します。

☐「ファイルの回復」の選択

　復元ポイントの選択を行い、ファイルを回復するためのスクリプトをダウンロードし、対象の仮想マシンにインストールします。

☐ ファイルの回復

　スクリプトをインストールすると、仮想マシンのドライブにディスクがマウントされます。エクスプローラーから対象のファイルをコピーしてファイルやフォルダーを回復します。

7

Azureリソースの監視と管理

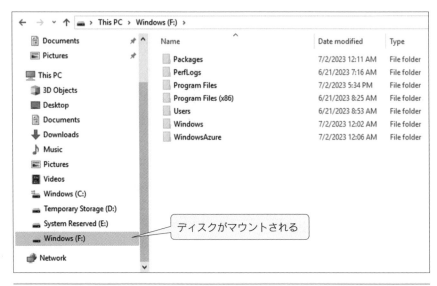

❏ ディスクのマウント

7-2

Azure Site Recovery

Azure Site Recoveryの概要

Azure Site Recovery は、データセンターの大規模災害や障害から仮想マシンを保護しセカンダリリージョンへワークロードをレプリケートできる、ディザスターリカバリーサービスです。また、災害や障害に備えるサービスとしてのみならず、オンプレミスのVMwareやHyper-Vの仮想マシンをAzureに移行するツールとしても利用できます。

Azure Backupはプライマリリージョンに Recovery Services コンテナーを作成していましたが、Azure Site Recovery は**復旧するセカンダリリージョンにRecovery Services コンテナーを作成する**必要があります。

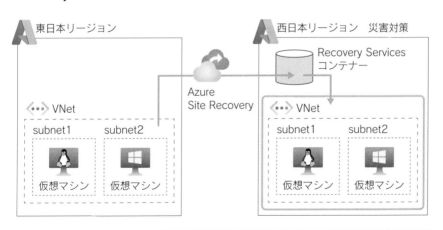

❏ Azure Site Recoveryの概要

▶▶▶ **重要ポイント**

- Azure Site Recoveryでは、プライマリリージョンではなく、復旧するセカンダリリージョンにRecovery Servicesコンテナーを作成する。

RPOとRTO

Azure Site Recoveryの準備をする前に、ディザスターリカバリー（DR）を考える際に必要となる概念、RPO（Recovery Point Objective：**目標復旧時点**）とRTO（Recovery Time Objective：**目標復旧時間**）を理解する必要があります。

❏ RPOとRTO

	説明	例
RPO（**目標復旧時点**）	大規模災害などによりデータセンターやシステムが障害を受けシステムが停止したときに、過去のどの時点のデータまでを復元するか	データ損失の許容時間は8時間以内
RTO（**目標復旧時間**）	大規模災害などによりデータセンターやシステムが障害を受けシステムが停止したときに、停止から復旧までにかかる時間	ダウンタイムの許容時間は24時間

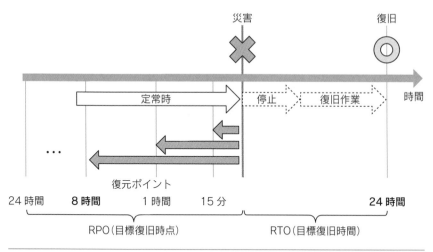

❏ RPOとRTO

システムで求められるRPOとRTOを正しく理解した上でDR計画を立てることが重要です。先述したAzure BackupとAzure Site Recoveryとの比較を考慮し、要件によってそれぞれ使い分ける、または併用することが可能です。

❏ Azure BackupとAzure Site Recoveryの比較

	Azure Backup	Azure Site Recovery
主な目的	・仮想マシンの保護 ・データの保護（OS、アプリケーションの破損・障害やオペレーションミスによるデータ破損からの保護）	・サイト保護（データセンターの障害からの保護）
復元単位	・仮想マシン ・フォルダー ・ファイル	・仮想マシン
RPO	・最短24時間もしくはオンデマンドバックアップを実行した頻度	・最短1時間
RTO	・数時間（データに依存する）	・数分（SLA上は2時間）

Azure Site Recoveryの準備

Recovery Servicesコンテナーの作成

Azure Site Recovery を利用するためには、Recovery Services コンテナーを、保護する仮想マシンとは別のリージョンに作成する必要があります。

❏ Recovery Services コンテナーの作成

仮想マシンのレプリケーションを有効にする

Azure Site Recoveryで保護すべき、現在稼働中の仮想マシンの情報を入力します。ここでは、現在東日本で稼働している仮想マシンを選択していきます。

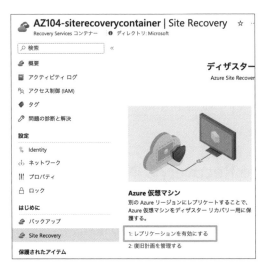

❑ 仮想マシンのレプリケーションを有効にする

　レプリケーションの設定で、セカンダリリージョンで稼働させるための情報を入力します。仮想ネットワークは、セカンダリリージョン用に新たな設定が必要となります。

❏ 仮想マシンのレプリケーションの設定

　最後に、レプリケーションポリシーの情報を入力します。復旧ポイントの保持期間と、アプリケーション整合性スナップショットを利用する場合の頻度を入力します。

❏ 仮想マシンのレプリケーションポリシー

復旧計画の作成

　セカンダリリージョンに復旧させるために、対象の仮想マシンの復旧計画を作成します。

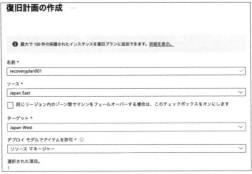

❑ 復旧計画の作成

復旧計画では、テストフェイルオーバーおよびフェイルオーバーの実行ができます。

❑ 復旧計画の内容

7-3

Azure Monitor

　クラウド上のシステムもオンプレミス上で稼働するシステムと同様に、仮想マシンやアプリケーションの監視や性能・ログの収集管理を行う必要があります。これらの管理を日常的に行うことで、突発的な障害の早期発見や未然の予防・最適化に役立てることができます。Azureではこれらの運用管理を行う機能がマネージドサービスで提供されており、運用管理のためのシステムの構築や運用操作などは基本的に必要ありません。

Azure Monitorの概要

　Azure Monitorは、オンプレミスおよびクラウド環境の性能監視、アプリケーション監視、ログ管理などの機能が統合されたフルマネージドサービスです。別のサブスクリプションのリソースを監視することも可能です。

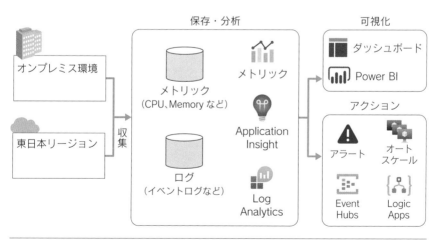

❏ Azure Monitorの全体図

Azure Monitorは Azure Portalの検索ボックスから「モニター」と入力してアクセスします。Azure Monitorには、リソースやシステムを監視するための分析情報のテンプレートが最初から備わっています。

❏ Azure Monitor概要

Azure Monitorの主な機能を以下で見ていきます。

メトリックの監視

Azure Monitorは、Azureリソースからメトリック値を収集できます。**メトリック**とはリソースの健全性を測定するために使用される指標です。Azure Monitorで収集できるメトリックは主に4つあります。

❏ 収集できる主なメトリック

メトリック	説明
Azureリソース	リソースの種類ごとにAzure環境のメトリックが生成され収集されます。
アプリケーション	Application Insightsによってアプリケーションのメトリックが生成され収集されます。
仮想マシンのOSメトリック	仮想マシンのOSメトリックを有効にするためには仮想マシンへのエージェントのインストールが必要です。
カスタムメトリック	より詳細なアプリケーションなどの分析情報、パフォーマンス指標のメトリックを収集します。

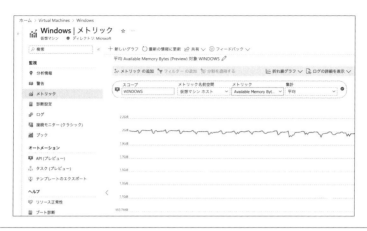

❏ Azure Monitor 仮想マシンのメトリック

ログの統合管理と横断的なログの分析・検索

　Azure Monitorログは、監視ソリューションからアクティビティログ、診断ログ、テレメトリ情報を生成します。このサービスには、ログデータのトラブルシューティングと視覚化に役立つ分析クエリがあります。

　ログの分析・検索は、Azure Monitorの「ログ」項目から対象を選んで行います。代表的なアクティビティログの分析から、いつ、どこで、どのような操作を実施したかがわかります。

❏ Azure Monitor ログ監視

Azure Diagnostics拡張機能

Azure Diagnostics拡張機能は、仮想マシンから監視データを収集する、Azure Monitorのエージェントです。

Azure Monitorは、ソフトウェアを追加することなく、すべての仮想マシンからメトリック情報（CPU使用率、ディスクやネットワークの使用量など）を収集できます。仮想マシンに関する分析情報を得るには、**Azure Diagnosticsエージェント**を使ってメトリック、ログ、その他の診断データを収集します。情報を収集したい仮想マシンの診断設定からデータの送信先にするストレージアカウントを選択し、「ゲストレベルの診断を有効にする」ボタンをクリックすることで利用できます。なお、ストレージアカウントは仮想マシンと同じリージョンに存在する必要があります。

❑ Azure Diagnostics 拡張機能

アラート通知とアラートのアクション設定

重大な状況が発生したときや通知すべき情報が収集されたときにアラートを発するよう、Azure Monitorで設定することができます。ある閾値を超えたらアラートを発する、というように条件を指定して設定します。メトリックやログをトリガーにすることができます。

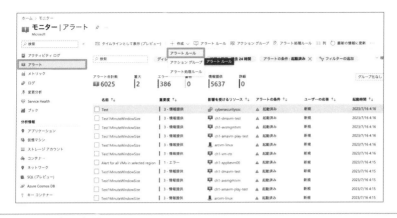

❏ アラート通知の概要

　アラートの作成は、Azure Monitorの「アラート」メニューから行います。アラートルールを選択して作成し、アラートの通知条件でアラートロジックを設定します。次の2つの画面では、CPU使用率が平均の80%を超えたときに重要度「重大」で通知するよう、設定しています。

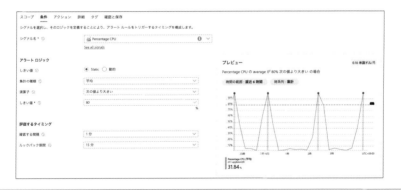

❏ アラート通知の条件

アラート ルールの詳細	
重大度 ＊	0 - 重大
アラート ルール名	CPULoadedAlertRule
アラート ルールの説明	Percentage CPU greater than 80

❏ アラート通知の重要度

続いて、アラートを通知する方法として、アクショングループを作成し、通知
タイプを選択します。通知タイプとしては以下が選択できます。

○ 電子メール
○ SMSメッセージ
○ Azure mobile appの通知
○ 音声

電子メール/SMS メッセージ/プッシュ/音声 ×
電子メール/SMS メッセージ/プッシュ/音声 アクションの追加または編集

☐ 電子メール
電子メール ⓘ [   ]

☐ SMS (通信事業者の料金がかかる場合があります)
国番号   [1   ∨]
電話番号 [   ]

☐ Azure mobile app の通知
Azure アカウントの電子 [   ]
メール ⓘ

☐ 音声
国番号   [1   ∨]
電話番号 [   ]

❏ アクショングループ通知の種類

▶▶▶ **重要ポイント**

- Azure Monitorは、Azureリソースだけでなく、オンプレミスや他のクラウドの監視もできる。
- Azure Monitorのアラート通知機能は、管理者に電子メール、SMS、mobile app、音声で通知することができる。

Azure Service Health

Azure Service Health は、Azure 内の計画メンテナンスや大規模障害が発生した場合に、利用者が通知を受け取ることができるサービスです。Azure で利用しているサービスの計画メンテナンスの予定を把握するのに役立つことはもちろんですが、障害などのインシデントが発生したときに通知を受け取り、迅速に対応するために有効なサービスです。

　Azure Service Health では、主に以下の3つのサービスから情報を確認できます。これらのサービスが一体となって、現在利用している Azure の正常性を包括的に確認することができます。

- ○ Azure の状態
- ○ サービス正常性
- ○ リソース正常性

Azure の状態

　Azure の状態では、Azure サービスの停止に関する情報がリージョンレベルで把握できます。サービスが停止しているか、グローバル規模で把握するときには良い参考になります。自分が利用しているサービスに影響があるかを知るためには、次に説明するサービス正常性を確認します。

❏ Azureの状態

なお、Azureの状態はAzure Portalからではなく、以下のURLから確認します。

📖 Azureの状態

`URL` https://azure.status.microsoft/ja-jp/status

サービス正常性

サービス正常性では、利用しているAzureのサービスとリージョンの正常性を確認することができます。

❏ サービス正常性

　利用しているサービスやリージョンに影響する障害が発生している場合は、アラートルールに基づいて通知されます。

❑ サービス正常性：アラートルール

　確認できる情報としては、利用しているサブスクリプションで各サービス、各リージョンから以下の種類のイベントが確認できます。

- ○ サービスの問題
- ○ 計画メンテナンス
- ○ 正常性の勧告
- ○ セキュリティアドバイザリ

リソース正常性

　リソース正常性では、利用しているサブスクリプションの特定の仮想マシンやApp Serviceなど、個々のクラウドリソースの正常性に関する情報を入手できます。さらに、アラートルールを組み合わせてアクションルールを作成すれば、クラウドリソースの可用性が変動したときに通知するアラートを作成することもできます。

7

Azureリソースの監視と管理

❏ リソース正常性：リソースの種類

❏ リソース正常性

▶▶▶ 重要ポイント

- Azure Service Health では、Azure の状態、サービス正常性、リソース正常性を確認できる。

7-5

Azure Advisor

Azure Advisor は、利用している Azure 環境とマイクロソフトのベストプラクティスに従って、リソース構成と利用統計情報を分析します。その上で、ネットワーク設定やセキュリティ強化、コスト削減など、システムを最適な状態にする様々なアドバイスを推奨事項として案内します。

Azure Advisorの概要

Azure Advisor では以下の5つの観点から推奨事項を確認できます。

❏ Azure Advisor の推奨項目

推奨項目	説明	推奨事項の例
コスト	Azureのリソースのうち、作成だけされて利用されていないリソースや有効活用されていないリソースを識別することによってAzureを最適化し、総合的なAzureのコストを削減する推奨項目を提示します。	使用率の低いインスタンスのサイズ変更またはシャットダウンによって、仮想マシンのコストを削減できます。
セキュリティ	セキュリティ侵害につながる可能性がある脅威と脆弱性を検出します。	ストレージアカウントがインターネットからアクセスできる設定になっている場合、ストレージアカウントへのプライベート接続を提供することにより、セキュリティで保護された通信を強制できるような推奨事項を提示します。
信頼性	アプリケーションの継続稼働を保証し、さらに向上させる推奨事項を提示します。	仮想マシンの復元オプションである「リージョンをまたがる復元」(CRR) を使用することで、仮想マシンをセカンダリリージョンに復元できる設定情報をアナウンスします。
オペレーショナルエクセレンス（運用性）	プロセスとワークフローの効率性、リソースの管理性、デプロイに関するベストプラクティスの推奨項目を提示します。	ファイアウォール規則を追加して、サーバーを不正アクセスから保護するようにアナウンスします。

推奨項目	説明	推奨事項の例
パフォーマンス	アプリケーションのスピードと応答性を向上させるために役立つ情報を提示します。	仮想マシンにStandard HDDディスクが利用されていた場合、運用環境向けにはPremium SSDまたはStandard SSDの使用を推奨します。

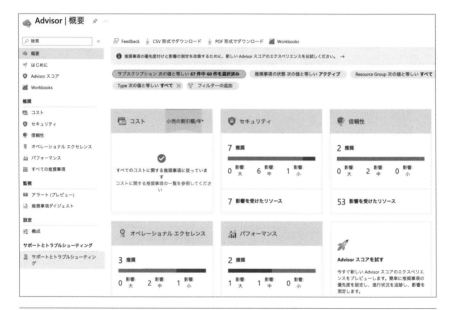

❏ Azure Advisorの概要

▶▶▶ **重要ポイント**

● Azure Advisorは、ネットワーク設定やセキュリティ強化、コスト削減など、システムを最適な状態にする様々なアドバイスを推奨事項として案内する。

7-6

Log Analytics

　Log Analyticsは、Azure Monitorログのデータに対するログクエリの編集と分析を実行できます。Azure Monitorの監視と分析に必要なログストアサービスです。Log Analyticsで単純なクエリを作成すれば、Log Analyticsの機能を使用してログ情報の並べ替えやフィルタリング、さらには分析も行えます。また、高度なクエリを作成して結果をグラフで視覚化して特定の傾向を確認することもできます。

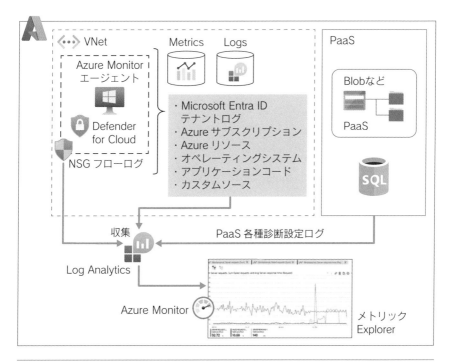

❑ Log Analyticsの概要

7

Azureリソースの監視と管理

499

Log Analyticsのコスト

　Log Analyticsのコストは、価格レベル、データ保持、使用されているサービス
から取り込むログによって変わってきます。過去31日間に取り込まれたログに
ついては、無料の範囲でデータを保有できますが、保有期間をもっと長くする
には追加料金がかかります。Log Analyticsのデータ保有期間の最長は730日間
です。730日以上保存したい場合は、Blob Storageなどに保存するかテーブル単
位で保存することで12年まで保存できます。監査ログや証跡保存などのビジネ
ス要件に応じてデータの保有期間の検討が必要となります。

❏ Log Analyticsのコスト

Log Analyticsのクエリ実行

　Log Analyticsでクエリを実行するには、Azure PortalからAzure Monitorメ
ニューの「ログ」を選択します。もしくは、作成したLog Analyticsワークスペー
スから「ログ」の項目を選択します。

　Log Analyticsを起動すると、クエリのサンプルを含むダイアログが表示され
ます。クエリは利用しているサービスごとに分かれています。利用しているサー
ビスで検索・分析したい情報を探して、クエリを実行することができます。

❑ Log Analyticsのサンプルクエリ

　Log Analyticsのクエリでログの分析を行うには、Kusto Query Language（KQL）という独自のクエリ言語を学ぶ必要があります。クエリの実行ダイアログにはサンプルコードが提供されているので、初心者の方でもすぐに習得できるでしょう。

　Log Analyticsで分析したクエリ結果とアラートルールを用いることで、特定のエラー情報が得られたときや閾値を超えたときにメールやSMSで管理者に通知することが可能です。

❑ Log Analyticsのクエリ実行

7

Azureリソースの監視と管理

7-7

Azure Network Watcher

　Azure Network Watcherは、仮想マシンなどのIaaSリソース、メトリック、ログの監視といった、ネットワークに特化した監視・確認を行うためのネットワーク診断ツールです。Network Watcherを使うと、仮想マシン（VM）、仮想ネットワーク（VNet）、アプリケーションゲートウェイ、ロードバランサーといったIaaSのネットワークの正常性監視やトポロジーを確認できます。

　仮想ネットワークを作成すると、利用している仮想ネットワークのリージョンでAzure Network Watcherが自動的に有効になります。

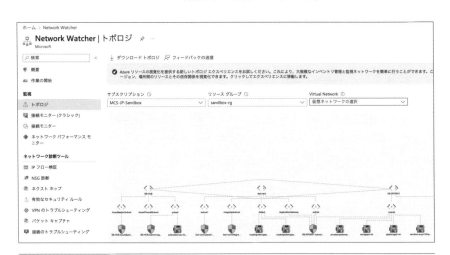

❑ Azure Network Watcher

Azure Network Watcherの機能

Azure Network Watcherの機能は、監視、ネットワーク診断ツール、メトリクス、ログの4つに分類できます。

❏ Network Watcherの機能

分類	機能
監視	トポロジー
	接続モニター
	ネットワークパフォーマンスモニター
ネットワーク診断ツール	IPフロー検証
	NSG診断
	ネクストホップ
	有効なセキュリティルール
	VPNのトラブルシューティング
	パケットキャプチャ
	接続のトラブルシューティング
メトリック	使用量+クォータ
ログ	フローログ
	診断ログ
	トラフィック分析

7-8

コスト管理

　クラウド上のコスト管理を正しく行うには、コスト最適化の設計原則を考慮する必要があります。コスト最適化の原則は、「ビジネス目標」と「コストの正当な理由」の両方を達成するのに役立つ重要な考慮事項です。コスト管理を行う際には、常にこれらのコスト最適化の考慮事項を念頭に置いておく必要があります。Azure にはそのためのコスト管理ツールがいくつか用意されています。

適切なリソースを選択する
- ✓ ビジネス目標に合わせて適切なリソースを選択し、ワークロードのパフォーマンスを処理することができる。
- ✓ 不適切または誤って構成したサービスがコストに影響を与える可能性がある。

リソースの動的な割り当てと割り当て解除を行う
- ✓ パフォーマンスのニーズに合わせて、リソースの動的な割り当てと割り当て解除を行う。
- ✓ Azure Advisor などを使用して、アイドル状態または使用率が低いリソースを特定し操作する。

コスト管理を継続的に監視および最適化する
- ✓ 定期的なコストレビューを実施する。
- ✓ 容量のニーズを測定する。
- ✓ 容量のニーズを予測する。

予算を設定し、コストの制約を維持する
- ✓ すべての設計の選択はコストに影響する。
- ✓ 初期コストを推定した後、コストを測定するために様々な範囲で予算とアラートを設定する。

ワークロードを最適化し、スケーラブルなコストを目指す
- ✓ クラウドの主な利点は動的にスケールできることであり、ワークロードコストも需要に応じて直線的にスケールする。
- ✓ 自動スケールにより、余剰リソースのコストを節約する。

❑ コスト最適化の設計原則

Azureのコスト変動要素

　Azureのコストは、使用するサービスの種類およびスペック、ストレージの種類、利用するリージョンによって変動します。ネットワークの送信データについては、アウトバウンド通信にのみ料金が発生します。

　仮想マシンを利用した場合の代表的なコスト変動要素を以下にまとめます。

- ◯ **リージョン**：仮想マシンを作成するリージョンによってコストが変わります。
- ◯ **仮想マシンのスペック**：VMサイズが大きいと月額コストが高くなります。
- ◯ **ストレージ**：仮想マシンで利用するディスクの種類について、Standard HDDよりもPremium SSDのディスクのほうが月額コストが高くなります。
- ◯ **ネットワーク通信量**：仮想マシンから送信されるアウトバウンド通信について、送信データ量に応じて課金されます。受信するデータには課金されません。
- ◯ **パブリックIPアドレス**：仮想マシンで利用するパブリックIPアドレスに対して課金されます。
- ◯ **仮想マシンの実行時間**：仮想マシンを実行している時間分だけ課金がされます。仮想マシンを停止し、割り当て解除を行っていれば課金はされません。

Azureコストの見積り

　Azureには、コストを見積るためのツールがいくつか用意されています。

- ◯ **料金計算ツール**：Azureの利用料金のシミュレーションができるツール
- ◯ **総保有コスト（TCO）計算ツール**：オンプレミスからAzureへ移行を検討する場合に、どの程度コストメリットがあるか計算できるツール
- ◯ **Cost Management**：現在利用しているAzureのコスト監視と最適化を行うツール

料金計算ツール

　料金計算ツールは、Azureでリソースを作成するための費用がどれくらいの料金になるかを見積もることができるツールです。個別のサービスだけの料金を算出することも、ソリューションに関連する一連のシステムの料金を算出す

ることもできます。料金計算ツールを使用すると、仮想マシン、ストレージ、関連するネットワークなどのコストを見積もることができます。また、ストレージの種類別の料金やバックアップをした場合の料金も知ることができます。

❏ 料金計算ツール

📖 料金計算ツール

URL https://azure.microsoft.com/ja-jp/pricing/calculator/

▌総保有コスト（TCO）計算ツール

総保有コスト（TCO）計算ツールは、現在利用しているオンプレミスのシステムをAzureへ移行した場合にどの程度コスト削減ができるかを把握するための計算ツールです。オンプレミスで利用しているサーバー、データベース、ストレージ、ネットワークなどの必要情報を入力することで、オンプレミスとAzureのコストを比較することができます。

❏ 総保有コスト（TCO）計算ツール

📖 総保有コスト（TCO）計算ツール

URL https://azure.microsoft.com/ja-jp/pricing/tco/calculator/

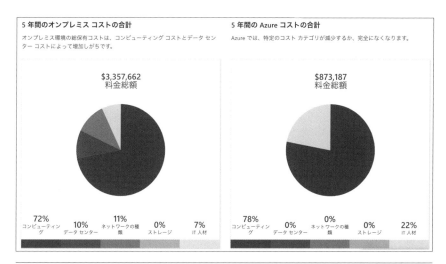

❏ オンプレミスとAzureのコスト比較

Cost Management

　Cost Managementでは、現在Azureで実際にかかっているコストを確認することができます。コストの分析は、リソースグループ単位で行うことも、個々のリソース単位で行うこともできます。どちらの場合も、現在どれくらいの料金がかかっているかを把握できます。

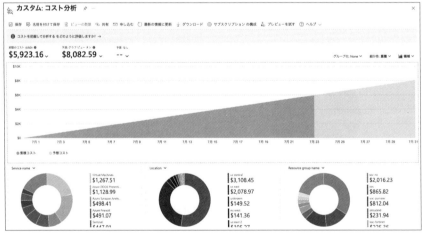

❑ Cost Management

コストアラートの「予算」の機能を利用すると、予算を作成してアラートを設定することができ、コストを監視する上で役立ちます。例えば、予算である月$10,000を超えたら管理者にアラートを通知する、といった設定ができます。アラートによって予算オーバーを知った管理者は不要なリソースを削除する、もしくは停止するなどの対応ができます。

❏ Cost Managementの予算作成

Cost Managementの「アドバイザーの推奨事項」には、コスト削減に役立つ推奨事項が提示されます。仮想マシンのサイズ変更や、利用していない仮想マシンのシャットダウンといったアドバイスが得られます。

❏ Cost Managementの「アドバイザーの推奨事項」

割引特典

Azureには、Azureの利用料に関する様々な**割引特典**が用意されており、複数の割引特典を組み合わせて用いることで、コストを最適化できます。割引特典には以下のものがあります。

- ◎ Azure Reserved Instances
- ◎ Azureハイブリッド特典
- ◎ スポットVM
- ◎ Azure開発/テスト価格

Azure Reserved Instances

Azure Reserved Instances（Azure RI）は、向こう1年または3年の利用をコミットすることで予約割引によるコスト削減ができるオプションです。従量課金制の料金に比べ最大72%の削減ができます。Azure RIの支払いは前払いまたは月払いになります。前払いも月払いも総コストは同じです。Azure RIによるコスト削減とAzureハイブリッド特典を組み合わせることで、最大80%のコスト削減も可能です。

❏ Azure Reserved Instancesで購入できるサービス例

Azureハイブリッド特典

Azureハイブリッド特典（Azure Hybrid Benefit）は、ソフトウェアアシュアランス（SA）のある既存のオンプレミスのWindows Server、SQL Serverおよび Linuxのライセンスを Azureで利用することで、仮想マシンの実行コストを大幅に削減できる特典です。

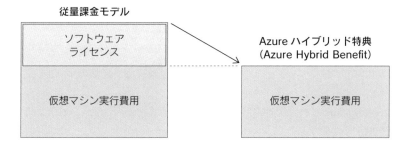

従量課金モデル

ソフトウェア
ライセンス

仮想マシン実行費用

Azure ハイブリッド特典
(Azure Hybrid Benefit)

仮想マシン実行費用

❏ Azureハイブリッド特典

スポットVM

スポット VM(Azure Spot Virtual Machines)とは、Azureにおいてその時点で未使用となっているため安価で提供される仮想マシンです。Azure側でリソースが必要になると、スポット VM は削除されます。そのため、開発・テスト環境など、いつシャットダウンされてもよいワークロードに最適です。

スポット VM として利用可能なリソースは、サイズ、リージョン、時刻などによって異なります。利用可能なリソースがある場合にのみ、AzureによってVMが割り当てられます。

なお、スポット VM には SLA(サービスレベルアグリーメント、サービス品質保証)がない点に留意してください。

Azure開発/テスト価格

Visual Studio のサブスクリプションの所有者限定で開発/テスト用の従量課金制プランが用意されており、Azureを割引料金で利用できます。

- 最初にバックアップするときに、バックアップ拡張機能が仮想マシンにインストールされる。
- Azure Backupサービスでは、データを格納するRecovery Servicesコンテナーを作成する必要がある。
- Recovery Servicesコンテナーは、仮想マシンなど、バックアップするデータソースと同じリージョンに作成する必要がある。
- バックアップの構成で指定した仮想マシンを対象としていれば、毎日、指定した時間にすべての仮想マシンをバックアップすることができる。
- Azure Site Recoveryでは、プライマリリージョンではなく、復旧するセカンダリリージョンにRecovery Servicesコンテナーを作成する。
- Azure Monitorは、Azureリソースだけでなく、オンプレミスや他のクラウドの監視もできる。
- Azure Monitorのアラート通知機能は、管理者に電子メール、SMS、mobile app、音声で通知することができる。
- Azure Service Healthでは、Azureの状態、サービス正常性、リソース正常性を確認できる。
- Azure Advisorは、ネットワーク設定やセキュリティ強化、コスト削減など、システムを最適な状態にする様々なアドバイスを推奨事項として案内する。
- Log Analyticsは、31日間分のデータ保存にはコストがかからない。
- Azureの割引特典はいくつかあり、組み合わせて利用することでコストを最適化できる。

章末問題

問題1

あなたは、サブスクリプション1というAzureサブスクリプションを使っています。サブスクリプション1でWindowsの仮想マシンのメトリックとログを監視したいと思っています。次のうちどのサービスを利用すべきですか？

A. Azure HDInsight
B. Azure Performance Diagnostics extension
C. Azure Analysis Services
D. Azure Diagnosticsエージェント（拡張機能）

問題2

あなたは、コンテナー1というRecovery Servicesコンテナーを東日本リージョンに作成しました。コンテナー1で保護できる仮想マシンの条件は次のうちどれでしょうか？

A. コンテナー1と仮想マシンは同じリージョンである必要がある
B. 仮想マシンはペアリージョンである西日本リージョンに作成している必要がある
C. Windowsの仮想マシンのみ保護できる
D. 追加ソフトウェアなしでバックアップができる

問題3

あなたは、仮想マシン10台をAzure上で実行しています。オンプレミスとAzure上の仮想マシンとのネットワークパフォーマンスを確認したいと思っています。どのツールを利用すべきですか？

A. Azure Service Health
B. Azure Network Watcher
C. Azure Performance Service
D. Azure Effective Routes

7
Azureリソースの監視と管理

問題4

　あなたは、現在利用しているAzureリソースのコストを確認したいと思っています。どのサービスを利用すべきですか？

　A. 料金計算ツール

　B. 総保有コスト（TCO）計算ツール

　C. Azure Monitor

　D. Cost Management

 問題5

　あなたは、現在利用しているAzureリソースのセキュリティ設定やパフォーマンスが適切な状態か確認したいと思っています。どのサービスを利用すべきですか？

　A. Azure Service Health

　B. Azure Advisor

　C. Log Analytics

　D. Azure HDInsight

 問題6

　Azure Service Healthで確認できる情報として正しいものをすべて選択してください。

　A. サービスの問題

　B. 計画メンテナンス

　C. 正常性の勧告

　D. セキュリティアドバイザリ

問題7

Azureのデータセンターの大規模災害や障害から仮想マシンを保護するサービスは次のうちどれですか？

- A. Azure DR（Disaster Recovery）
- B. Azure Backup
- C. Azure Site Recovery
- D. Azure Multi Recovery

問題8

あなたは、Azure上に仮想マシンを構築しました。仮想マシンはAzure Backupによって保護する必要があります。バックアップは毎日AM1：00に実行され、30日間保存される必要があります。あなたは何をすべきですか？「バックアップの保存先」および「仮想マシンの保護に必要な構成」のそれぞれから適切な選択肢を1つずつ選んでください。

バックアップの保存先

- A. Blob Storage
- B. Azure Files
- C. Recovery Servicesコンテナー
- D. ストレージアカウント

仮想マシンの保護に必要な構成

- E. バックアップポリシー
- F. バッチジョブ
- G. バッチスケジュール
- H. リカバリー計画

問題9

　VM1という名前の仮想マシンをAzure上に作成しました。VM1からイベント情報を収集する必要があります。そのイベント情報のシステムイベントログにエラーが記録されたら特定のクエリを実行させて管理者へ通知するアラートルールをAzure Monitorで作成します。アラートルールは次のうちどのリソースを監視する必要がありますか？

A. Azureアラート
B. Log Analyticsワークスペース
C. Event Hub
D. Azure Backup

 問題10

　あなたのサブスクリプションに100台の仮想マシンがあります。定期的にその仮想マシンを確認し、不要なリソースがあれば、停止もしくは削除したいと思っています。どのサービスを利用するとよいですか？

A. Cost Managementの予算を確認する
B. Cost Managementのアドバイザーの推奨事項を確認する
C. Cost Managementのコスト分析を確認する
D. Cost Managementの請求書を確認する

章末問題の解説

✓ 解説1

解答：**D.** Azure Diagnosticsエージェント（拡張機能）

　Azure Diagnostics拡張機能は、仮想マシンから監視データを収集する、Azure Monitorのエージェントです。Azure Diagnosticsエージェントを使ってメトリック、ログ、その他の診断データを収集することができます。

✓ 解説2

解答：**A.** コンテナー1と仮想マシンは同じリージョンである必要がある

　Recovery Servicesコンテナーのメタデータを格納する場所とデータソースは同じリージョンにする必要があります。仮想マシンのバックアップについては、最初に仮想マシンに拡張機能がインストールされます。拡張機能はWindows、Linuxそれぞれにインストールされます。

✓ 解説3

解答：**B.** Azure Network Watcher

　Azure Network Watcherは、仮想マシンなどのIaaSリソース、メトリック、ログの監視といった、ネットワークに特化した監視・確認を行うためのネットワーク診断ツールです。Network Watcherを使うと、仮想マシン（VM）、仮想ネットワーク（VNet）、アプリケーションゲートウェイ、ロードバランサーといったIaaSのネットワークの正常性監視やトポロジーを確認できます。

✓ 解説4

解答：**D.** Cost Management

　Cost Managementでは、現在Azureで実際にかかっているコストを確認することができます。コストの分析は、リソースグループ単位で行うことも、個々のリソース単位で行うこともできます。どちらの場合も、現在どれくらいの料金がかかっているかを把握できます。

✓ 解説5

解答：**B.** Azure Advisor

　Azure Advisorは現在利用しているAzureリソースのコスト、セキュリティ、信頼性、オペレーショナルエクセレンス（運用性）、パフォーマンスの5つの観点から推奨事項を提示してくれるサービスです。

✓ 解説6

解答A、B、C、D

　Azure Service Healthのサービス正常性は、利用しているAzureのサービスとリージョンの正常性を確認することができます。確認できる情報として、サービスの問題、計画メンテナンス、正常性の勧告、セキュリティアドバイザリがあります。よって選択肢すべてが正解です。

✓ 解説7

解答：C. Azure Site Recovery

　Azure Site Recoveryは、データセンターの大規模災害や障害から仮想マシンを保護しセカンダリリージョンへワークロードをレプリケートできる、ディザスターリカバリーサービスです。Azure BackupではプライマリリージョンにRecovery Servicesコンテナーを作成していましたが、Azure Site Recoveryでは、復旧するセカンダリリージョンにRecovery Servicesコンテナーを作成する必要があります。よってAzure Backupは仮想マシンと同じリージョンにRecovery Servicesコンテナーを作成するため、データセンターの大規模災害や障害から仮想マシンを保護できません。適切な解答はAzure Site Recoveryとなります。

✓ 解説8

解答：C. Recovery Servicesコンテナー、E. バックアップポリシー

　まず最初にRecovery Servicesコンテナーをセットアップし、仮想マシンをバックアップできる構成とします。次に、バックアップポリシーでバックアップ取得タイミングの構成を設定します。デフォルトのポリシーをそのまま使用すると1日1回、指定した時刻にVMがバックアップされ、バックアップはコンテナーに30日間保持されます。

✓ 解説9

解答：B. Log Analyticsワークスペース

　Log Analyticsで分析したクエリ結果とアラートルールを用いることで、特定のエラー情報が得られたときや閾値を超えたときにメールやSMSで管理者に通知することが可能です。

✓ 解説10

解答：B. Cost Managementのアドバイザーの推奨事項を確認する

　Cost Managementの「アドバイザーの推奨事項」には、コスト削減に役立つ推奨事項が提示されます。仮想マシンのサイズ変更や、利用していない仮想マシンのシャットダウンといったアドバイスが得られます。

第 **8** 章

模擬試験

本書の最後に、AZ-104：Microsoft Azure Administrator試験に
合格するための模擬試験を用意しました。これまでに各章で学んだ
各サービスの特徴や重要ポイントを思い出しながら解いてくださ
い。本試験は50問程度の出題で、試験時間は1時間40分です。見
直しも含めて1時間20分程度で終わるように模擬試験で練習しま
しょう。

8-1

模擬試験問題

 問題1

あなたは以下のAzureリソースを管理しています。

○ ルートテナントグループ
○ 管理グループA
○ サブスクリプションA
○ リソースグループA
○ 仮想マシンA

　リソースの環境情報を把握し、リソースを不慮の削除から防ぎたいと考えています。どのリソースに対して、タグとロックを適用できるでしょうか？ タグとロックのそれぞれの選択肢から、適切なものを選んでください。

タグ

　A. すべて
　B. ルートテナントグループと管理グループAのみ
　C. 管理グループAとサブスクリプションAとリソースグループAのみ
　D. サブスクリプションAとリソースグループAと仮想マシンAのみ
　E. リソースグループAと仮想マシンAのみ

ロック

　F. すべて
　G. ルートテナントグループと管理グループAのみ
　H. 管理グループAとサブスクリプションAとリソースグループAのみ
　I. サブスクリプションAとリソースグループAと仮想マシンAのみ
　J. リソースグループAと仮想マシンAのみ

問題2

　あなたの会社では、東日本と西日本にデータセンターを持っており、この構成に従ってAzure Storageも冗長オプションを定義することになりました。以下の要件が冗長化構成に対して要求されています。

○ データは複数の機器に分散されている必要がある。
○ データは地理的に離れた複数の場所に保管されている必要がある。
○ 冗長化されたセカンダリのデータも、常時プライマリデータと同様に読み取れる必要がある。

　この場合、以下のうち、どの構成を選択すべきですか？

　A．Geo冗長ストレージ（GRS）
　B．読み取りアクセスGeo冗長ストレージ（RA-GRS）
　C．ゾーン冗長ストレージ（ZRS）
　D．ローカル冗長ストレージ（LRS）

 問題3

　あなたは、VM1、VM2、およびVM3という名前の3つの仮想マシンをデプロイすることを計画しています。あなたは、1つのAzureのデータセンターが利用できなくなった場合に、少なくとも2つの仮想マシンが利用できるように設計する必要があります。以下の選択肢のうち、適切なデプロイ方法を1つ選んでください。

　A．1つの可用性セット内に3つの仮想マシンをデプロイする
　B．1つの可用性ゾーン内に3つの仮想マシンをデプロイする
　C．2つの可用性ゾーンに3つの仮想マシンをデプロイする
　D．別々の可用性ゾーンに各仮想マシンをデプロイする

 問題4

あなたは、Windows Server 2019のAzure仮想マシンを実行しています。

○ 名前：VM1
○ 場所：米国西部
○ 仮想ネットワーク：VNet1

- プライベートIPアドレス：10.1.0.4
- パブリックIPアドレス：52.68.85.58
- Windows ServerのDNSサフィックス：Adatum.com

次の表に記載されたAzure DNSゾーンを作成します。

名前	種類	場所
Contoso.pri	プライベートDNSゾーン	西ヨーロッパ
Adatum.pri	プライベートDNSゾーン	米国西部
Adatum.com	パブリックDNSゾーン	西ヨーロッパ
Contoso.com	パブリックDNSゾーン	北ヨーロッパ

VNet1に仮想ネットワークリンクを設定し、VM1のDNSレコードを自動登録できるDNSゾーンを選択してください。

- A. Adatum.pri
- B. Adatum.pri と Adatum.com
- C. プライベートDNSゾーン
- D. パブリックDNSゾーン

 問題5

あなたはAzureのサブスクリプションにVault1という名前のRecovery Servicesコンテナーを作成しました。サブスクリプションには以下の表に記載された仮想マシンが稼働しています。

仮想マシン	OS	自動停止
VM1	Windows Server 2022	20:00
VM2	Windows Server 2019	Off
VM3	SUSE Linux Enterprise Server 15	Off
VM4	Windows 10	20:00

あなたのバックアップスケジュールは毎日23時に実行されます。どの仮想マシンがバックアップされるでしょうか。

A. VM1

B. VM1とVM2

C. VM1、VM2およびVM3

D. VM1、VM2、VM3およびVM4

 問題6

あなたは、オンプレミスの複数拠点とAzure仮想ネットワークの間で、ルートベースのサイト間VPN接続をすることを計画しています。適切なトンネリングプロトコルを選択してください。

A. IKEv1

B. PPTP

C. IKEv2

D. L2TP

 問題7

あなたは、以下の表に記載された仮想マシンを実行しています。

仮想マシン	リージョン
VM1	Japan East
VM2	Japan East
VM3	Japan West
VM4	Japan West

あなたはRecovery ServicesコンテナーでVM1とVM2を保護しています。VM3とVM4をRecovery Servicesコンテナーで保護するためには最初に何をする必要がありますか？

A. ストレージアカウントを作成する

B. 新しいRecovery Servicesコンテナーを作成する

C. VM1とVM2のRecovery ServicesコンテナーにVM3とVM4を登録する

D. バックアップポリシーにVM3とVM4を登録する

問題8

あなたは、Azureサブスクリプションを持つMicrosoft Entraテナントを所有しています。以下の表に記載されたAzure管理グループを作成しました。

名前	上位の管理グループ
Tenant Root Group	なし
Management Group 1	Tenant Root Group
Management Group 2	Tenant Root Group
Management Group 2-1	Management Group 2

次に、以下の表のようにサブスクリプションを管理グループに配置します。

名前	管理グループ
Subscription 1	Management Group 1
Subscription 2	Management Group 2-1

最後に、以下の表に記載された内容を定義するAzure Policyを作成します。

効果	パラメーター	スコープ
許可されないリソースの種類	Microsoft.Network/ virtualNetworks	Tenant Root Group
許可されるリソースの種類	Microsoft.Network/ virtualNetworks	Management Group 1

以下の選択肢から、Azure Policyにより許可されない操作を1つ選んでください。

A. Subscription 1へ仮想ネットワークを作成する
B. Subscription 2へ仮想マシンを作成する
C. Management Group 1へSubscription 2を移動する

 問題9

あなたは、RGtest1というリソースグループを持つサブスクリプションを管理しています。あなたは、ResourceDeploy1というBicepテンプレートを使ってリソースのデプロイを行います。以下のデプロイ要件があります。

○ 新しいリソースをRGtest1リソースグループにデプロイします。
○ テンプレートに記載されているリソースのみをデプロイされている状態にします。

デプロイ要件を満たすために実行する以下のコマンドの空白部分①、②には、どのような内容が入りますか？ それぞれの選択肢から適切なものを選んでください。

```
az deployment group create --name ResourceDeploy-1
     ①          --mode    ②
```

①の選択肢

A. --tag
B. --resource-group
C. --rg
D. --resource-name RGtest1

②の選択肢

E. Complete
F. Incremental
G. Delete

 問題10

あなたはAzureサブスクリプションSubscription1を持っており、その中に以下のストレージアカウントを作成しました。

名前	アカウント種別	保管するデータ種別
Storage1	Premiumファイル共有	Files
Storage2	Standard汎用v2	Files、テーブル
Storage3	Standard汎用v2	BLOB
Storage4	PremiumブロックBLOB	BLOB

Azure Import/Exportサービスを使用して、ここからデータをエクスポートしたいと考えています。どのストレージアカウントが、エクスポートに対応していますか？

A. Storage1のみ
B. Storage2およびStorage3のみ
C. Storage3およびStorage4のみ
D. Storage3のみ

問題11

あなたは、以下の内容のテンプレートStorageDeploy.jsonを作成しました。

```
{
  "$schema": "https://schema.management.azure.com/schemas/2019-04-01/
↳deploymentTemplate.json#",
  "contentVersion": "1.0.0.0",
  "parameters": {
    "storageAccountType": {
      "type": "string",
      "defaultValue": "Standard_LRS",
      "allowesValues": [
        "Standard_LRS",
        "Standard_GRS",
        "Standard_ZRS",
        "Premium_LRS",
      ]
      "metadata": {
        "description": "Storage Account type"
      }
    },
    "location": {
      "type": "string",
      "defaultValue": "northeurope",
      "metadata": {
        "description": "Location for all resources."
      }
    }
  },
  "resources": [
    {
      "type": "Microsoft.Storage/storageAccounts",
      "apiVersion": "2019-06-01",
      "name": "straccount111",
      "location": "[resourceGroup().location]",
      "sku": {
        "name": "[parameters('storageAccountType')]"
      }
      "kind": "StorageV2".
      "properties": {}
    }
  ],
```

```
  "outputs": {
    "storageAccountName": {
      "type": "string",
      "defaultValue": "straccount111",
    }
  }
}
```

サブスクリプションに接続し、以下のコマンドを実行しました。

```
New-AzResourceGroup -Name RGprod1 -Location japaneast
New-AzResourceGroupDeployment -Name StorageDeploy-1
➥-ResourceGroupName RGprod1 -TemplateFile StorageDeploy.json
```

以下の説明のそれぞれについて、正しいものには「はい」を、間違っているものには
「いいえ」を選択してください。

A.　このコマンドで1つのストレージアカウントが作成される。　（はい / いいえ）

B.　このコマンドでnortheuropeリージョンに
　　ストレージアカウントが作成される。　　　　　　　　　　（はい / いいえ）

C.　このコマンドでSKUタイプ「Premium_LRS」を
　　指定することができる。　　　　　　　　　　　　　　　　（はい / いいえ）

 ## 問題12

あなたは、VM1の仮想マシンが計画メンテナンスによる影響を受けるという通知
を受け取りました。あなたは、セルフサービスフェーズでメンテナンスを実施する必
要があります。以下の選択肢のうち、適切な対応として最もよく当てはまるものを1
つ選んでください。

A.　VM1を別のサブスクリプションに移動する

B.　VM1を別のリソースグループに移動する

C.　VM1を再起動する

D.　VM1を再デプロイする

問題 13

あなたは、次の表に記載されたリソースを作成しました。

名前	リソース種類
VM1	仮想マシン
App1	Azure App Service
contoso.com	Microsoft Entra Domain Services

　すべてのリソースは、VNet1という名前の仮想ネットワークに接続します。あなた
は、VNet1にBastion1という名前のAzure Bastionホストをデプロイすることを計画
しています。Bastion1を使用して接続できるリソースを選択してください。

　A.　VM1のみ

　B.　contoso.comのみ

　C.　App1とcontoso.com

　D.　VM1とcontoso.com

　E.　VM1、App1、およびcontoso.com

 問題 14

あなたはAzure上に以下の表にあるリソースを作成しました。

仮想マシン	VNet
10台	VNet1
15台	VNet2
20台	VNet3

　VNet1からVNet3の通信に異常があり、トラブルシューティングをする必要があ
ります。Azureのどのサービスを利用してトラブルシューティングができますか？

　A.　Network Watcher

　B.　Linux Diagnostic Extension

　C.　Azure Traffic Analysis

　D.　ExpressRoute

問題15

　あなたは、Azure上にWindowsサーバーを稼働させて、Azure Backupで保護しています。Azure Backupで毎日バックアップを取得しています。3日前にWindowsサーバーから2つのファイルを間違えて削除してしまいました。削除されたファイルをできる限り早く、他のWindowsサーバーに復元する必要があります。以下の選択肢から4つのアクションを選び、正しい順序で実行する必要があります。適切な4つの実行手順を正しい順序で選んでください。

- A.　削除したファイルの復元ポイントの選択を行う。
- B.　Azure Portalから「ファイルの回復」を選択する。
- C.　AZ Copyでファイルをコピーする。
- D.　ファイルを回復するためのスクリプトをダウンロードし、対象の仮想マシンにインストールする。
- E.　エクスプローラーから対象のファイルをコピーしてファイルやフォルダーを回復する。
- F.　Azure Portalから「VMの復元」を選択する。

 問題16

　あなたは、Azure Resource Managerテンプレートを使用して、仮想マシンスケールセットでWindows Server 2019を実行する複数のAzure仮想マシンをデプロイすることを計画しています。あなたは、それらの仮想マシンがデプロイされた後、NGINXがすべての仮想マシンで利用可能な状態にする必要があります。以下の選択肢のうち、適切な対応として最もよく当てはまるものを1つ選んでください。

- A.　カスタムスクリプト拡張機能
- B.　Azure Application Insights
- C.　Azure App Serviceのデプロイセンター
- D.　Microsoft Entraアプリケーションプロキシ

問題17

あなたは、VM1、VM2、VM3という名前の3つの仮想マシン間で、ポート80と443に対して負荷分散を行うパブリックロードバランサーを作成しました。ロードバランサー宛のリモートデスクトッププロトコル（RDP）接続を、すべてVM3だけに向ける必要があります。次の選択肢のうち、適切な対応として最もよく当てはまるものを1つ選択してください。

    A. インバウンドNAT規則
    B. VM3用の新しいパブリックロードバランサー
    C. フロントエンドIP構成
    D. 負荷分散規則

 問題18

あなたは、以下の条件のもとストレージアカウントを作成する必要があります。

○ コストを最小化すること
○ BLOBのアーカイブ層をサポートすること
○ リージョンレベルの冗長化を実現し、さらにセカンダリリージョンでの読み取りが常時可能であること

これらを実現するストレージアカウントを作成するには、以下のコマンドの空白部分①、②にどのような内容を記述すべきですか？ それぞれの選択肢から適切なものを選んでください。

```
az storage account create -g RG1 -n storageaccount1
    --kind    ①        --sku    ②
```

①の選択肢

    A. StorageV2
    B. Storage
    C. BlobStorage

②の選択肢

    D. Standard_GRS
    E. Standard_+RS
    F. Standard_RAGRS
    G. Premium_LRS

問題19

Microsoft Entra テナントに以下のユーザーが作成されています。

名前	country	department
User A	US	HR
User B	UK	Sales

あなたは、Microsoft Entra テナントに以下のグループを設定しました。

グループ名	グループの種類	メンバーシップの種類	メンバーシップルール
Group A	Microsoft 365	静的	—
Group B	Microsoft 365	動的ユーザー	(user.country –startsWith "u")
Group C	セキュリティ	動的ユーザー	(user.department –notIn ["IT","HR"])

　User A および User B はそれぞれどのグループのメンバーに追加されますか？ ユーザーごとに正しい選択肢を1つ選んでください。Group A は作成時のままで、メンバーは追加されていないものとします。

User A の選択肢

A. Group A のみ
B. Group B のみ
C. Group C のみ
D. Group A および Group B
E. Group A および Group C
F. Group B および Group C
G. Group A、Group B および Group C

User B の選択肢

H. Group A のみ
I. Group B のみ
J. Group C のみ
K. Group A および Group B
L. Group A および Group C
M. Group B および Group C
N. Group A、Group B および Group C

 ## 問題20

　あなたは複数のチームによって利用されるサブスクリプションを管理しています。そのサブスクリプションには右のようなリソースが含まれます。

リソース名	種類
StorageProd	ストレージアカウント
RGProd	リソースグループ
ContainerProd	Blob コンテナー

他の担当者が、ARMテンプレートを使って仮想マシンと仮想ネットワークをその
サブスクリプションにデプロイしました。あなたはどのようなデプロイが行われたか
を確認するため、デプロイに使われたARMテンプレートを参照する必要があります。
次のどこから確認を行いますか？

A. ContainerProdリソース

B. 仮想マシン

C. RGProd

 問題21

あなたはストレージアカウントを作成するために、以下のARMテンプレートを作
成してリソースグループにデプロイを行います。

```
{
  "$schema": "https://schema.management.azure.com/schemas/2019-04-01/
→deploymentTemplate.json#",
  "contentVersion": "1.0.0.0",
  "parameters": {
    "storageAccountType": {
      "type": "string",
      "defaultValue": "Standard_LRS",
      "allowesValues": [
        "Standard_LRS",
        "Standard_GRS",
        "Standard_ZRS",
        "Premium_LRS",
      ]
      "metadata": {
        "description": "Storage Account type"
      }
    },
    "location": {
      "type": "string",
      "defaultValue": "northeurope",
      "metadata": {
        "description": "Location for all resources."
      }
    }
  },
```

```
  "resources": [
    {
      "type": "Microsoft.Storage/storageAccounts",
      "apiVersion": "2019-06-01",
      "name": "straccount111",
      "location": "[resourceGroup().location]",
      "sku": {
        "name": "[parameters('storageAccountType')]"
      }
      "kind": "StorageV2".
      "properties": {}
    }
  ],
  "outputs": {
    "storageAccountName": {
      "type": "string",
      "defaultValue": "straccount111",
    }
  }
}
```

テンプレートのデプロイを行うため、あなたはどの Azure PowerShell のコマンド
レットを使用しますか？

A. New-AzResourceGroupDeployment

B. New-AzTenantDeployment

C. New-AzManagementGroupDeployment

D. New-AzSubscriptionDeployment

 ## 問題22

あなたは、組織が所有する「example.com」DNSドメインをMicrosoft Entra テナン
トに追加し、ユーザーのUPNサフィックスとして利用することを計画しています。テ
ナントで実施する必要のあるアクションを以下の選択肢から適切な実行手順の順で3
つ選択してください。

A. Azure DNS ゾーンを作成し、example.com ドメインを追加する

B. ドメインの検証を完了する

C. example.com のパブリック DNS ゾーンにレコードを追加する

D. カスタムドメイン名を追加する

E. 会社のブランドを設定する

 問題23

あなたは以下のAzure Filesのファイル共有を持っています。

名前	ストレージアカウント	場所
Share1	Storage1	東日本
Share2	Storage2	東日本

また以下のオンプレミスサーバーを持っています。

名前	フォルダー	データセンター
Server1	D:\Folder1、E:\Folder2	東京
Server2	D:\Data	大阪

あなたは、Sync1という名前のストレージ同期サービスと、Group1という名前の同期グループを作成しました。クラウド同期サービスにServer1とServer2を登録しました。また、Group1に、Server1のD:\Folder1をサーバーエンドポイントとして、Share1をクラウドエンドポイントとして登録しました。

以下の各記述は正しいですか、正しくないですか? それぞれ選択してください。

A. Share2はGroup1に登録可能である。　　　　　　　　正しい/正しくない

B. D:\DataはGroup1サーバーエンドポイントとして
登録可能である。　　　　　　　　　　　　　　　　　正しい/正しくない

C. E:\Folder2はGroup1にサーバーエンドポイントとして
登録可能である。　　　　　　　　　　　　　　　　　正しい/正しくない

 問題24

あなたは、次の表に記載された仮想マシンを作成しました。

名前	OS	サブネット
VM1	Windows Server 2019	Subnet1
VM2	Windows Server 2019	Subnet2

VM1とVM2はパブリックIPアドレスを使用しています。VM1とVM2の Windows Server 2019では、インバウンド通信のリモートデスクトップ接続を許可 しています。Subnet1とSubnet2は、VNet1という名前の仮想ネットワーク内にあり ます。

サブスクリプションには、NSG1とNSG2という名前の2つのネットワークセキュ リティグループ（NSG）が含まれています。NSG1は既定のセキュリティ規則のみを 使用します。NSG2は既定のセキュリティ規則と次の追加の受信セキュリティ規則を 使用します。

- ○ 優先度：100
- ○ ポート：3389
- ○ プロトコル：TCP
- ○ ソース：任意
- ○ 宛先：任意
- ○ アクション：許可

NSG1はSubnet1に関連付けられており、NSG2はVM2のネットワークインター フェイスに関連付けられています。インターネットからリモートデスクトップ接続で きるVMを選択してください。

- A. どちらも接続できない
- B. VM1
- C. VM2
- D. VM1とVM2

 問題25

あなたの環境にはApplication1という名前のAzure Web Appsがあります。 Application1には、次の表に示すデプロイスロットがあります。

デプロイスロット	用途
Contosoapp	本番
Contosoapp-stg	ステージング

Contosoapp-stgでは、Application1に対するいくつかの変更をテストしました。Contosoapp-stgをContosoappと入れ替え、その後にApplication1にパフォーマンスの問題が発生していることがわかりました。あなたは、Application1をできるだけ早く、以前のバージョンに戻す必要があります。以下の選択肢のうち、適切な対応として最もよく当てはまるものを1つ選んでください。

- A. Application1を再デプロイする
- B. スロットを入れ替える
- C. Application1をクローンする
- D. Application1のバックアップをリストアする

 問題26

あなたは、ストレージアカウントを持っています。このストレージアカウントの上に、オンプレミスサーバーの仮想マシンイメージをアップロードします。その前に、「VMimage」コンテナーをazcopyコマンドで作成します。以下のコマンドの空白部分①、②にどのような内容を記述すべきですか？ それぞれの選択肢から適切なものを選んでください。

```
azcopy        ①        'https://mystrageaccount.        ②        .core.windows.
→net/vmimages'
```

①の選択肢

- A. make
- B. sync
- C. copy

②の選択肢

- D. blob
- E. queue
- F. table
- G. images
- H. file

 問題27

あなたは、次の表に記載されたリソースを作成しました。

名前	種類	リージョン
VNet1	仮想ネットワーク	East US
IP1	パブリックIPアドレス	West Europe
RT1	ルートテーブル	North Europe

NIC1という名前のネットワークインターフェイスを作成する必要があります。NIC1を作成できるリージョンを選択してください。

A. East USとNorth Europe

B. East USのみ

C. East US、West Europe、North Europe

D. East USとWest Europe

 問題28

あなたの環境には、次の表に示すApp Serviceプランがあります。

App Serviceプラン	OS	リージョン
Appplan01	Windows	West US
Appplan02	Windows	Central US
Appplan03	Linux	West US

あなたは次の表に示す、Azure Web Appsの作成を計画しており、どのApp Serviceプランに使用するかを検討する必要があります。以下の選択肢のうち、それぞれのWebアプリケーションで適切なものを1つずつ選んでください。

Web Apps	ランタイムスタック	リージョン
Webapp1	Python 3.10	West US
Webapp2	ASP.NET V4.8	Central US

Webapp1の選択肢

A. Appplan01のみ

B. Appplan02のみ

C. Appplan03のみ

D. Appplan01とAppplan02

E. Appplan01 と Appplan03

F. Appplan01 と Appplan02 と Appplan03

Webapp2 の選択肢

G. Appplan01 のみ

H. Appplan02 のみ

I. Appplan03 のみ

J. Appplan01 と Appplan02

K. Appplan01 と Appplan03

L. Appplan01 と Appplan02 と Appplan03

 問題29

あなたは、リソースグループ RG1 が含まれるサブスクリプションを所有していま
す。RG1 には、以下のリソースが含まれています。

名前	種類
VNet1	仮想ネットワーク
VM1	仮想マシン

以下の Azure Policy を作成し、RG1 に割り当てました。

```
"parameters": {},
"policyRule": {
  "if": {
    "field": "type",
     "in": [
       "Microsoft.Network/virtualNetworks",
       "Microsoft.Compute/virtualMachines"
     ]
  },
  "then": {
    "effect": "deny"
  }
}
```

あなたは RG1 に新しい仮想マシン VM2 を作成し、VNet1 に接続することを計画し
ています。最初に何をする必要がありますか？ 以下の選択肢から1つ選んでください。

A. ポリシー定義から "Microsoft.Network/virtualNetworks" を削除する

B. VNet1 に新しいサブネットを割り当てる

C. VM2 を作成する

D. ポリシー定義から "Microsoft.Compute/virtualMachines" を削除する

 問題30

以下のリソースグループを含むサブスクリプションがあります。

リソースグループ名	ロックの名前	ロックの種類
RGprod1	なし	なし
RGprod2	Lock1	読み取り専用

RGprod1 リソースグループには以下のリソースが含まれています。

リソース名	種類	ロック名	ロックの種類
StorageProd1	ストレージアカウント	なし	なし

RGprod2 リソースグループには以下のリソースが含まれています。

リソース名	種類	ロック名	ロックの種類
StorageProd2	ストレージアカウント	Lock2	削除

リソースの移動について正しいものはどれですか？

A. StorageProd1 を RGprod2 に移動することは可能。StorageProd2 を RGprod1 に移動することは可能。

B. StorageProd1 を RGprod2 に移動することは可能。StorageProd2 を RGprod1 に移動することは不可。

C. StorageProd1 を RGprod2 に移動することは不可。StorageProd2 を RGprod1 に移動することは可能。

D. StorageProd1 を RGprod2 に移動することは不可。StorageProd2 を RGprod1 に移動することは不可。

8

模擬試験

問題31

あなたは、ストレージアカウント storage1 に対して、以下のライフサイクル管理ポリシーを定義しました。

名前	BLOB プレフィックス	ベース BLOB が以下の期間変更ない場合	結果
Rule1	Container1/	3日間	アーカイブ層に移動
Rule2	なし(全体)	5日間	クール層に移動
Rule3	Container2/	10日間	BLOBの削除
Rule4	Container2/	15日間	アーカイブ層に移動

ここで、5月1日に、次の2つのBLOBを作成しました。この後はこれらBLOBに対して更新は行っていません。

名前	場所	アクセス層
File1	Container1	ホット
File2	Container2	ホット

以下の各記述は正しいですか、正しくないですか? それぞれ選択してください。

A. 5月6日に、File1はクール層に保管されている。　　　　正しい/正しくない

B. 5月1日に、File2はクール層に保管されている。　　　　正しい/正しくない

C. 5月16日に、File2はアーカイブ層に保管されている。　　正しい/正しくない

 問題32

あなたは所有するMicrosoft EntraテナントでMicrosoft Entra ID P2を10ライセンス分購入しました。テナント内の10ユーザーがP2機能を利用できるようにする必要があります。以下の選択肢より、実行すべき操作を1つ選択してください。

A. ユーザーをMicrosoft Entra IDのセキュリティグループに追加する

B. 各ユーザーのプロパティでMicrosoft Entra管理ロールを割り当てる

C. Microsoft Entra IDのライセンスブレードでライセンスを割り当てる

D. Microsoft Entra IDエンタープライズアプリケーションを追加する

問題33

あなたの環境には、次の表に示す Azure Container Instance があります。

Azure Container Instance	OS
Instance01	Windows Server 2019 (Nano Server)
Instance02	Windows Server 2019 (Windows Server Core)
Instance03	Linux
Instance04	Linux

マルチコンテナーグループをデプロイできるインスタンスとして適切なものを、以下の選択肢から選んでください。

A. Instance01 のみ

B. Instance02 のみ

C. Instance01 と Instance02

D. Instance03 と Instance04

 問題34

あなたは、site1 および site2 という名前の2つのオンプレミスの拠点を管理しています。あなたは、Azure Virtual WAN を使用して site1 と site2 を接続する必要があります。

以下の選択肢のうち、4つのアクションを選択して、適切な順序に並べてください。

A. 仮想ハブを作成する

B. VPN サイトを作成する

C. 仮想ハブに仮想ネットワークを接続する

D. Virtual WAN リソースを作成する

E. 仮想ハブに VPN サイトを接続する

 問題35

あなたは、10台の仮想マシンに対して継続的な一貫性のある構成管理を行うために Azure Automation State Configuration を使用する必要があります。以下の選択肢のうち、3つのアクションを選択して、適切な順序に並べてください。

A. 仮想マシンにタグを割り当てる

B. ノードのコンプライアンス状態を確認する

C. 構成をコンパイルする

D. Azure Automationに構成をアップロードする

E. 管理グループを作成する

 問題36

あなたはAzure Portalよりコマンドラインインターフェイスを使ってリソースの操作を行うため、Azure Cloud Shellを使おうとしています。Azure Cloud Shellを利用する上で事前に準備するものは以下のうちどれですか？

A. PowerShell

B. リソースグループ、ストレージアカウント

C. 仮想マシン、ストレージアカウント

D. Azure CLI、ストレージアカウント

 問題37

あなたは、Microsoft Entraテナントを持っています。すべてのユーザーがAzure Portalへアクセスする際に、多要素認証を要求する条件付きアクセスポリシーを作成する必要があります。右の画面を参考に、設定を行う必要のある項目を以下の選択肢より3つ選んでください。

A. ユーザー

B. ターゲットリソース

C. 条件

D. 許可

E. セッション

名前 *
Azure Portal への認証にMFAを要求 ✓

割り当て
___

ユーザー ⓘ

　0 個のユーザーとグループが選択されました
___

ターゲット リソース ⓘ

　ターゲット リソースが選択されていません
___

条件 ⓘ

　0 個の条件が選択されました
___

アクセス制御

許可 ⓘ

　0 個のコントロールが選択されました
___

セッション ⓘ

　0 個のコントロールが選択されました

問題38

あなたは、VM1という名前のAzure仮想マシンを含むAzureサブスクリプションを持っています。VM1は、Contosoapp1という名前のアプリケーションを実行します。毎月末、Contosoapp1が実行されると、VM1のCPU使用率がピークに達します。あなたは、毎月末にVM1のパフォーマンスを向上させるために、スケジュールされたRunbookを作成する必要があります。以下の選択肢のうち、Runbookに含める適切なタスクとして最もよく当てはまるものを1つ選んでください。

A. VM1にLog Analytics Agentを追加する

B. VM1のVMサイズを変更する

C. サブスクリプションのvCPUクォータを増やす

D. VM1を仮想マシンスケールセットに追加する

 問題39

あなたは、ストレージアカウント中に「data01」という名前のAzure filesのファイル共有を作成しようとしています。ユーザーはこの共有をWindowsクライアント上からドライブとしてマップして使用したいと考えています。どのアウトバウンドのネットワークポートをクライアントからストレージにあける必要がありますか？

A. 80

B. 445

C. 443

D. 53

 問題40

あなたは、Azure上でシステムを管理しています。そのシステムで現在パフォーマンスの問題が発生しています。Azureインフラ上のメトリクスに関連するパフォーマンスの問題の原因を見つける必要があります。使用すべきツールは次のうちどれですか？

A. Azure Monitor

B. Azure Activity log

C. Azure Advisor

D. Azure load balancer

問題41

　あなたは、VNet1という名前の仮想ネットワークを持つAzureサブスクリプションを管理しています。VNet1はリソースグループRG1内に配置されています。Microsoft Entra IDにユーザーAが存在しています。ユーザーAがVNet1の閲覧者（Reader）ロールを他のユーザーに割り当てられるようにする必要があります。目的を達成できる方法を以下の選択肢から2つ選んでください。それぞれ独立した解決方法です。

- **A.** ユーザーAにVNet1の共同作成者（Contributor）ロールを割り当てる
- **B.** ユーザーAにVNet1のユーザーアクセスの管理者ロールを割り当てる
- **C.** ユーザーAにMicrosoft Entra IDのセキュリティ管理者ロールを割り当てる
- **D.** ユーザーAにVNet1の所有者（Owner）ロールを割り当てる
- **E.** ユーザーAにサブスクリプションの閲覧者ロールを割り当てる

 問題42

　あなたは、以下のリソースを含むサブスクリプションを管理しています。

リソース名	種類
MG1	管理グループ
RG1	リソースグループ
88e7938c-e415-4e55-b27e-8012cd33ba8f	サブスクリプションID
Tag1	タグ

　あなたは、Azure PowerShellの中でARMテンプレートを使って仮想マシンをデプロイする必要があります。そのためのコマンドレットを完成させてください。以下のコマンドレットの空白部分①、②にどのような内容を記述すべきですか？　それぞれの選択肢から適切なものを選んでください。

```
    ①      -NameDeploy1    ②     -TemplateFiledeployvm.json
```

①の選択肢

- **A.** New-AzResource
- **B.** New-AzVM

C. New-AzResourceGroupDeployment

D. New-AzTemplateSpec

②の選択肢

E. -Tag Tag1

F. -ResourceGroupName RG1

G. -GroupName MG1

H. -SubscriptionID 88e7938c-e415-4e55-b27e-8012cd33ba8f

 問題43

あなたは、Microsoft Entraテナントを管理しています。Microsoft EntraテナントはオンプレミスActive Directoryと同期されており、パスワードライトバックが有効化されています。Microsoft Entraテナントへ以下のセルフサービスパスワードリセット（SSPR）ポリシーを構成し、すべてのユーザーへ展開しました。

○ リセットのために必要な方法の数：2

○ ユーザーが利用できる方法：電子メール、秘密の質問

○ 登録する必要がある質問の数：3

○ リセットに必要な質問の数：3

○ 秘密の質問

   ● あなたの生まれた都市はどこですか

   ● はじめて飼ったペットの名前は何ですか

   ● 卒業した小学校の名前は何ですか

オンプレミスActive Directoryには以下のユーザーが存在し、各ユーザーには以下のAzureもしくはMicrosoft Entra IDの管理者ロールが付与されています。

名前	割り当てられたロール
SecurityAdmin01	セキュリティ管理者
BillingAdmin01	課金管理者
DomainUser01	サブスクリプション共同作成者

以下の各記述は正しいですか、正しくないですか？ それぞれ選択してください。

8

模擬試験

A. SecurityAdmin01 はパスワードリセット中に
「あなたの生まれた都市はどこですか」
の質問に答える必要がある　　　　　　　　正しい/正しくない

B. BillingAdmin01 はパスワードリセット中に
「はじめて飼ったペットの名前は何ですか」
の質問に答える必要がある　　　　　　　　正しい/正しくない

C. DomainUser01 はパスワードリセット中に
「卒業した小学校の名前は何ですか」
の質問に答える必要がある　　　　　　　　正しい/正しくない

 ## 問題44

あなたは、Azure Filesでファイル共有をFile1という名前で作成しました。これに対して、以下のようにSASを作成しました。

※ IPアドレス帯は便宜上プライベートIPアドレス帯を使っていますが、パブリックIPアドレスとして読み替えてください。

以下の①、②の行為の結果がどうなるかを、それぞれの選択肢から選んでください。

① 2023年9月2日に、ストレージエクスプローラーで、IPアドレス192.168.134.1からSAS1を使用してこのストレージアカウントに接続しました。

A. 資格情報の入力が求められる

B. アクセスできない

C. 読み込み、書き込み、一覧表示（リスト）を行うことができる

D. 読み込みだけを行うことができる

② 2023年9月17日に、ストレージエクスプローラーで、IPアドレス192.168.134.50からSAS1をパスワードに設定してShare1に接続しようとしました。

E. 資格情報の入力が求められる

F. アクセスできない

G. 読み込み、書き込み、一覧表示（リスト）を行うことができる

H. 読み込みだけを行うことができる

 問題45

あなたはAKS1という名前のAzure Kubernetes Service（AKS）クラスターにアプリケーションをデプロイします。ローカル環境でYAML形式のマニフェストファイルを使ってデプロイします。以下の選択肢のうち、デプロイ方法として最も適切なものを1つ選んでください。

A. az aksコマンドを実行する

B. kubectl applyコマンドを実行する

C. azcopyコマンドを実行する

 問題46

あなたはAzureのサブスクリプションを持っています。複数のポッドを含むAzure Kubernetes Service（AKS）クラスターをデプロイすることを計画しています。Kubenetを構成し、ポッド間のネットワークトラフィックを制限する必要があります。AKSクラスターに何を構成する必要がありますか？ 以下の選択肢のうち、最もよく当てはまるものを1つ選んでください。

A. Azureネットワークポリシー

B. Calicoネットワークポリシー

C. ネットワークセキュリティグループ

D. アプリケーションセキュリティグループ

問題47

あなたは次の表に記載されたAzure仮想ネットワークを作成しました。

名前	アドレス空間	サブネット	リージョン
VNet1	10.11.0.0/16	10.11.0.0/17	West US
VNet2	10.11.0.0/17	10.11.0.0/25	West US
VNet3	10.10.0.0/22	10.10.1.0/24	East US
VNet4	192.168.16.0/22	192.168.16.0/24	North Europe

VNet1から仮想ネットワークピアリングを確立できる仮想ネットワークを選択してください。

- A. VNet2とVNet3
- B. VNet2のみ
- C. VNet3とVNet4
- D. VNet2、VNet3、およびVNet4

問題48

あなたは以下のカスタムロールを作成しました。

```
{
  "Name": "CustomRole1",
  "Id": "88888888-8888-8888-8888-888888888888",
  "IsCustom": true,
  "Description": "Can support virtual machines operation.",
  "Actions": [
    "Microsoft.Network/*/read",
    "Microsoft.Storage/*/read",
    "Microsoft.Compute/disks/*",
    "Microsoft.Compute/virtualMachines/start/action",
    "Microsoft.Compute/virtualMachines/restart/action",
    "Microsoft.Compute/virtualMachines/powerOff/action",
    "Microsoft.Compute/virtualMachines/deallocate/action",
    "Microsoft.Compute/virtualMachines/*",
    "Microsoft.Authorization/*/read",
    "Microsoft.ResourceHealth/availabilityStatuses/read",
    "Microsoft.Resources/subscriptions/resourceGroups/read",
```

```
      "Microsoft.Insights/alertRules/*",
      "Microsoft.Insights/diagnosticSettings/*",
      "Microsoft.Support/*"
    ],
    "NotActions": [
      "Microsoft.Compute/virtualMachines/write"
      "Microsoft.Authorization/*/write",
      "Microsoft.Authorization/*/delete",
      "Microsoft.Authorization/elevateAccess/Action"
    ],
    "DataActions": [],
    "NotDataActions": [],
    "AssignableScopes": [
      "/subscriptions/88888888-8888-8888-8888-888888888888",
    ]
}
```

以下の各記述は正しいですか、正しくないですか？ それぞれ選択してください。

A. CustomeRole1 を割り当てられたユーザーは、CustomRole1 を
他のユーザーに割り当てることができる。　　　　　正しい／正しくない

B. CustomeRole1 を割り当てられたユーザーは、新しい仮想マシンを
デプロイできる。　　　　　　　　　　　　　　　正しい／正しくない

C. CustomRole1 を割り当てられたユーザーは、
仮想マシンの再起動を実行できる。　　　　　　　正しい／正しくない

 問題49

あなたは、次の表に記載されたリソースを作成しました。

名前	種類	説明
App1	App Service	仮想ネットワーク統合を VNet1 に対して有効
ASP1	App Service Plan	Standard SKU
VNet1	仮想ネットワーク	なし
Firewall1	Azure Firewall	VNet1 へデプロイ

　Firewall1 を使用して、VNet1 からのアウトバウンド通信を管理する必要があります。次の選択肢のうち、適切な対応として最もよく当てはまるものを1つ選択してください。

8

模擬試験

A. ハイブリッド接続マネージャを構成する

B. ASP1をPremium SKUにアップグレードする

C. ルートテーブルを作成する

D. Azure Network Watcherを作成する

 問題50

あなたは現在、Azure上で以下の表に基づくリソースを稼働させています。各組織が毎月どれくらいリソースを利用しているか把握する必要があります。Azureのどのサービスを用いれば簡単に確認することができますか？

リソース	リソースグループ	Tag
App Service	RG1	法務
Azure Functions	RG2	営業
ExpressRoute	RG3	共有リソース

A. Cost Management

B. Azure Monitor

C. Log Analytics

D. 総保有コスト（TCO）計算ツール

模擬試験問題の解答と解説

✓ 問題1の解答

解答：

タグ：D. サブスクリプションAとリソースグループAと仮想マシンAのみ

ロック：I. サブスクリプションAとリソースグループAと仮想マシンAのみ

2-2節「Azure Resource Manager」からの問題です。

タグは、サブスクリプションとリソースグループとリソースに対して適用できます。

ロックも、サブスクリプションとリソースグループとリソースに対して適用できます。他の
ユーザーや組織が間違ってリソースを削除したり、変更したりすることを防ぐことができま
す。上位のスコープでロックを適用すると、そのスコープ内のすべてのリソースは同じロック
を継承します。追加したリソースもロックを継承します。

✓ 問題2の解答

解答：B. 読み取りアクセスGeo冗長ストレージ（RA-GRS）

第4章「Azureストレージサービス」からの問題です。

地理的な冗長化に対応しているのは、Geo冗長ストレージ、読み取りアクセスGeo冗長ス
トレージ、Geoゾーン冗長ストレージ、読み取りアクセスGeoゾーン冗長ストレージです。
このうち、セカンダリからの読み取りアクセスが可能で、選択肢にあるのが読み取りアクセス
Geo冗長ストレージ（RA-GRS）となります。

✓ 問題3の解答

解答：D. 別々の可用性ゾーンに各仮想マシンをデプロイする

第5章「コンピューティングサービス」からの問題です。

データセンターレベルの障害から保護するためには、可用性ゾーンの利用が必要ですので、
Aは不正解です。

今回の問題では、「1つのAzureのデータセンターが利用できなくなった場合に、少なくと
も2つの仮想マシンが利用できる」がシステムの要件となりますので、BとCは不正解で、D
が正解です。

✓ 問題4の解答

解答：C. プライベートDNSゾーン

第6章「ネットワークサービス」からの問題です。

仮想ネットワークリンクおよびDNSレコードの自動登録は、プライベートDNSゾーンで

利用できる機能ですので、BとDは不正解です。プライベートDNSゾーンでリンクできる仮想ネットワークはリージョンを問いませんので、Cが正解です。

解答：D. VM、VM2、VM3およびVM4

　第7章「Azureリソースの監視と管理」からの問題です。

　Azure Backupでは、シャットダウンしているOSもバックアップされます。また、WindowsおよびLinux OSのバックアップも取得できます。

解答：C. IKEv2

　第6章「ネットワークサービス」からの問題です。

　サイト間VPN接続は、IKEv1またはIKEv2のトンネリングプロトコルを使用して、オンプレミスネットワークとAzure仮想ネットワークを接続します。IKEv2では10個のサイト間VPN接続がサポートされますが、IKEv1では1つしかサポートされません。「オンプレミスの複数拠点」の接続が要件にあるため、IKEv2が正解です。

解答：B. 新しいRecovery Servicesコンテナーを作成する

　第7章「Azureリソースの監視と管理」からの問題です。

　Azure BackupサービスはRecovery Servicesコンテナー（Recovery Services vault）という、データを格納するAzureのストレージエンティティにバックアップを取得します。Recovery Servicesコンテナーのメタデータを格納する場所はデータソースと同じリージョンにする必要があります。よって、VM3とVM4用に新しいRecovery Servicesコンテナーを作成する選択肢Bが正解となります。

解答：A. Subscription 1へ仮想ネットワークを作成する

　3-3節「サブスクリプションの構成」の「管理グループ」の項、および3-5節「Azure Policy」からの問題です。

　ルート管理グループへ仮想ネットワークの作成を禁止するポリシーが適用されています。このポリシーはManagement Group 1にも自動継承され、許可ポリシーを上書きします。また、サブスクリプションを別の管理グループの配下へ移動することもできます。

解答：①：B. --resource-group、②：E. Complete

　2-6節「Bicep」からの問題です。

　Azure CLIにおけるリソースグループの指定は「-resource-group」となります。またリソースをテンプレートの状態と一致させる場合は「完全モード」を使います。その場合のオプショ

ンは「--mode Complete」となります。「Incremental」は増分のため、リソースグループに既に存在しているリソースは変更せず、テンプレートで指定されたリソースを追加します。

✓ 問題10の解答

解答：D. Storage3のみ
　第4章「Azureストレージサービス」からの問題です。
　Import/Exportサービスでは、BLOBはインポート、エクスポートが可能ですが、Azure Filesはインポートのみに対応しています。また、アカウント種別としてはStandard汎用v2と、レガシーであるBlob Storageアカウントおよび汎用v1に対応しています。
　以上のことから、Storage3のみがエクスポート可能となり、答えはDとなります。

✓ 問題11の解答

解答：

　A.　このコマンドで1つのストレージアカウントが作成される。　　　　　はい
　B.　このコマンドでnortheuropeリージョンに
　　　ストレージアカウントが作成される。　　　　　　　　　　　　　いいえ
　C.　このコマンドでSKUタイプ「Premium_LRS」を
　　　指定することができる。　　　　　　　　　　　　　　　　　　　はい

　2-5節「ARMテンプレート」からの問題です。

Aの解答の説明

　ARMテンプレートにおいて、デプロイするリソースを「resources」句で表現します。ここでは「Microsoft.Storage/storageAccounts」（ストレージアカウント）のリソースプロバイダーが1つ指定されているため、ストレージアカウントが1つ作成されます。

Bの解答の説明

　"location": "[resourceGroup().location]"でリソースグループのリージョンと同じリージョン上にストレージアカウントを作成すると定義しているため、1つ目のコマンドでリソースグループを作成した際に指定している「japaneast」リージョンに作成されます。

Cの解答の説明

　「parameters」句の「allowedValues」の中でPremium_LRSが指定されているため、ストレージアカウントSKUタイプとして選択可能となります。

✓ 問題12の解答

解答：D. VM1を再デプロイする
　第5章「コンピューティングサービス」からの問題です。
　計画メンテナンスの通知を受け取った際には、メンテナンス方法として「セルフサービスフェーズ」と「予定メンテナンスフェーズ」のどちらかの方法を選択できます。
　「セルフサービスフェーズ」を選択した場合、ユーザーがメンテナンスを実施する必要があ

ります。適用済みのホストサーバーに仮想マシンを明示的に移動する必要があるため、仮想マシンの再デプロイの操作が必要です。通常の仮想マシンの「再起動」ボタンからメンテナンスは実施されないため、Cは不正解で、Dが正解です。

メンテナンス時にリソースを別のサブスクリプションやリソースグループに移動することは不要なため、AとBは不正解です。

✓ 問題13の解答

解答：A. VM1のみ

第6章「ネットワークサービス」からの問題です。

Azure Bastionは、Azure Portal、またはネイティブSSH/RDPクライアントを使用して、仮想マシンに接続するためのサービスです。App ServiceやMicrosoft Entra Domain Servicesに接続する用途では利用できないため、Aが正解です。

✓ 問題14の解答

解答：A. Network Watcher

第7章「Azureリソースの監視と管理」からの問題です。

Network Watcherは、監視、ネットワーク診断ツール、メトリクス、ログの4つの主要なツールと機能のセットで構成されています。監視の機能のトポロジーやネットワーク診断ツールのIPフロー検証、NSG診断、有効なセキュリティルールを活用してAzure内のネットワークの設定を確認することができます。

✓ 問題15の解答

解答：B→A→D→E

第7章「Azureリソースの監視と管理」からの問題です。

ファイルの回復はバックアップからファイルやフォルダーをリストアすることができます。ファイルの回復手順は以下の順番で実行します。

1.　Azure Portalから「ファイルの回復」を選択する。
2.　削除したファイルの復元ポイントの選択を行う。
3.　ファイルを回復するためのスクリプトをダウンロードし、対象の仮想マシンにインストールする。
4.　エクスプローラーから対象のファイルをコピーしてファイルやフォルダーを回復する。

✓ 問題16の解答

解答：A. カスタムスクリプト拡張機能

第5章「コンピューティングサービス」からの問題です。

Azure Resource Managerテンプレートとカスタムスクリプト拡張機能を使用して、スケールセットで作成された仮想マシンにアプリケーションをインストールします。

カスタムスクリプト拡張機能は、仮想マシン上でスクリプトをダウンロードして実行し、仮

想マシンのデプロイ後の構成または管理タスクを実行するのに役立ちます。そのため、Aが正解です。

✓ 問題17の解答

解答：**A.** インバウンドNAT規則

　第6章「ネットワークサービス」からの問題です。

　インバウンドNAT規則を構成すると、Azure Load Balancerに対する特定ポート番号宛の通信をバックエンドプールの特定インスタンスへポート転送できます。そのため、Aが正解です。

✓ 問題18の解答

解答：①：**A.** StorageV2、②：**F.** Standard_RAGRS

　第4章「Azureストレージサービス」からの問題です。

　アクセス層は、Standard汎用v2のストレージアカウントにて利用可能で、要件を満たす冗長化構成はRAGRSになります。

✓ 問題19の解答

解答：

User A：**B.** Group Bのみ

User B：**M.** Group BおよびGroup C

　3-2節「Microsoft Entra ID」からの問題です。

　Group Aは静的グループのため、グループオーナーによるメンバーシップの手動割り当てが必要です。

　Group Bはユーザーのcountry属性がuで始まる値を持つユーザーがメンバーへ追加されます。User A、User Bともにuで始まる値を持つため、両方のユーザーがメンバーになります。

　Group Cはユーザーのdepartment属性が"IT"、"HR"以外の場合、メンバーへ追加されます。User Aのdepartment属性は"HR"のため、User Bのみがメンバーになります。

✓ 問題20の解答

解答：**C.** RGProd

　2-5節「ARMテンプレート」からの問題です。

　ARMテンプレートによるデプロイを確認するためには「リソースグループ」メニューより確認する必要があります。

　リソースグループに移動し、デプロイを選択します。

デプロイメントを選択します。

左側のメニューの「テンプレート」より、使用されたARMテンプレートを確認できます。

✓ 問題21の解答

解答：A. New-AzResourceGroupDeployment

2-5節「ARMテンプレート」からの問題です。

デプロイ先としてリソースグループ、テナント、管理グループ、サブスクリプションを選択でき、それぞれ使用するコマンドレットが違います。リソースグループへのデプロイの場合は「New-AzResourceGroupDeployment」を使用します。

✓ 問題22の解答

解答：D→C→B

3-2節「Microsoft Entra ID」からの問題です。

Microsoft Entra IDへカスタムドメインを追加するには、Azure Portalの「Microsoft Entra ID」-「カスタムドメイン名」からカスタムドメイン名の追加を行います。カスタムドメイン名の追加を完了するためには、ドメイン所有権を証明する必要があります。具体的には、指定されたTXTレコードもしくはMXレコードをパブリックDNSゾーンに追加したのち、Microsoft Entraテナントにてレコードの追加が検証されることで、カスタムドメインの追加が完了します。

追加したカスタムドメインは特に追加の設定をすることなく、自動的にユーザーのUPNサフィックスとして利用できるようになります。

✓ 問題23の解答

解答：

A. Share2はGroup1に登録可能である。   正しくない

B. D:\DataはGroup1 サーバーエンドポイントとして登録可能である。   正しい

C. E:\Folder2はGroup1にサーバーエンドポイントとして登録可能である。 正しくない

第4章「Azure ストレージサービス」からの問題です。

1つの同期グループは、1つの Azure Files のファイル共有を含めることができます。このため最初の記述は「正しくない」となります。

次に、1つの同期グループは、複数の登録済みサーバーのサーバーエンドポイントを含めることができます。このため2番目の記述は「正しい」となります。

最後に、1つの同期グループは、1つの登録済みサーバーでは1つのサーバーエンドポイントを含めることができます。このため最後の記述は「正しくない」となります。

✓ 問題24の解答

解答：**C**. VM2

第6章「ネットワークサービス」からの問題です。

VM1 には、接続しているサブネットに NSG1 が関連付けられているので、NSG1 のセキュリティ規則が適用されます。NSG1 では、既定のセキュリティ規則のみ設定されており、既定の受信セキュリティ規則ではインターネットからの接続は拒否されています。そのため、VM1 は接続できません。

VM2 では、NIC に NSG2 が関連付けられているので、NSG2 のセキュリティ規則が適用されます。NSG2 では、追加の受信セキュリティ規則で、RDP のポート番号である 3389 ポートが許可されているので、VM2 はインターネットから接続が可能です。

✓ 問題25の解答

解答：**B**. スロットを入れ替える

第5章「コンピューティングサービス」からの問題です。

Azure App Service にアプリケーションをデプロイするときに、運用スロットではなく別個のデプロイスロットを使用できます。

アプリケーションのコンテンツは、デプロイスロットの間でスワップすることが可能で、ユーザーの想定どおりでない場合に、適切な動作が確認されている元の状態にすぐに戻すことができます。そのため、B が正解です。

✓ 問題26の解答

解答：①：**A**. make、②：**D**. blob

第4章「Azure ストレージサービス」からの問題です。

azcopy では、コンテナーやファイル共有を作成するためのオプションは make です。また、blob を作成しますので、url には blob を選択します。

✓ 問題27の解答

解答：**B**. East US のみ

第6章「ネットワークサービス」からの問題です。

ネットワークインターフェイスを作成する前に、同じリージョンと同じサブスクリプションに、仮想ネットワークを作成する必要があります。作成済みの仮想ネットワークのリージョンは East US であるため、East US のみにネットワークインターフェイスを作成できます。

解答：Webapp1：**C. Appplan03のみ**、Webapp2：**H. Appplan02のみ**

第5章「コンピューティングサービス」からの問題です。

App Serviceプランに入れるアプリケーションは、App Serviceプランで定義されたOSやリージョンなどのコンピューティングリソースで実行されます。また、OSによって指定可能なランタイムが異なる点にも注意が必要です。

Webapp1はWest USのリージョンでデプロイされ、またランタイムにはLinuxにのみ対応しているPythonを使用する予定です。それに合致するApp ServiceプランはAppplan03であるため、正解はCです。

Webapp2はCentral USのリージョンでデプロイされ、またランタイムにはWindowsにのみ対応しているASP.NETを使用する予定です。それに合致するApp ServiceプランはAppplan02であるため、正解はHです。

解答：**D. ポリシー定義から "Microsoft.Compute/virtualMachines" を削除する**

3-5節「Azure Policy」からの問題です。

Azure Policyにより、仮想ネットワークおよび仮想マシンのデプロイが禁止されています。そのため、最初にポリシー定義の拒否対象から、仮想マシンを除外する必要があります。

解答：**D. StorageProd1をRGprod2に移動することは不可。StorageProd2をRGprod1に移動することは不可。**

2-2節「Azure Resource Manager」からの問題です。

リソースグループに対して「読み取り専用」ロックを適用した場合、そのリソースグループから移動できないだけでなく、新しいリソースをそのリソースグループに移動できなくなります。また上位の最も厳しいロックが優先されるため、リソースに「削除」ロックがかかっていても上位のリソースグループに「読み取り専用」ロックがかかっているためリソースの移動はできません。

A. 5月6日に、File1はクール層に保管されている。	正しくない
B. 5月1日に、File2はクール層に保管されている。	正しくない
C. 5月16日に、File2はアーカイブ層に保管されている。	正しくない

第4章「Azureストレージサービス」からの問題です。

ライフサイクル管理ポリシーでは、最終変更、アクセス日時などから適用するアクションを選択可能です。

A.では、File1に対してRule1とRule2が適用されますが、よりコストの低いアーカイブ層への移動が選択されます。このため「正しくない」が答えとなります。

B.では、どの条件にも当てはまらないので、File2はホット層に保管されたままです。このた

め「正しくない」が答えとなります。

C. では、Rule2、Rule3、Rule4が適用されますが、最もコストの低い削除が選択されるので、答えは「正しくない」となります。

✓ 問題32の解答

解答：**C**. Microsoft Entra IDのライセンスブレードでライセンスを割り当てる

3-2節「Microsoft Entra ID」からの問題です。

購入したMicrosoft Entra P1およびP2ライセンスを利用するためには、利用対象のユーザーにライセンスを割り当てる必要があります。

✓ 問題33の解答

解答：**D**. Instance03とInstance04

第5章「コンピューティングサービス」からの問題です。

マルチコンテナーグループは、1つの機能タスクを複数のコンテナーに分割する場合に利用します。現在、マルチコンテナーグループをサポートするのはLinuxコンテナーで、Windowsコンテナーは1つのコンテナーインスタンスのデプロイのみをサポートします。そのためDが正解です。

✓ 問題34の解答

解答：**D → A → B → E**

第6章「ネットワークサービス」からの問題です。

Virtual WANを使用して、オンプレミスの拠点間を接続できます。オンプレミスとAzure間をサイト間VPN接続し、Virtual WANを構成するには、次の順番で手順を実行します。

1. Azure Portalから、Virtual WANリソースを作成します。
2. 作成したVirtual WANリソースから、仮想ハブを作成します。作成時に、仮想ハブに配置するサイト間のVPNゲートウェイを作成します。
3. オンプレミスを指すVPNサイトを作成します。
4. 作成したVPNサイトと作成した仮想ハブを接続します。

✓ 問題35の解答

解答：**D → C → B**

第5章「コンピューティングサービス」からの問題です。

Azure Automation State Configurationは、PowerShell DSCのクラウドベースの実装であり、Azure Automationの一部として利用できます。

Azure Automation State Configurationを設定するには、DSC構成をAutomationアカウントにアップロードし、DSCプロセスで必要なすべてのPowerShellモジュールをAutomationアカウントに追加します。その後は、構成をコンパイルし、このアカウントを使用して仮想マシンを登録します。

仮想マシンへのタグの適用と管理グループの作成は不要です。そのため、D→C→Bが正解です。

✓ 問題36の解答

解答：B. リソースグループ、ストレージアカウント

2-7節「Azure Cloud Shell」からの問題です。

Azure Cloud Shell は、ローカルコンピューターにソフトウェアをインストールしなくてもAzure Portalから利用できるコマンドラインインターフェイスです。Azure Cloud Shellはファイルを保持するため、Azureファイル共有が必要となります。そのため事前にリソースグループとストレージアカウントを準備します。

✓ 問題37の解答

解答：A. ユーザー、B. ターゲットリソース、D. 許可

3-2節「Microsoft Entra ID」からの問題です。

条件付きアクセスポリシーを利用してすべてのユーザーがAzure Portalにアクセスする際に多要素認証を要求するには、以下のポリシーを構成します。多要素認証の要求は、条件ではなくアクセス制御に存在します。

- **ユーザー**：すべてのユーザー
- **ターゲットリソース**：Microsoft管理ポータル
- **アクセス制御-許可**：アクセス権の付与-「多要素認証を要求する」

Azure Portalという名前のクラウドアプリケーションはありませんが、「Microsoft管理ポータル」アプリケーションを指定することで、Azure Portalへのサインイン時に条件付きアクセスポリシーが適用されます。

✓ 問題38の解答

解答：B. VM1のVMサイズを変更する

第5章「コンピューティングサービス」からの問題です。

Azure AutomationのRunbookをスケジュール設定することで、Runbookを指定の時刻に開始することが可能です。1回だけ実行するように構成することも、時間または日単位などで繰り返すようにも構成できます。

今回の問題では、毎月末にVM1のCPU使用率がピークに達して、VM1のパフォーマンスを向上させる必要があるため、VM1のVMサイズを変更するタスクをスケジュールされたRunbookに含める必要があります。そのため、Bが正解です。

✓ 問題39の解答

解答：B. 445

第4章「Azureストレージサービス」からの問題です。

ファイル共有としてAzure Filesにアクセスする場合は、SMBプロトコルが必要となり、TCP445ポートをあける必要があります。

✓ 問題40の解答

解答：**A**. Azure Monitor

　第7章「Azureリソースの監視と管理」からの問題です。

　Azure MonitorはAzure環境の性能監視、アプリケーション監視、ログ管理などの機能が統合されたフルマネージドサービスです。Azure Monitorを利用してAzureインフラのリソースのパフォーマンス監視をすることができます。

✓ 問題41の解答

解答：**B**. ユーザー AにVNet1のユーザーアクセスの管理者ロールを割り当てる、**D**. ユーザー AにVNet1の所有者（Owner）ロールを割り当てる

　3-4節「ロールベースのアクセス制御」からの問題です。

　リソースのアクセス権を付与するには、Azureの所有者（Owner）ロールかユーザーアクセスの管理者ロールが必要です。共同作成者（Contributor）ロールはリソースに対してアクセス権を除くすべての管理権限を持ちます。

✓ 問題42の解答

解答：①：**C**. New-AzResourceGroupDeployment、②：**F**. -ResourceGroupName RG1

　2-5節「ARMテンプレート」からの問題です。

　Azure PowerShellでARMテンプレートをデプロイするコマンドレットは「New-AzResourceGroupDeployment」です。オプションとしてリソースグループを指定します。管理グループやサブスクリプションの指定は不要です。

✓ 問題43の解答

解答：

　A. SecurityAdmin01はパスワードリセット中に
　　「あなたの生まれた都市はどこですか」の質問に答える必要がある　　　正しくない
　B. BillingAdmin01はパスワードリセット中に
　　「はじめて飼ったペットの名前は何ですか」の質問に答える必要がある　　正しくない
　C. DomainUser01はパスワードリセット中に
　　「卒業した小学校の名前は何ですか」の質問に答える必要がある　　　正しい

　3-2節「Microsoft Entra ID」からの問題です。

　セルフサービスパスワードリセット（SSPR）は、オンプレミスActive Directoryとの同期IDであっても、パスワードライトバックが有効化されていればSSPRを利用できます。強い権限を持つMicrosoft Entra IDの管理者ロールを割り当てられたアカウントでは、SSPRが構成されている場合であっても、自動的に管理者リセットポリシーが適用されます。セキュリティ管理者と課金管理者には管理者リセットポリシーが適用されます。管理者リセットポリシーでは、秘密の質問を利用することができません。

解答：①：**B. アクセスできない**、②：**F. アクセスできない**

第4章「Azureストレージサービス」からの問題です。

①では、クライアントのIPアドレス範囲が条件とマッチしないためアクセスできません。②では、有効期限範囲外のためアクセスできません。

✓ 問題45の解答

解答：**B. kubectl applyコマンドを実行する**

第5章「コンピューティングサービス」からの問題です。

「kubectl apply」は、マニフェストファイルを使ってKubernetesリソースを定義し、アプリケーションを管理します。前回適用したマニフェスト、現在クラスター登録されているリソースの状態、今回適用するマニフェストをそれぞれ比較した上で、適切なリソース状態で生成・更新を行います。そのため、Bが正解です。

✓ 問題46の解答

解答：**B. Calicoネットワークポリシー**

第5章「コンピューティングサービス」からの問題です。

ネットワークポリシーは、ポッド間のトラフィックフローを制御できる、AKSで使用可能なKubernetesの機能です。ネットワークセキュリティグループはAKSノードに適用する機能です。Azureネットワークポリシーは Kubenetではサポートされません。そのため、Bが正解です。

✓ 問題47の解答

解答：**C. VNet3とVNet4**

第6章「ネットワークサービス」からの問題です。

仮想ネットワークピアリング（VNetピアリング）を確立するためには、仮想ネットワーク間でアドレス空間を重複させない必要があります。VNet2のアドレス空間はVNet1と重複しているため、VNet2とVNet1間でVNetピアリングを確立できません。VNet3とVNet4は、VNet1のアドレス空間と重複していないので、VNetピアリングを確立できます。

✓ 問題48の解答

解答：

A. CustomeRole1を割り当てられたユーザーは、
   CustomRole1を他のユーザーに割り当てることができる。　　　正しくない

B. CustomeRole1を割り当てられたユーザーは、
   新しい仮想マシンをデプロイできる。　　　正しくない

C. CustomRole1を割り当てられたユーザーは、
   仮想マシンの再起動を実行できる。　　　正しい

3-4節「ロールベースのアクセス制御」からの問題です。

カスタムポリシーのpermissions内で、"Microsoft.Authorization" リソース群に対する

書き込みと削除が禁止されています。ユーザーにロールを割り当てるには "Microsoft.Authorization/roleAssignments/write" のアクセス許可が必要です。同様に、仮想マシンリソースに対しても書き込みが許可されていないため、仮想マシンをデプロイすることはできません。仮想マシンの再起動は、"Microsoft.Compute/virtualMachins/restart/action" で許可されているため実行可能です。

✓ 問題49の解答

解答：C. ルートテーブルを作成する

　第6章「ネットワークサービス」からの問題です。

　ルートテーブルは、仮想ネットワークの既定のルートをユーザー定義ルートでオーバーライドできるサービスです。仮想ネットワークからのアウトバウンド通信をAzure Firewallに中継させるためには、ルートテーブルを作成して、仮想ネットワークのサブネットへ関連付けます。ルートテーブルには、Azure Firewallをネクストホップとするユーザー定義ルートを作成します。

✓ 問題50の解答

解答：A. Cost Management

　第7章「Azure リソースの監視と管理」からの問題です。

　Cost Managementは、現在Azureで実際に使用されているコストを確認することができます。コストの分析は、利用しているリソースグループ単位で確認することもできます。また各リソース単体で現在どのくらいの料金がかかっているかも把握できます。総保有コスト（TCO）計算ツールは、現在利用しているオンプレミスのシステムをAzureへ移行した場合にどの程度コスト削減ができるかを把握するための計算ツールです。

8

模擬試験

索引

B

C

著者略歴

● 須谷聡史（すやさとし）

日本マイクロソフト株式会社　ソリューションアーキテクト

　Azureインフラのシニアコンサルタントとしてクラウド導入に向けたクラウド戦略策定やAzure上にAIを導入するためのアーキテクチャ設計・導入コンサルティングを行っている。本書の関連書籍として『Microsoft認定資格試験テキスト AZ-900：Microsoft Azure Fundamentals』も執筆している。

　本書では第1章と第7章を担当している。

● 星秀和（ほしひでかず）

日本マイクロソフト株式会社　コンサルタント

　Azureのコンサルタントとして、Azureサービスを使ったアーキテクチャの策定支援や、Azureサービスをより良く活用するためのコンサルテーションを行っている。最近ではAzure上でSaaSサービスを展開するお客様の支援を行っている。

　本書では第2章を担当している。

● 森永和彦（もりながかずひこ）

日本マイクロソフト株式会社　コンサルタント

　ID管理、セキュリティ領域のコンサルタントとしてMicrosoft Entra ID、Microsoft 365関連のセキュリティソリューションを、エンタープライズ環境へ導入するための計画・設計・導入および、既存環境のアセスメントと改善支援のコンサルティングを行っている。

　本書では第3章を担当している。

● 上杉康雄（うえすぎやすお）

日本マイクロソフト株式会社　ソリューションアーキテクト

　インフラ関連のエンジニア、プロジェクトマネージャーとして20年以上IT業界に従事し、現在は柴犬を1頭飼育している。

　本書では第4章を担当している。

● 中川友輔（なかがわゆうすけ）

日本マイクロソフト株式会社　コンサルタント

　Azureのコンサルタントとして金融機関を中心に、Azureを活用したアーキテクチャ策定やデータ分析基盤の設計と構築を支援している。また人材育成支援にも携わり、企画立案からクラウド技術を活用した実現まで実行できる力を獲得するための知識提供を行っている。

　本書では第5章を担当している。

● 石川圭佑（いしかわけいすけ）

日本マイクロソフト株式会社　コンサルタント

　Azureインフラのコンサルタントとして、お客様の新規事業・プロダクト開発に伴走し、Azureのアーキテクチャ設計、実装を担当している。クラウドサービスを駆使して、お客様のビジネスニーズに合わせたソリューションを提案し、ビジネス成長を支援している。

　本書では第6章を担当している。

本書のサポートページ

https://isbn2.sbcr.jp/21599/

本書をお読みいただいたご感想・ご意見を上記 URL からお寄せください。本書に関するサポート情報やお問い合わせ受付フォームも掲載しておりますので、あわせてご利用ください。

Microsoft認定資格試験テキスト

AZ-104：Microsoft Azure Administrator

2024 年 6 月 10 日　　初 版　　第 1 刷 発行

著 者	須谷聡史／星秀和／森永和彦／上杉康雄／中川友輔／石川圭佑
発 行 者	出井貴完
発 行 所	SB クリエイティブ株式会社
	〒105-0001 東京都港区虎ノ門 2-2-1
	https://www.sbcr.jp/
印 刷	株式会社シナノ
制 作	編集マッハ
装 丁	米倉英弘（株式会社細山田デザイン事務所）

※乱丁本、落丁本は小社営業部にてお取替えいたします。
※定価はカバーに記載されております。

Printed in Japan　　　ISBN978-4-8156-2159-9